Die Kleinsäuger der Gasteiner Tauernregion

Forschungsinstitut · Research Institute Gastein - Tauernregion

Herausgegeben von Hans Adam, Bad Gastein 2004

Band/Volume 5

PETER LANG

Frankfurt am Main · Berlin · Bern · Bruxelles · New York · Oxford · Wien

Christine Ringl/Norbert Winding

Die Kleinsäuger der Gasteiner Tauernregion

PETER LANG
Europäischer Verlag der Wissenschaften

Bibliografische Information Der Deutschen Bibliothek
Die Deutsche Bibliothek verzeichnet diese Publikation in der
Deutschen Nationalbibliografie; detaillierte bibliografische
Daten sind im Internet über <http://dnb.ddb.de> abrufbar.

ISSN 1437-496X
ISBN 3-631-52712-8
© Peter Lang GmbH
Europäischer Verlag der Wissenschaften
Frankfurt am Main 2004
Alle Rechte vorbehalten.

Das Werk einschließlich aller seiner Teile ist urheberrechtlich
geschützt. Jede Verwertung außerhalb der engen Grenzen des
Urheberrechtsgesetzes ist ohne Zustimmung des Verlages
unzulässig und strafbar. Das gilt insbesondere für
Vervielfältigungen, Übersetzungen, Mikroverfilmungen und die
Einspeicherung und Verarbeitung in elektronischen Systemen.

www.peterlang.de

Vorwort

Die Programme „Der Mensch und die Biosphäre" der UNESCO waren Anlass zur Förderung ökologischer Projekte durch das Forschungsinstitut in der Gasteiner Alpenregion. Die Kleinsäuger spielen in den natürlichen und in den durch die Kultivierung veränderten Lebensräumen als Indikatoren für die raumzeitliche Entwicklung eine bedeutende Rolle.

Für die nun allmählich immer stärker beachtete Nachhaltigkeit (sustainability) ist es sehr wichtig, dass Daten über das Vorkommen und die Lebensgeschichte (life history) der Kleinsäuger gesammelt und für die internationalen Kontakte zugänglich gemacht werden.

Die Arbeit von Dr. Christine RINGL stellt einen wertvollen Beitrag dar, der über die Gasteiner Alpenregion hinaus für vergleichbare europäische Gebiete von großer Bedeutung ist. Die Publikation kann eine Grundlage für weitere Untersuchungen darstellen.

Dem Kuratorium und dem Vorstand des Gasteiner Forschungsinstituts, das seit 1936 wesentliche Arbeiten gefördert hat, sei gedankt für die Genehmigung dieses und anderer ökologischer Projekte.

Univ. Prof. Dr. Hans ADAM, F.I. Biol. London

Ehrenvorsitzender des Kuratoriums und Ehrenmitglied der
Salzburger Ärztegesellschaft

Sommersemester 2004

INHALTSVERZEICHNIS

1	EINLEITUNG	9
1.1	Fragestellung	10
2	UNTERSUCHUNGSGEBIET	11
2.1	Geographie	11
2.2	Geologie	11
2.3	Böden	12
2.4	Klima und Witterung	13
2.5	Vegetation	16
3	PROBEFLÄCHEN	21
3.1	Charakterisierung der Probeflächen	21
3.2	Vegetation der Dauerprobeflächen	31
4	MATERIAL UND METHODEN	35
4.1	Fallentypen	35
4.2	Datenaufnahme	36
4.3	Datenauswertung	37
4.4	Schwermetallanalyse	38
5	SYNÖKOLOGIE	39
5.1	Gesamtübersicht	39
5.2	Artenzahlen in den Habitattypen	45
5.3	Relative Abundanzen	48
5.4	Dominanzstruktur	49
5.5	Lebensformtypen	53
5.6	Methodenvergleich der Fallentypen	55

6	AUTÖKOLOGIE	58
6.1	Haselmaus – *Muscardinus avellanarius*	58
6.2	Echte Mäuse – Gattung *Apodemus*	61
6.3	Waldbirkenmaus – *Sicista betulina*	65
6.4	Rötelmaus – *Clethrionomys glareolus*	66
6.5	Schermaus – *Arvicola terrestris*	104
6.6	Schneemaus – *Microtus (Chionomys) nivalis*	105
6.7	Feldmaus – *Microtus arvalis*	114
6.8	Erdmaus – *Microtus agrestis*	120
6.9	Kurzohrmaus – *Microtus (Pitymys) subterraneus*	127
6.10	Maulwurf – *Talpa europaea*	134
6.11	Zwergspitzmaus – *Sorex minutus*	135
6.12	Waldspitzmaus – *Sorex araneus*	152
6.13	Alpenspitzmaus – *Sorex alpinus*	174
6.14	Sumpfspitzmaus – *Neomys anomalus*	183
6.15	Wasserspitzmaus – *Neomys fodiens*	184
7	SCHWERMETALLANALYSE	186
7.1	Methodik	186
7.2	Charakterisierung der Schwermetalle	187
7.3	Schwermetallbelastung der Gasteiner Kleinsäuger	189
8	ZUSAMMENFASSUNG / SUMMARY	202
9	LITERATUR	205
DANK		222

1 EINLEITUNG

Im Allgemeinen bezeichnet man als Kleinsäuger alle nicht flugfähigen Säugetiere unter 1 kg Adultgewicht (BARNETT 1992). Vorliegende Arbeit betrifft hauptsächlich die Familie der Soricidae (Spitzmäuse) aus der Ordnung der **Insectivora** sowie die Familien Arvicolidae (Wühlmäuse), Muridae (Echte Mäuse) und Gliridae (Schläfer) aus der Ordnung der **Rodentia**.

Kleinsäuger sind aus der Nahrungskette vieler Ökosysteme nicht wegzudenken. Aufgrund ihrer enormen Fortpflanzungsfähigkeit dienen sie nicht nur zahlreichen Prädatoren wie Greifvögeln, Marderartigen oder Füchsen als Beute, sie beeinflussen ihre Lebensräume auf mannigfaltige Weise. Spitzmäuse etwa sind selbst effiziente Jäger, in deren Nahrungsspektrum neben Wirbellosen auch kleine Fische, Frösche und Eidechsen sowie andere Kleinsäuger und Aas zu finden sind. Sie können auch in großen Mengen forstwirtschaftlich schädliche Insekten (Buchdrucker, Blattwespenkokons – KULICKE 1963, MILHAHN 1955, zit. in NIET-HAMMER & KRAPP 1978) vertilgen.

Herbivore greifen nicht nur durch den Konsum von Samen und den Verbiß an Wurzeln, Rinde und Trieben massiv in Waldökosysteme ein, sie verändern auch die Nährstoffsituation der Böden durch ihre Ausscheidungen und durch das Einbringen von Vorräten und Nistmaterial. Durch ihre Wühltätigkeit sorgen sie für Drainage und Durchlüftung des Bodens (BOYE 1996, GESSAMAN & MACMAHON 1984, LEUTERT 1983, zit. in GRÜMME 1999). Sie verbreiten Samen und die für viele Bäume lebensnotwendigen *Mykorrhiza*-Sporen (BLASCHKE & BÄUMLER 1986, RYSER & GIGON 1985), womit sie eine wichtige Rolle bei der Baumartenmischung und Verjüngung spielen (BÄUMLER. & HOHENADL 1980).

Seit Jahrtausenden verändert der Mensch die Natur massiv durch Rodung, Ackerbau, Viehzucht, Berg-, Siedlungs- und Straßenbau. Seit man begann, die Berge als „Sportgeräte" zu entdecken, daraus Kapital zu schlagen und in den alpinen Regionen einen wahren Tourismusboom auszulösen, ist für neue Spielarten der Beeinträchtigung gesorgt. Beim Bau von Pisten und Liftanlagen bleibt mancherorts sprichwörtlich kein Stein auf dem anderen, mit Planierraupe, Ratrac, Stahlkanten, Schneezement und Schneekanonen gefährdet man empfindliche Ökosysteme. Um diese wirkungsvoll schützen zu können, ist eine umfassende biologische Grundlagenforschung vor Ort unumgänglich.

Im Rahmen von Diplomarbeiten, Dissertationen und Projekten des MaB-Programmes (Man and the Biosphere) der UNESCO befaßte sich bereits eine Reihe von Autoren mit dem Einfluß anthropogener Eingriffe auf die Ökologie der Alm- und Waldregionen, speziell im Gebiet der Schloßalm, des Stubnerkogels und des Graukogels (AMBACH 1991, BERGER 1985, CERNUSCA 1978, FRANZ 1985, ILLICH 1985, ISDA 1982, LAINER 1984, MAYER 1990, RAMSKOGLER 1986, RELYS 1996, SCHIFFKORN 1990, SCHINNER 1978, SCHROLL 1985, STADLER 1992, STAMM 1998, STÖHR 1983, TAPPEINER 1985, ULHERR 1997, WERNER 1999). Auch ein Teil meiner Arbeit beschäftigt sich mit der Frage der Auswirkungen von Skipisten auf Kleinsäuger.

1.1 Fragestellung

Zu jener Zeit, als ich mit meinen Untersuchungen begann, war das Gebiet der Tauern - wie übrigens die meisten alpinen Regionen - quasi ein „weißer Fleck" auf der Landkarte der Micromammalia. Deshalb sollten umfangreiche Fangaktionen einen Überblick über das Artenspektrum des Gasteiner Tales liefern. Weiters sollten die Abundanzen der Arten in unterschiedlichen Biotoptypen vom Talboden in 860 m bis in die Gipfelregionen der umliegenden Berge (2390 m) ermittelt werden. Da ein artenreicher Bergwald für das alpine Ökosystem von immenser Bedeutung ist, wurden zwei Dauerprobeflächen an der oberen und an der unteren Waldgrenze eingerichtet, um Datenmaterial für folgende Fragestellungen zu sammeln: Artendiversität der Höhenstufen, Unterschiede im Jahreslauf bezüglich Fortpflanzung, Altersstruktur, Geschlechterverhältnis und Populationsentwicklung, Effizienz verschiedener Fallentypen sowie die Belastung der Individuen durch die Schwermetalle Blei, Cadmium und Quecksilber. Von allen Tieren wurden zahlreiche Körper- und Schädelmaße genommen, um die Morphologie der Spezies dieser Region zu dokumentieren.

2 UNTERSUCHUNGSGEBIET

2.1 Geographie

Das Gasteiner Tal befindet sich im Bezirk St. Johann des Bundeslandes Salzburg an der Nordabdachung der Hohen Tauern zwischen Ankogelmassiv und der Sonnblickgruppe. Mit 38 km ist es das längste der Nord-Süd gerichteten Tauerntäler und mit 15 kleineren und größeren Seitentälern das am weitesten verzweigte. Es wird durch die Gasteiner Ache nach Norden in die Salzach entwässert und durch die Gasteiner Klamm gegenüber dem Salzachtal abgeschlossen. SEEFELDNER (1961) qualifizierte es als Stufental: 1. Stufe am Talausgang, 2. Stufe in Bad Gastein in ca. 1000 m, die 3. Stufe schließlich bei Böckstein in 1200 m. In tiefen Lagen breiten sich landwirtschaftlich genutzte Flächen und Siedlungsgebiete aus, in höheren Lagen Wälder und Almen.

2.2 Geologie

Durch das sogenannte Penninische Tauernfenster, einem Zeugnis des alpinen Deckenbaues, gestalten sich die geologischen Verhältnisse des Gasteiner Tales etwas kompliziert, denn zwischen Brenner und Katschbergfurche tauchen die tiefsten Schollen (Penninikum) der Ostalpen unter der Decke des Ostalpins auf, freigelegt durch Erosion darüberliegender Gesteine.

Man unterscheidet 3 tektonische Haupteinheiten:
- Voralpidische Grundgebirge: Zentralgneis und sein altes Dach mit der unteren Schieferhülle
- Darüber folgen, von Süden überschoben, paläozoische und mesozoische Serien: obere Schieferhülle
- Um das Fenster herum schließt sich, in Decken und Schuppen zerlegt, der Rahmen unterostalpiner Gesteinsserien (THIELE 1980)

Im Gasteiner Tal ereigneten sich eine Reihe von Bergstürzen:
- Interglazialer Bergsturz der Region Graukogel – Hoher Stuhl mit Glimmerschiefer als Gleitbahn für den Granitgneis
- Mauskarkogelbergsturz, einer der größten in den interglazialen Hohen Tauern, wo durchweichter Schwarzphyllit als Gleitbahn für darübergelagerte Kalkglimmerschiefer und Grünschiefer diente
- Postglaziale Rutschungen an der Ostflanke des Stubnerkogels (Fließwülste, abgerutschte Kalkmarmor- und Gneisplatten sichtbar) (EXNER 1956; HAUSWIRTH & SCHEIDEGGER 1981)

2.1.1 Schloßalm

Das Gebiet der Schloßalm gehört der nördlichen Tauern–Schieferhülle zwischen der Ankogel- und Sonnblickgruppe an, welche aus metamorphen Sedimentgesteinen besteht und einen komplizierten Schuppenaufbau mit mehrfachen Wiederholungen von Quarzit, Rauhwacke, Dolomit, Kalkmarmor sowie darübergelagertem Glimmerschiefer, Schwarzphyllit, Kalkglimmerschiefer und Grünschiefer aufweist. Der nach Osten offene Hochtalboden wurde glazial geformt, gegliedert durch den Mauskarkogelbergsturz (wahrscheinlich zwischen Riß und Würm) und durch Endmoränenwälle des Daun-Stadiums (EXNER 1956 und 1957). Höhere Regionen der Schloßalm sind trocken, große Quellhorizonte treten bei den unterlagernden Schwarzphylliten auf (z.B. in 1500 m auf Höhe Aeroplanstadel). Aus dem ständigen Wechsel verschiedener Gesteine auf der Schloßalm resultiert ein Nebeneinander kalk- und silikathaltiger Böden – das bedingt kleinräumig große Unterschiede in der Vegetationszusammensetzung und großräumig eine höhere Artenvielfalt der Pflanzendecke.

2.1.2 Stubnerkogel

Den Untergrund des Stubnerkogels bilden Zentralgneis und Altkristallin der Hohen Tauern, darüber lagern im Gipfelbereich abwechselnd Gesteine der Schieferhülle wie Kalkmarmor, Schwarzphyllit, Quarzit, Glimmerschiefer und Kalkglimmerschiefer, die fast kreisförmig um die Stubnerkogelspitze angeordnet sind.

2.2.3 Graukogel

Im unteren Teil dominiert ein Moränengürtel, über dem das Granitgneis-Blockwerk des Graukogelbergsturzes anschließt, bei dem Glimmerschiefer als Gleitbahn diente.

2.3 Böden

Vorwiegend finden sich Böden mit podsoliger Dynamik (Podsol, Semipodsol, Braunerde), die im Untergrund oft Pseudovergleyung aufweisen (Waldweide, hochanstehender Wasserzug). Vergleyte bis anmoorige Böden treten bei Quellhorizonten und Naßgallen auf.

2.4 Klima und Witterung

Die Klimaverhältnisse des Gasteiner Tales wurden von STEINHAUSER (1961) ausführlich behandelt, und im Rahmen der Ökosystemstudie 1977 des MaB-Projektes lieferte WEISS (1978) makroklimatische Hinweise für den Almbereich.

Als nord-südliches Hochalpen-Quertal am Nordabfall des Tauernhauptkammes liegt es im Einflußbereich der zentralalpinen Nord-Staulage. Trotz der zwischen-inneralpinen Lage kann man infolge des hohen Jahresniederschlages (sekundäre Staulage) nicht von einem ausgeprägten (sub-)kontinentalen Klima sprechen (MAYER, 1990). Im Sommer herrschen Nordwestwetterlagen vor, im Winterhalbjahr wird das Klima durch die Beckenlage in Talnähe „kontinental" – die tieferen Temperaturen von Dorfgastein und Bad Hofgastein werden durch die sich am Talgrund bildenden Kaltluftseen (Inversionslage) bedingt. Die höheren Sommertemperaturen lassen sich durch längere Sonnenscheindauer und den größeren Abstand zum Staukamm erklären.

Die **Temperatur** nimmt mit der Höhe ab, wobei der wärmste Monat in allen Höhenlagen der Juli ist. In Bad Gastein (973 m) lag das Temperaturmaximum zwischen 1901 und 1970 am 8.7.1956 bei 24,9°C und das Minimum dieser Periode am 2.2.1956 bei –21,9°C. Der Herbst (September – November) zeichnen sich durch einen günstigeren Temperaturverlauf aus als das Frühjahr (März – Mai). Die warme Jahreszeit bestimmt in Bad Gastein den gesamten Temperatur-Jahrescharakter stärker als der Winter, auch wenn dieser extrem kalt sein sollte (SCHAUP-WEINBERG 1968).

Seehöhe	Jänner	Juli	Mittel
900 m	- 4,0°C	14,6°C	5,7°C
1000 m	- 3,8°C	14,3°C	5,4°C
1100 m	- 3,8 °C	13,8°C	5,1°C
1500 m	- 4,8°C	11,9°C	3,2°C
2000 m	- 6,8°C	8,6°C	0,4°C
2500 m	- 9,5°C	5,2°C	- 2,7°C
3000 m	- 12,2°C	1,8°C	- 5,7°C

Tab. 1: Monats- und Jahresmittel der Temperatur in verschiedenen Höhen des Gasteiner Tales (1901– 1930) (aus RAMSKOGLER 1986)

Tab. 1: Mean monthly and annual temperature in different altitudes of Gastein Valley (1901 - 1930) (from RAMSKOGLER 1986)

Die Tagesmittel der relativen **Luftfeuchtigkeit** sind im Gasteiner Tal im Sommer überall annähernd gleich , im Winter sind sie in Dorf- und Bad Hofgastein auf Grund der Inversionslage größer als in Bad Gastein.

	Lufttemperatur in °C					% rel. Luftfeuchte
	Abs. Max.	Mitt. Max.	Mittel	Mitt. Min.	Abs. Min.	
Jan.	7,0	-4,9	-7,6	-9,9	-22,3	66,2
Feb.	6,6	-4,7	-7,4	-10,0	-19,4	60,0
März	10,5	-0,4	-2,9	-5,4	-13,5	63,6
April	10,6	0,4	-1,9	-4,2	-17,5	71,7
Mai	15,0	6,8	4,3	1,8	-9,6	70,8
Juni	20,0	10,3	7,6	4,7	-3,0	74,0
Juli	18,0	11,4	9,0	6,3	-2,0	76,2
Aug.	21,9	12,4	10,1	7,3	-0,1	73,8
Sept.	20,2	12,4	10,0	7,4	0,2	62,4
Okt.	11,3	5,1	3,0	0,6	-5,6	63,2
Nov.	9,5	-0,3	-2,6	-4,6	-14,7	68,1
Dez.	3,9	-3,8	-6,9	-9,6	-20,3	68,5
JAHR	21,9	3,9	1,4	-1,2	-22,3	68,7

Tab.2: Monatsmittelwerte der Klimafaktoren aus der meteorologischen Station „Kleine Scharte" (2090 m). Mittel über die Jahre 1981-1982 (aus TAPPEINER 1985)

Tab.2: Monthly means of climatic values from the weather bureau „Kleine Scharte" (2090 m). Means for the years 1981 – 1982 (TAPPEINER 1985)

Für gewöhnlich steigt die **Niederschlagsmenge** mit der Seehöhe, dennoch fällt im tiefer gelegenen Salzachtal mehr Niederschlag, da dieses randalpennäher und so für die regenbringenden Westwinde offener ist als das Gasteiner Tal, wo die Kämme der Seitentäler die Niederschläge abhalten. Vom Talausgang bis zum Naßfeld nehmen die Niederschläge zu, da der Tauernhauptkamm einen Stau verursacht, desgleichen nehmen die Niederschlagstage (Tage mit mehr als 0,1 mm) mit der Nähe zum Tauernhauptkamm, bzw. mit der Höhenlage zu, der Schwerpunkt der Tagessummen liegt jedoch überall zwischen 0 mm und 10 mm pro Tag, es gibt kaum Niederschlagsmengen größer als 50-60 mm/Tag. Besonders niederschlagsreich zeigt sich das Naßfeld: in einer Höhe von 1632 m fallen hier um 40% mehr Niederschläge (Jahressumme ca. 1650 mm) als in Bad Gastein (in 1000 m: 1120 mm) (STEINHAUSER 1961) (siehe Tab. 3).

Vom Jahresniederschlag fallen im Durchschnitt 76% als Regen und 24% als **Schnee**.
Durchschnittliche maximale Schneehöhe: Bad Gastein: 74 cm
　　　　　　　　　　　　　　　　　　Dorfgastein: 59 cm
　　　　　　　　　　　　　　　　　　in 1800 m: 170 cm
Durchschnittliche Schneedeckendauer (1950-1960): in 1800 m: 187 Tage
　　　　　　　　　　　　　　　　　　　　　　　Dorfgastein: 111 Tage
　　　　　　　　　　　　　　　　　　　　　　　Böckstein: 156 Tage
　　　　　　　　　　　　　　　　　　　　　　　Naßfeld:　 208 Tage
Die Schneehöhen steigen mit zunehmender Seehöhe und Kammnähe, allerdings wird die maximale Schneehöhe in den einzelnen Gebieten in verschiedenen Wintern zu jeweils unterschiedlichen Zeiten erreicht.

Meßstelle	Seehöhe	mm Niederschlag
Dorfgastein	836 m	997
Bad Hofgastein	860 m	1020
Bad Gastein	973 m	1193
Böckstein	1120 m	1438
Naßfeld	1632 m	1647
Zell am See	762 m	1045

Tab. 3:　Jährliche Niederschläge in mm (1901-1950) (aus RAMSKOGLER 1986)
Tab. 3:　Annual amount of precipitation in mm (1901 – 1950) (from RAMSKOGLER 1986)

	Jan.	Feb.	März	April	Mai	Juni
1981	58,4	23,4	46,4	20,0	109,8	88,7
1982	104,1	13,9	27,3	14,3	70,9	135,3

	Juli	Aug.	Sep.	Okt.	Nov.	Dez.
1981	228,6	86,3	92,0	97,2	39,9	40,2
1982	102,6	123,6	58,1	keine Messungen erfolgt		

Tab. 4.:　Monatssummen der Niederschlagswerte in mm vom Kurpark Bad Hofgastein (aus ILLICH 1985 nach unveröff. Angaben von E. WEISS)
Tab 4:　Monthly total amount of precipitation in mm from Kurpark Bad Hofgastein (from ILLICH 1985 after unpublished informations from E. WEISS)

Windverhältnisse: Vorherrschend im Gasteiner Tal sind Nord- und Südwinde. Die Winde werden allerdings sehr oft von ihrer ursprünglichen Richtung abgelenkt und folgen der Richtung eines Tales (Talwinde).

2.5 Vegetation

2.5.1 Wald

Vor den Eingriffen des Menschen bildeten Fichtenwälder mit unterschiedlichem Tannenanteil, subalpin mit Zirben- und Lärchenanteil die natürliche Vegetation. Schon zur Bronze- und Keltenzeit kam es zu Weiderodungen, im 15. und 16. Jahrhundert zu großen Kahlschlägen zur Holzgewinnung (Bergbau). Die Tanne ging stetig zurück, dafür wurde die Lärche stark gefördert. (KRAL 1981)

Die potentielle Waldgrenze liegt bei etwa 1900 – 2000 m (Schloßalm), am Stubnerkogel wegen seiner Exposition bei ca. 1850 m. Bis ins Mittelalter lag die Waldgrenze noch über 1920 m, die aktuelle Waldgrenze des Gasteiner Tales erreicht teilweise 1700 – 1800 m (Schloßalm, Stubner), steigt aber etwa am Graukogel und bei Dorfgastein bis knapp unter 2000 m.

Die **natürlichen Waldgesellschaften** nach MAYER (1974) mit Angabe über die entsprechenden Probeflächen = PF und Habitattypen = HT, deren Beschreibung in Kapitel 3 folgt:

2.5.1.1 *Subalpiner Fichtenwald*
(1400 – 1800 m):
Bildet entweder die Waldgrenze, wo der Lärchen-Zirbenwald fehlt (Alpweidenutzung), oder schließt unmittelbar an einen Lärchen-Zirben-Fichtenwald an. Im oberen Teil herrschen lockere, tiefbekronte, stabile Bestände aus spitzkronigen Hochlagenfichten mit typischer Rottenstruktur vor. Lärchenanteil je nach Standort höher (Graukogel) oder geringer (Angertal). Weiter unten Übergang zu stärker geschlossenen Beständen und ab ca. 1400 m schließlich Ablöse durch montane Fichtenersatzgesellschaften. Auf sauren Böden mit meist starker podsoliger Dynamik (Eisenhumuspodsole) und relativer Artenarmut herrscht der subalpine Fichtenwald mit Heidelbeere (*Piceetum subalpinum myrtilletosum*) vor. Stark anthropogen beeinflußt zeigt sich der Wald durch Almwirtschaft und Fremdenverkehr in allen Teilen des Untersuchungsgebietes.
PF 16, 17, 32, 33, 47, 48, 49, 50, B / HT 10

2.5.1.2 Fichtenersatzgesellschaften des montanen Fichten-Tannenwaldes
(unter 1400 m):
Die Hohen Tauern befinden sich im westlichen Wuchsbezirk des inneralpinen *Abietetum* – Gebietes, auf dessen Standorten heutzutage Fichtenersatzgesellschaften mit wechselndem Lärchenanteil stocken. Nach mehrfachen Kahlschlägen für Bergbau und Salinenbetrieb verschwand die Tanne aus dieser Waldgesellschaft bis auf wenige Naturwaldreste im Kötschachtal, die Fichte baut montan gleichaltrige, uniforme Bestände mit schlanken, kurzkronigen Individuen auf. Auf frischeren, nährstoffreicheren Standorten dominiert das *Oxalis-Piceetum montanum* mit Sauerklee, Farnen und Pestwurz, auf mäßig frischen, nährstoffarmen Standorten das *Luzulo-Piceetum montanum* mit Weißer Hainsimse, Heidelbeere, Wolligem Reitgras und Preiselbeere.
PF 27, 28, 41 / HT 10

2.5.1.3 Subalpiner Lärchen-Zirben-Fichtenwald mit rostroter Alpenrose
(über 1800 m):
Die Gesellschaft bildet in 1820 – 1980 m die Waldgrenze (z.B. Schloßalm oberhalb Maurachalm, Graukogel). In aufgelockerten Beständen dominiert die Zirbe, Lärche meist nur vereinzelt oder truppweise eingesprengt, nur nach Katastrophen, Kahlschlägen und stärkerer Weidebeeinflussung kommt sie stärker auf. Die Fichte ist nur in tieferen Lagen sporadisch beigemischt.
PF 25, 26 / HT 10

2.5.1.4 Montaner Fichtenwald mit Grauerle
Dauergesellschaft auf nährstoffreichen, feuchten bis nassen, wasserzügigen, stärker vergleyten Hängen, Gräben und Talflanken. Die Grauerle (*Alnus incana*) ist der typische Pionier zur Besiedelung von Hangblaiken, erosionsanfälligen Grabeneinhängen und wasserzügigen Rohböden. Nach entsprechender Bodenreifung kommt im Schutz der Grauerle die Fichte auf und es entwickelt sich ein **Fichten-Grauerlen-Übergangsstadium** bis in der Fichten-Endphase die Lichtbaumart verdrängt wird. Diese Sukzessionsstadien sind häufig auf zuwachsenden landwirtschaftlich genutzten Weiden auf der Stufe des montanen Fichtenwaldes anzutreffen.
PF 36, 37, 39, 40, 43, 45, 46 / HT 10/11

2.5.1.5 Laubmischwald
Meist mit Grauerle und wechselnden Anteilen anderer Laubgehölze wie Birke, Eberesche, Holunder, Hasel, Ahorn, Weiden, Esche.
PF 34, 35, 38, 42 / HT 12

2.5.1.6 Grünerlen-Sukzessionsstadien im Bereich von Almen und Lawinenbahnen

Wo die Almbewirtschaftung aufhört bilden sich auf feuchten und nährstoffreichen Standorten zunächst langgrasige Bestände aus, die dann rasch von Hochstauden und Grünerlen durchwachsen werden. Im Bereich der Waldgrenze treten alle Stadien der **Grünerlenpionierphase**, Übergangsphase Grünerle – Fichte zu Dauergesellschaften Fichte – Lärche aber auch zu Fichten-Schlußwäldern auf (aufgelassene Almen).
PF 14, 15, 31 / HT 13

2.5.1.7 Latschenbestände
PF 24, 30 / HT 9

2.5.2 Skipisten

Durch seine Thermalquellen ist das Gasteiner Tal schon seit 1350 bekannt. Nach dem 2. Weltkrieg wurde die Region für den Wintersport kontinuierlich erschlossen. Durch die Anlage von Pisten und Lifttrassen fügte man der Vegetation irreversible Schäden zu, die auch durch gut gemeinte aber zumeist fruchtlose Begrünungsversuche nicht mehr zu beheben sind. Die Lebensansprüche der Pflanzen aus den Saatmischungen (Artenlisten der Schloßalmbahn AG siehe ISDA 1982, LAINER 1984, MAYER 1990, RAMSKOGLER 1986, SCHIECHTL 1972, SCHROLL 1985) für die voll- oder teilplanierten Skipisten wurden kaum berücksichtigt. Die zu kurze Vegetationszeit der subalpinen Stufe, die durch längeres Liegenbleiben des festgefahrenen Schnees noch weiter schrumpft, ungünstige Bodenbedingungen, sowie Beweidung im Sommer setzen Arten wie *Lolium perenne, Cynosurus sp.* oder *Dactylis glomerata* sichtlich zu (ELLENBERG 1978; OBERDORFER 1979). Geringes jährliches Sproßwachstum und geringe Samenproduktion schließen eine natürliche Regeneration der Pflanzendecke weitgehend aus.

Zum Problemkreis Skipisten existieren zahlreiche aufschlußreiche Veröffentlichungen auf die hier verwiesen sei, wie jene von KLÖTZLI & SCHIECHTL (1979). Die Pisten des Gasteiner Tales und ihre vielfältigen Auswirkung auf die Vegetation auf und neben den wintersportlich genutzten Flächen (Erosion, Bodenverdichtung, waldbauliche Aspekte etc.) sind Gegenstand der Arbeiten von LAINER (1984), MAYER (1990), RAMSKOGLER (1986), SCHROLL (1985), ULHERR (1997). Die folgende Charakterisierung der Pisten erfolgte nach MAYER (1990), RAMSKOGLER (1986), SCHROLL (1985) und ULHERR (1997):

2.5.2.1 Geschobene Piste
Vollplanierung (VP)_– großflächige Geländekorrekturen mit völliger Durchmischung und Zerstörung des natürlichen Bodenprofiles
Teilplanierung (TP)_– fallweiser Ausgleich von Geländeunebenheiten; Mosaik aus gewachsenen Böden, Vollplanierung und Oberflächenplanierung
Oberflächenplanierung (OP)_– nur Oberboden (Humusdecke) abgeschoben; nur geringe Eingriff-Tiefe und geringfügige Geländekorrekturen
Aufschüttungen (AS)_– mächtige Aufschüttungen von Bodenmaterial bzw. Geröllhalde am Pisten-Rand
PF 2 (VP), 5 (AS), 10 (VP), 20 (AS), 21 (TP), 52 (VP), 54 (VP) / HT 7

2.5.2.2 Naturpiste
Waldboden – entweder unmittelbar nach Schlägerung mit noch typischer Waldbodenvegetation oder Piste mit typischer Schlagvegetation
Weide - ständig bestoßen
Wiese - gemäht und beerntet, manchmal vorübergehend auch bestoßen
PF 8, 9, 22, 23 / HT 6

2.5.3 Pflanzengesellschaften der Almweiden

- mit Angabe über die entsprechenden Probeflächen = PF und Habitattypen = HT, deren Beschreibung in Kapitel 3 folgt.

Die Vegetation der Schloßalm wurde von ISDA (1982) bereits erschöpfend behandelt, daher möchte ich mich auf eine kurze Skizzierung jener pflanzensoziologischen Einheiten beschränken, die meine Probeflächen betreffen.

Neben den klimatischen und geologischen Faktoren hat die Beweidung einen starken Einfluß auf die Pflanzendecke. Diese führt zu einer starken Reliefbildung durch Weidetreppen und Viehgangeln. Auf diesen gewellten Hängen (Pleißen) entwickelt sich ein Mosaik von unterschiedlichen Gesellschaftsfragmenten.

2.5.3.1 *Rhododendro-Vaccinietum / Aveno-Nardetum*
Je nach Ausbildung des Mikroreliefs die eine oder die andere Gesellschaft dominiert, oder beide eng miteinander verzahnt sind – dieses Mosaik bedeckt einen Großteil der Schloßalm.
PF 1, 7, 11, 12, 19 / HT 3

2.5.3.2 *Seslerio-Caricetum sempervirentis / Aveno-Nardetum – Komplex*
Dieser findet sich .z.B. auf den Blockhalden aus Kalkglimmerschiefer NNW der Hamburger Hütte, wobei kleinere Blöcke von Rhododendren (*R. ferru-*

gineum, R. hirsutum, R. intermedium), Vaccinien und Spalierweiden (*Salix retusa* und *S. reticulata*) übersponnen werden. Zwischen den Zwergsträuchern trifft man je nach lokaler Bodenbeschaffenheit sowohl Arten aus dem *Seslerio-Semperviretum* als auch dem *Aveno-Nardetum*.
PF 4, 13, 53 / HT 2

2.5.3.3 *Caricetum fuscae (Braunseggensumpf) mit Carex rostrata - Bestand*

Die Schnabelsegge bildet reine Bestände rund um einen kleinen See SSO der Bergstation auf 1940 m und wird umsäumt von Braunseggenrasen, der sich durch Viehtritt in Bulte auflöst (ELLENBERG 1978) und von zahlreichen *Nardetum*-Elementen durchdrungen wird.
PF 6 / HT 5

2.5.3.4 *Loiseleurio-Cetrarietum (Gemsheidenteppich)*

Diese Gesellschaft tritt kleinflächig an windoffenen, schneearmen Stellen auf und ist meist eng mit dem *Empetro-Vaccinietum* bzw. dem *Aveno-Nardetum* verzahnt. Unterhalb des Stubnerkogelsenders kommt es zusammen mit Zwergweiden vor, an tieferen Stellen wird die Grasvegetation dichter.
PF 29 / HT 4

3 PROBEFLÄCHEN

3.1 Charakterisierung der Probeflächen

Probefläche (PF): In den Jahren 1981 – 1987 wurden insgesamt 56 Probeflächen untersucht. In den als Kurzzeitprobeflächen bezeichneten PF 1 - 54 wurden 1-5 Tage lang 10 – 200 Klappfallen aufgestellt. In den Dauerprobeflächen „A" und „B" wurden von Juni bis November 1985 bzw. von April bis Juni 1986 jede 3. Woche 6 Tage lang sowohl Klapp- als auch Barberfallen eingesetzt. Detaillierte Fangpläne sind in den Tabellen 7 und 8 wiedergegeben.

Die Probeflächen reichen vom Talboden (860 m) bis in Gipfellagen (2390 m) und wurden in folgende **13 Habitattypen (HT)** unterteilt:

1. Block- und Schuttfluren mit keiner oder spärlicher Vegetation
2. Verblockte Zwergstrauchheide
3. Zwergstrauchheide bzw. subalpine Weide mit wechselndem Mischungsverhältnis von *Aveno-Nardetum* und *Rhododendro-Vaccinietum*
4. Alpine Rasen
5. Gewässer: Bach, Tümpel
6. Naturpiste mit hohem DG (Reitgras, Borstgras, Farne auf Waldschneisen bzw. *Aveno-Nardetum / Rhododendro-Vaccinietum* auf Almareal)
7. Planierte Skipiste (Teil- oder Vollpl.) und Pistenrand mit spärlichem DG
8. nahes Umfeld anthropogener Strukturen wie Gebäude u. Straßen
9. Latschenbestand
10. Nadelwald
11. Nadel-Laub-Mischwald
12. Laubwald
13. Grünerlenbestand

Als weitere Einteilungskriterien gelten **Hangneigung (NG)**, **Exposition (EX)** und bei einigen Flächen der **Deckungsgrad (DG)** der Vegetation.

Hangneigung: **1:** 0° - 15° = eben bis sanft geneigt **4:** 46° - 60° = sehr steil
 2: 16° - 30° = mäßig geneigt **5:** 60° = extrem steil
 3: 31° - 45° = steil

Exposition (EX):
N = Nord NNO = Nord-Nordost NO = Nordost ONO = Ost-Nordost
O = Ost OSO = Ost-Südost SO = Südost SSO = Süd-Südost
S = Süd SSW = Süd-Südwest SW = Südwest WSW = West-Südwest
W = West WNW = West-Nordwest NW = Nordwest NNW = Nord-Nordwest

Die Kartenskizze auf den Seiten 22 u. 23 (Abb.1) zeigt die Lage aller Probeflächen, in Tabelle 5 sind diese gemäß der oben genannten Kriterien beschrieben.

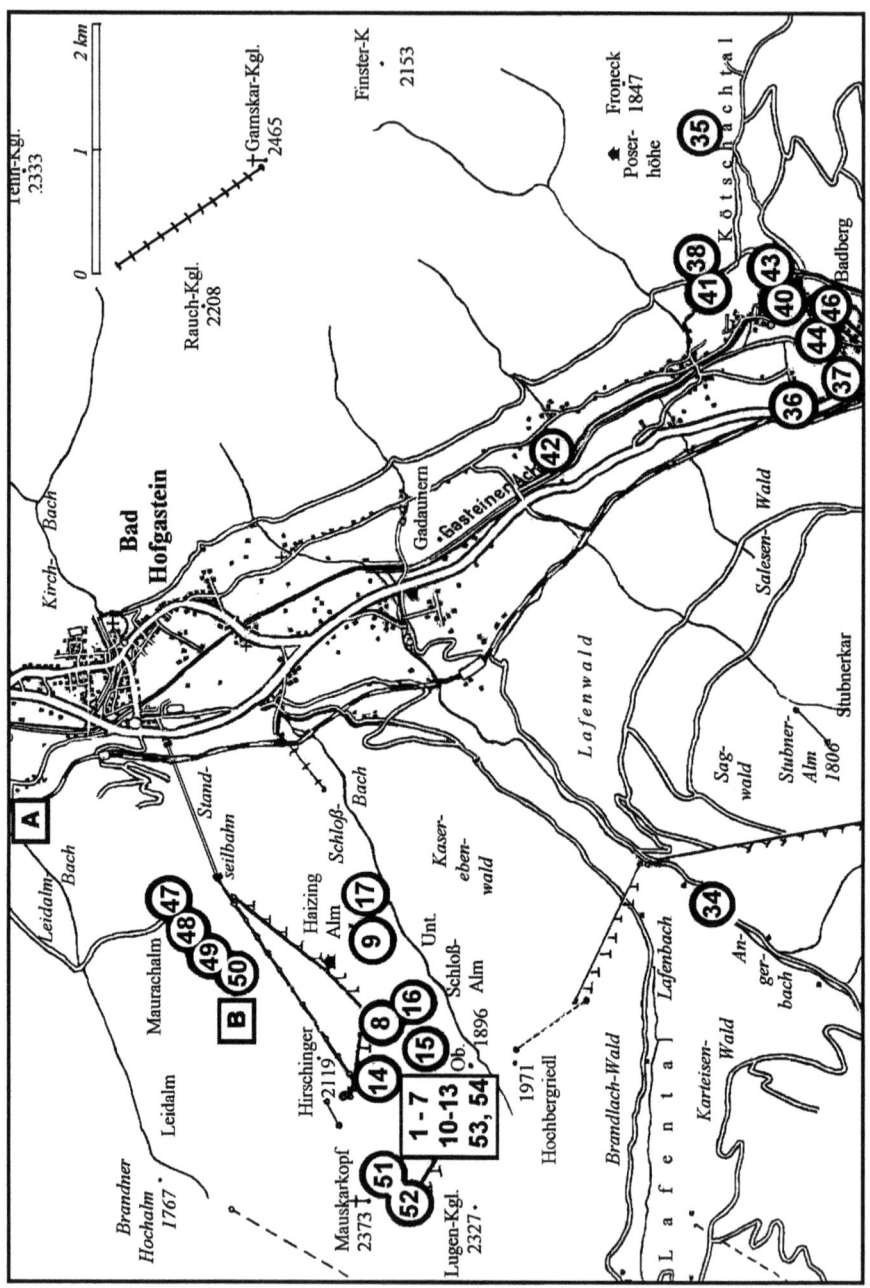

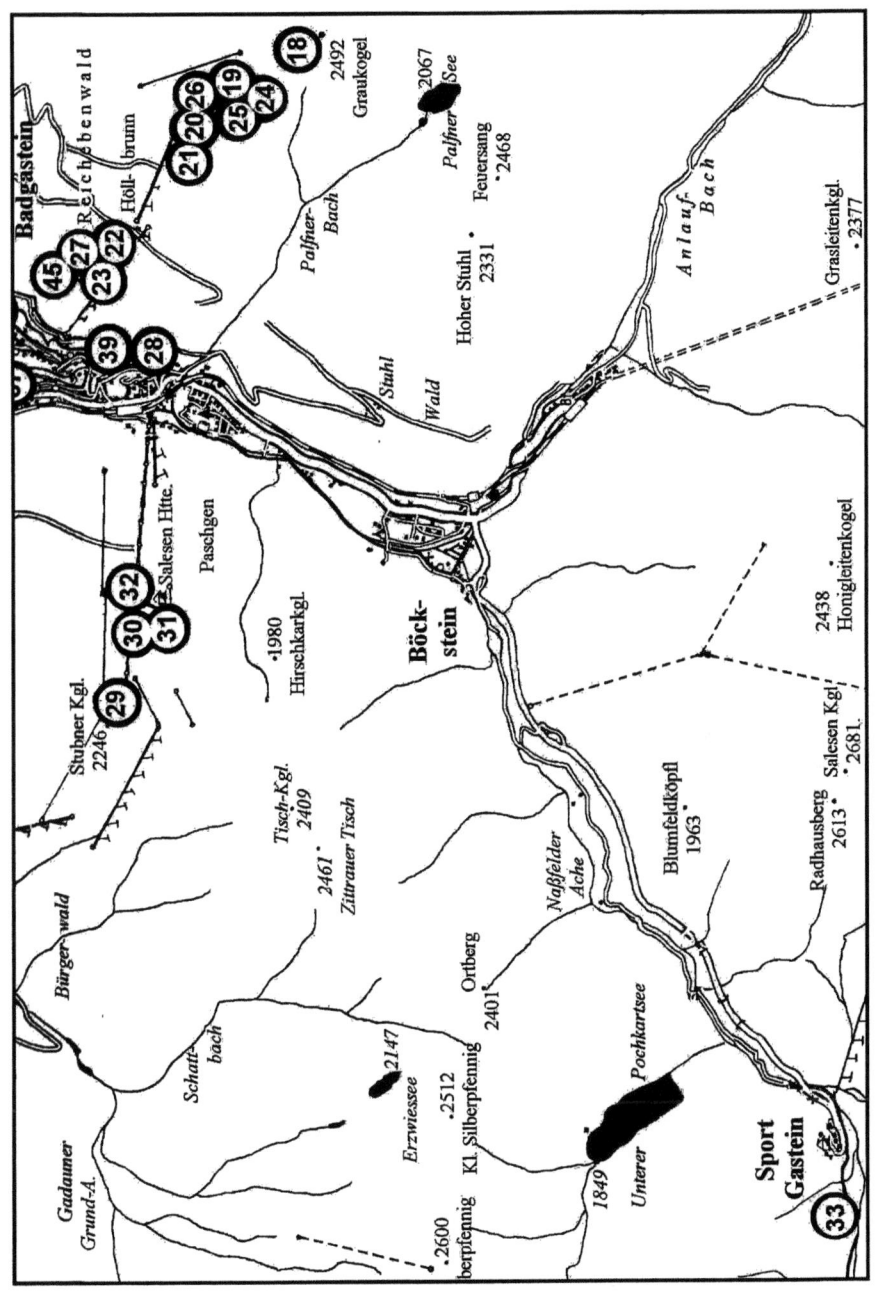

PF	HT	Beschreibung der Probeflächen PF	Ort	See-höhe	Nei-gun	EX
1	3	„naturnahe" Almweide: *Rhododendro-Vaccinietum* – *Aveno-Nardetum* – Komplex. Nicht beweidet da umzäunt	Schloß-alm	1980 m	2	O/SO
2	7	Skipiste (Vollplanie), großteils kahler Boden mit stellenweise spärlichem Gras, DG<30% (Mißglückter Begrünungsversuch)	Schloß-alm	1980 m	1	SO
3	8	Anthropogen beeinflußte Almwiese rund um das Hamburger Skiheim, umzäunt	Schloß-alm	1940 m	1	O/SO
4	2	Verblockte Zwergstrauchheide, sehr gut strukturiert, hohe Pflanzendiversität mit Arten des *Seslerio-Sempervireutums* u. *Aveno-Nardetums*. Kalkglimmerschieferblockwerk übersponnen von Rhododendren, Vaccinien u. Spalierweiden; Murmeltierbaue	Schloß-alm	1990 m	1	O/SO
5	7	Pistenrandstreifen, Geröllhalde mit spärlichem Bewuchs aus dem Artenspektrum des Begrünungsversuchs	Schloß-alm	1990 m	2	O/SO
6	5	Verlandungszone eines Tümpels, als Viehtränke genutzt, gesäumt von Schnabelseggen-Beständen, die in ein *Aveno-Nardetum* / *Rododendro-Vaccinietum* übergehen	Schloß-alm	1980 m	1	O/SO
7	3/5	Almweide entlang des Schloßbaches oberhalb Hamburger Skiheim. *Aveno-Nardetum* / *Rododendro-Vaccinietum*	Schloß-alm	1980 m	1	O/SO
8	6	Skipiste (Naturpiste) Borstgras–dominierte Zwergstrauchheide mit vereinzelten Grünerlen	Schloß-alm	1850 m	1	NO
9	6	Naturpiste Kahlschlagschneise (Sessellift) im subalpinen Fichtenwald, hoher DG (>80%) mit Wolligem Reitgras, Farn und *Vaccinie* eingestreut	Schloß-alm	1600 m	2	NO
10	7	Skipiste (Vollplanie), stellenweise spärliches Gras (Mißglückter Begrünungsversuch)	Schloß-alm	2100 m	2	O/SO

PF	HT	Beschreibung der Probeflächen PF	Ort	See-höhe	NG	EX
11	3	„naturnahe" Almweide: *Rhododendro-Vaccinietum* – *Aveno-Nardetum*- Komplex, beweidet	Schloß-alm	2050 m	1	O/SO
12	3	Graben, gut strukturiert. *Rhododendro-Vaccinietum* – *Aveno-Nardetum* - Komplex	Schloß-alm	2000 m	2	O
13	2	Verblockte Zwergstrauchheide, sehr gut strukturiert, hohe Pflanzendiversität mit Arten des *Seslerio-Semper-viretums* u. *Aveno-Nardetums*. Kalkglimmerschieferblockwerk übersponnen von Rhododendren, Vaccinien u. Spalierweiden; Murmeltierbaue	Schloß-alm	2000 m	1	O/SO
14	13	Kleines, sehr dichtes Erlengebüsch, südlich unterhalb Seilbahn- Bergstation „Kleine Scharte"	Schloß-alm	2000 m	3	O/SO
15	13	Größeres Erlengebüsch, unterhalb Weg vom Hofgasteinerhaus zum Hamburger Skiheim	Schloß-alm	1960 m	3	O/SO
16	10	Fichtengruppe an der Waldgrenze, dichtes Astwerk bis zum Boden, kaum Unterwuchs, vereinzelt Grünerlen	Schloß-alm	1850 m	1	O/SO
17	10/5	Subalpiner Fichtenwald mit durchfließendem Bach. In den feuchten Bereichen Pestwurz, Farne, Moose, sonst nur Heidelbeere	Schloß-alm	1580 m	1	O
18	1	Blockfeld mit alpinem Rasen u. Moosen spärlich durchsetzt (60% Blockfeld, 40% Schiefergeröllhalde)	Grau-kogel	2390 m	3	NW
19	3	Almweide, Zwergstrauchgesellschaft dominierend, vereinzelt Felsblöcke	Grau-kogel	2050 m	2	NW
20	7	Skipistenrand, Geröllaufschüttung in S-Kurve der Herrenabfahrt, spärliche Vegetation aus Moosen, vereinzelt Fichten- u. Lärchenkeimlinge	Grau-kogel	1860 m	3	W
21	7	Skpiste (Teilplanie), im Zirben-Lärchen-Fichten-Wald DG 30-80%, dominiert von Wolligem Reitgras u. Moosen	Grau-kogel	1840 m	2	NW

PF	HT	Beschreibung der Probeflächen PF	Ort	See-höhe	NG	EX
22	6	Skipiste (Naturpiste „Höllbrunnbichl"): Waldschneise im montanen Fichten-Erlen-Bereich mit vorwiegend Farnbewuchs, daneben Gräser u. Heidelbeere (DG 100%)	Grau-kogel	1400 m	2	NW
23	6	Skipiste (Naturpiste „Höllbrunnbichl"): Waldschneise im montanen Fichten-Erlen-Bereich mit vorwiegend Farnbewuchs, daneben Gräser u. Heidelbeere (DG 100%)	Grau-kogel	1300 m	2	NW
24	9	Latschenwäldchen über d. Waldgrenze (unterhalb Weg zum Palfnersee)	Grau-kogel	2000 m	1	NW
25	10	Lärchen-Zirben-Fichten Wald, obere Waldgrenze, kein Unterwuchs	Grau-kogel	2000 m	1	NW
26	10	Lärchen-Zirben-Fichten Wald, obere Waldgrenze, mit Heidelbeere als Unterwuchs (unterhalb Bergstation Doppelsessellift)	Grau-kogel	1950 m	2	NW
27	10	Montaner Fichtenwald, kein Unterwuchs (neben PF 23)	Grau-kogel	1300 m	2	NW
28	10	Montaner Fichtenwald, kein Unterwuchs (oberhalb Gasteiner Wasserfall am Weg zur Windischgrätzhöhe)	Bad Gastein	1050 m	2	NW
29	4	Alpine Rasenmatte mit *Loiseleurietum*-Fragment, Teil der PF gut strukturiert durch Steinblöcke (unterhalb Stubnerkogelsender)	Stubner	2230 m	2	O/NO
30	9	Latschenwäldchen	Stubner	1900 m	2	O
31	13	Erlenwäldchen, ca. 2 m, > 17 Jahre	Stubner	1850 m	2	O
32	10	Subalpiner Fichtenwald (120-130 Jahre), teils Streu, teils. Krautschicht mit Wollgras, Fuchsgreiskraut u. Alpendost; Semipodsole mit Moderauflage	Stubner	1780 m	2	O
33	10	alter subalpiner Fichtenwald, gut strukturiert durch Wurzeln und Felsen, kein Unterwuchs (rechts vom Weg zum Niedersachsenhaus, ca. 250m westlich der Viehhauser Alm)	Naßfeld	1700 m	3	S

PF	HT	Beschreibung der Probeflächen PF	Ort	Seehöhe	NG	EX
34	12	Ufer des Angerbaches: Grauerlen-dominierter Mischwald mit reichhaltiger Krautschicht (vorwiegend Brennessel)	Angertal	1200 m	1	W - O
35	12	Erlen-Birken-Mischwald, mit üppiger Krautschicht (vorwiegend Brennessel)	Kötschachtal	1200 m	4	S
36	10	Montaner Fichtenwald, vereinzelt Grauerlen, reichlich Pestwurz, Moose, viel Totholz am Boden, Steinblöcke (ober- u. unterhalb d. Straße B.167, Höhe Golfplatz)	Bad Gastein	980 - 1000 m	2 / 3	O
37	11	Montaner Fichten-Erlenwald (an der Ache unterhalb Badehospiz)	Bad Gastein	920 m	3	W/ NW
38	12	Grauerlen-Eschen-Wäldchen mit Holunder und Hasel, Krautschicht (DG >90%) mit Brennessel, Ziest, Springkraut	Höhenweg	1000 m	2	W
39	11	Mischwald mit jungen Fichten, Lärchen, Grauerlen, Birken und üppiger Krautschicht (an d. Kötschachstraße)	Graukogel	1050 m	2	W
40	11	Mischwald mit Fichte, Ahorn, Esche u. Grauerle, üppige Krautschicht (am Marienweg)	Bad Gastein	950 m	2	W
41	10	montaner Fichtenwald (45% über hundertjährig), im Unterwuchs Heidelbeere, Gräser, Moose, Bärlapp	Höhenweg	1000 m	2	W
42	12	Grauerlenwald, Auwaldrest mit vereinzelt Holunder; Krautschicht dominiert von Brennessel, Himbeere, Farn, Gras spärlich (Talsohle nahe Ache)	Gadaunern	860 m	1	
43	11	Mischwald mit Fichte, Ahorn, Esche, Grauerle; Krautschicht vorwiegend Brennessel (am Marienweg)	Bad Gastein	990 m	2	W
44	8	Haselgebüsch / Wiesenrand (Garten Forschungsinstitut)	Bad Gastein	940 m	1	W
45	11	Montaner Grauerlen-Fichten-Bestand mit Salweide, Bergahorn u. Eberesche; reiche Krautschicht mit Brennessel, Moosen u. Klee	Graukogel	1250 m	2	NW

PF	HT	Beschreibung der Probeflächen PF	Ort	See-höhe	NG	EX
46	11	Mischwald mit Birke, Grauerle, Fichte u. gut ausgebildeter Krautschicht (zwischen Kaiserhof u. Forschungsinstitut)	Bad Gastein	960 m	2	W
47	10	Subalpiner Fichtenwald mit Heidelbeere (~60-80 J.)	Schloß-alm	1300 m	2	NO
48	10	Subalpiner Fichtenwald mit Heidelbeere (~>100 J.)	Schloß-alm	1400 m	2	NO
49	10	Subalpiner Fichtenwald mit Heidelbeere (~>100 J.)	Schloß-alm	1500 m	2	NO
50	10	Subalpiner Fichtenwald mit Heidelbeere (~60-80 J.)	Schloß-alm	1600 m	2	NO
51	1	Blockfeld mit spärlicher Vegetation, gut strukturiert (Schafweide; Obere Schloßscharte)	Schloß-alm	2100 - 2200 m	2	SW
52	7	geschobene Skipiste (VP), steiniger Boden mit stellenweise spärlichem Gras	Schloß-alm	2100 - 2200 m	2	SW
53	2	Verblockte Zwergstrauchheide, sehr gut strukturiert, hohe Pflanzendiversität mit Arten des *Seslerio-Semper-viretums* u. *Aveno-Nardetums*. Kalkglimmerschieferblockwerk übersponnen von Rhododendren, Vaccinien u. Spalierweiden	Schloß-alm	2040 m	1	O/SO
54	7	geschobene Skipiste (VP), steiniger Boden mit stellenweise spärlichem Gras	Schloß-alm	1970 - 2040 m	2	O/SO

Tab. 5: Beschreibung der Probeflächen
Tab. 5: Description of all study plots

PF	HT	Beschreibung der Probeflächen PF	Ort	See-höhe	NG	EX
A	10/ 11	**Dauerprobefläche „A":** <u>Nordexponierter Teil:</u> Bachufer-Mischwald (Laidalmbach). Schluchtwald mit Elementen des Ahorn-Eschen- und Grauerlenwaldes, durchsetzt mit Fichten und Birken. Baumschichtarten: Bergahorn, Esche, Birke, Grauerle, Großblättrige Weide. In der Strauchschicht dominiert die Himbeere, Traubenholunder, Hasel sowie Jungbäume der oben erwähnten Species. In der Krautschicht finden sich standortgemäß Hochstaudenelemente und Nährstoffzeiger wie Grauer Alpendost, Dorniger Wurmfarn, Brennessel, Christophskraut und Behaarter Kälberkopf. An Moosen wachsen *Mnium*-Arten, Haarmützenmoos und Brunnenlebermoos. Dieser gut strukturierte Teil nimmt etwa ein Viertel der Probefläche ein. <u>Nordost-exponierter Teil:</u> bodensaurer privat bewirtschafteter Fichtenforst mit Heidelbeere und Wald-Sauerklee im Unterwuchs. Diese Teilfläche ist weitaus artenärmer (weitgehend von Nadelstreu bedeckt) als der unterwuchs- und strukturreichere Bachuferwald.	Schloßalm	900 - 1000 m	2 - 3	N / NO

Tab. 5: Beschreibung der Probeflächen (Fortsetzung)
Tab. 5: Description of all study plots (continuation)

PF	HT	Beschreibung der Probeflächen PF	Ort	See-höhe	NG	EX
B	10	**Dauerprobefläche „B":** Südlich der Maurachpiste positionierter, nordostexponierter subalpiner Fichtenwald an der oberen geschlossenen Waldgrenze, aufgelichtet mit Reitgras-Heidelbeer-Strauchblockflur und Hochstaudenrinnen. In der Baumschicht überwiegend Fichte, stellenweise durchsetzt mit Lärche, Bergahorn, Eberesche und Grünerle. In der Krautschicht dominieren Wolliges Reitgras und Heidelbeere neben Fuchsgreiskraut, Alpendost, Alpenlattich, sowie dem Dornigen Wurmfarn und dem Gebirgs-Frauenhaarfarn. Weiters findet sich häufig Rundblättriger Steinbrech, Hain-Sternmiere, Meisterwurz, Schwalbenwurzenzian und im bodensauren Fichtenwald häufig Wald-Sauerklee. Die Moosflora wird vorwiegend von Haarmützenmoos und Sternmoos gebildet. Der obere Teil dieser Probefläche weist durch das überwachsene Bergsturzblockwerk größteils sehr gute Strukturierung auf, die sich im unteren Viertel in einem unterwuchsarmen Fichtenforst verliert.	Schloß-alm	1700-1820 m	1 - 3	O/NO

Tab. 5: Beschreibung der Probeflächen (Fortsetzung)
Tab. 5: Description of all study plots (continuation)

3.2 Vegetation der Dauerprobeflächen

Die Vegetationsaufnahme wurde von Herrn Dr. Wolfgang LEOPOLDINGER durchgeführt. Die Arten sind nach dem lateinischen Namen alphabetisch geordnet und mit einem Hinweis auf ihre Häufigkeit in der jeweiligen Probefläche versehen (Erklärung am Ende der Tabelle).

Lateinischer Artname	**Deutscher Artname**	A 900 m	B 1700 m
Acer pseudoplatanus	Berg-Ahorn	ooo	oo
Aconitum vulparia	Wolfs-Eisenhut		oo
Aconitum paniculatum	Rispiger Eisenhut		oo
Actaea spicata	Ähriges Christophskraut	oo	
Adenostyles alliariae	Grauer Alpendost	ooo	oooo
Agrostis sp.	Straußgras	oo	
Ajuga genevensis	Genfer Günsel		oo
Alchemilla vulgaris agg.	Gemeiner Frauenmantel		o
Alnus incana	Grauerle	oooo	
Alnus viridis	Grünerle		oooo
Arnica montana	Arnika		oo
Arrhenaterum elatius	Glatthafer	oo	
Athyrium distentifolium	Gebirgs-Frauenfarn		oooo
Athyrium filix femina	Wald-Frauenfarn	ooo	
Berberis vulgaris	Berberitze		oo
Betula pendula	Hängebirke	ooo	
Blechnum spicant	Wald-Rippenfarn		oo
Calamagrostis villosa	Wolliges Reitgras		oooo
Calluna vulgaris	Besenheide		oo
Campanula barbata	Bärtige Glockenblume		oo
Campanula rotundifolia	Rundblättrige Glockenblume		oo
Campanula trachelium	Nesselblättrige Glockenblume	oo	
Chaerophyllum hirsutum	Behaarter Kälberkopf	oo	oo
Chrysosplenium alternifolium	Wechselblättriges Milzkraut	oo	oo
Cicerbita alpina	Alpen-Milchlattich		oo
Cirsium oleraceum	Kohl-Kratzdistel	oo	
Cirsium palustre	Sumpf-Kratzdistel	oo	
Cladonia sp.	Rentierflechte		ooo

Lateinischer Artname	Deutscher Artname	A 900 m	B 1700 m
Corylus avellana	Gewöhnliche Hasel	ooo	
Dactylis sp.	Knäuelgras	oo	
Deschampsia caespitosa	Rasen-Schmiele		ooo
Deschampsia flexuosa	Drahtschmiele	oooo	ooo
Dicranum sp.	Gabelzahnmoos	oo	oo
Doronicum austriacum	Österreichische Gemswurz		ooo
Dryopteris carthusiana	Dorniger Wurmfarn	oooo	oooo
Dryopteris dilatata	Breiter Wurmfarn	ooo	oo
Drypoteris filix mas	Gemeiner Wurmfarn		ooo
Epilobium montanum	Berg-Weidenröschen	oo	
Festuca rubra	Horst-Rotschwingel	oo	
Fragaria vesca	Wald-Erdbeere	oo	
Frangula alnus	Faulbaum	oo	
Fraxinus excelsior	Gewöhnliche Esche	oo	
Galeobdolon montanum	Goldnessel	oo	
Galeopsis tetrahit	Gemeiner Hohlzahn		o
Gentiana asclepiadea	Schwalbenwurz-Enzian		oooo
Geranium robertianum	Ruprechtskraut	oo	
Gnaphalium norwegicum	Norwegisches Ruhrkraut		oo
Gymnocarpium dryopteris	Echter Eichenfarn	ooo	
Hieracium silvaticum	Wald-Habichtskraut	oo	ooo
Homogyne alpina	Gemeiner Alpenlattich		oooo
Huperzia selago	Tannen-Teufelsklaue		oo
Hylocomium splendens	Etagenmoos	oo	ooo
Hypericum maculatum	Geflecktes Johanniskraut	oo	oo
Larix decidua	Lärche	oo	oo
Lilium martagon	Türkenbund-Lilie		o
Lonicera coerulea	Blaue Heckenkirsche		oo
Lonicera nigra	Schwarze Heckenkirsche		o
Luzula albida	Weiße Hainsimse	oo	oooo
Luzula silvatica	Wald-Hainsimse		oo
Lycopodium annotinum	Sprossender Bärlapp	oo	oo
Marchantia polymorpha	Brunnenlebermoos	oo	o
Mnium sp.	Sternmoos	ooo	oo

Lateinischer Artname	Deutscher Artname	A 900 m	B 1700 m
Mnium undulatum	Sternmoos	oo	
Mycelis muralis	Mauerlattich	oo	
Myosotis sp.	Vergißmeinnicht		oo
Nardus stricta	Borstgras		o
Oxalis acetosella	Waldsauerklee	oooo	oooo
Pedicularis recutita	Gestutztes Läusekraut		oo
Peltigera aphthosa	(Flechte)		o
Peucedanum ostruthium	Meisterwurz		oooo
Phleum sp.	Lieschgras	oo	
Picea abies	Fichte	oooo	oooo
Pinus cembra	Zirbe		o
Plagiochila asplenioides	Großes Schiefmundmoos	oo	
Pleurozium schreberi	Rotstengelmoos	oo	oo
Poa annua	Einjähriges Rispengras		o
Polygonatum verticillatum	Quirlblättrige Weißwurz		o
Polypodium vulgare	Gemeiner Tüpfelfarn		o
Polystichum lonchitis	Lanzen-Schildfarn		oo
Polytrichum attenuatum	Haarmützenmoos	ooo	oooo
Populus tremula	Espe	oo	
Potentilla aurea	Gold-Fingerkraut		oo
Potentilla erecta	Aufrechtes Fingerkraut	oo	
Prenanthes purpurea	Hasenlattich	oo	
Pteridium aquilinum	Adlerfarn	oo	
Pyrola secunda	Nickendes Wintergrün		o
Ranunculus lanuginosus	Wolliger Hahnenfuß	oo	oo
Ranunculus platanifolius	Platanenblättriger Hahnenfuß		oo
Rhodobryum roseum	Moos		o
Rhododendron ferrugineum	Rostblättrige Alpenrose		oo
Rhythidiadelphus sp.	Kranzmoos		oo
Ribes petraeum	Felsen-Johannisbeere		oo
Rubus idaeus	Himbeere	oooo	oo
Rumex acetosella	Kleiner Ampfer		o
Rumex alpinus	Alpen-Ampfer		ooo
Salix appendiculata	Großblättrige Weide	ooo	

Lateinischer Artname	Deutscher Artname	A 900 m	B 1700 m
Sambucus racemosa	Trauben-Holunder	oo	oo
Saxifraga rotundifolia	Rundblättriger Steinbrech	oo	ooo
Senecio fuchsii	Fuchsgreiskraut	oooo	oooo
Silene dioica	Rote Nachtnelke		o
Solidago alpestris	Echte Alpen-Goldrute		o
Solidago virgaurea	Echte Goldrute	oo	ooo
Sorbus aucuparia	Gemeine Eberesche	oooo	oooo
Sphagnum sp.	Torfmoos	oo	
Stachys silvatica	Wald-Ziest		o
Stellaria media	Vogel-Sternmiere	oo	
Stellaria nemorum	Hain-Sternmiere	oo	oooo
Trisetum sp.	Goldhafer	oo	o
Urtica dioica	Große Brennessel	oo	oo
Vaccinium myrtillus	Heidelbeere	oooo	oooo
Vaccinium vitis idaea	Preiselbeere		ooo
Valeriana montana	Berg-Baldrian		o
Valeriana tripteris	Dreischnittiger Baldrian		oo
Veratrum album	Weißer Germer		o
Veronica urticaifolia	Brennesselblättriger Ehrenpreis	oo	
Viola reichenbachiana	Wald-Veilchen	oo	

Tab. 6: Pflanzenliste der Dauerprobeflächen „A" und „B" (Fortsetzung)
Tab. 6: Plants of the permanent study plots „A" and „B" (continuation)

Häufigkeit der Pflanzenarten:
oooo sehr häufig bis bestandbildend
ooo häufig
oo eingestreut
o Einzelbeobachtung

4 MATERIAL UND METHODEN

4.1 Fallentypen

In den 54 verschiedenen **Kurzzeitprobeflächen** wurden zwischen 10 und 200 handelsübliche Schlagfallen der Marke „Luna" 1 – 5 Tage lang fängig gestellt und mit Erdnußbutter beködert. Je nach den Gegebenheiten des Geländes erfolgte die Aufstellung meist in quadratischen Rastern oder vereinzelt in Fallenreihen. Der Abstand zwischen den Fallen betrug etwa 2 m.

In den beiden **Dauerprobeflächen** kamen je 200 Klappfallen im Abstand von ca. 5 Metern 6 Tage lang zum Einsatz, wobei der Standplatz nach 3 Tagen gewechselt wurde. Bei der Aufstellung achtete ich auf eine Position nahe bei gegrabenen oder natürlichen Löchern bzw. Spalten. Zusätzlich wurden pro Dauerprobefläche 100 Barberfallen (Durchmesser 10,5 cm, Höhe 26 cm, angefertigt aus 2-Liter-Plastikflaschen) in jeweils 3 Reihen zu je 33 bzw. 34 Stück mit einem Abstand von etwa 10 m zueinander an geeigneten Stellen vergraben. Die Barberfallen blieben pro Fangperiode 6 Tage lang ununterbrochen geöffnet und wurden ebenso wie die Klappfallen alle 24 Stunden (= 1 „Fangtag") überprüft, für die 10-tägigen Pausen zwischen den Fangperioden deckte ich sie mit passenden Steinplatten ab – leider verschob sich zuweilen die eine oder andere Abdeckung, so daß einige Mäuse bzw. Spitzmäuse hineinschlüpfen konnten. Diese Tiere waren für eine biometrische Erfassung der inneren Organe nicht mehr geeignet, es wurden nur ihre Schädel präpariert.

Die intensive Fangtätigkeit mit Klapp- und Barberfallen in relativ kurzen Zeitabständen führte zu einer starken Reduktion der Individuen, wodurch die Fangzahlen vermutlich eher die Wiederbesiedlung als die natürliche Populationsentwicklung wiederspiegeln.

Witterungsbedingt (Schneefall / Ausaperung) waren einige Perioden in der oberen Fläche verkürzt bzw. fielen aus. Wegen dieser Unregelmäßigkeiten in der Bestückung mit Fallen schien es mir ratsam, die Fangergebnisse durch den Begriff „Falleneinheit" (FE; 1 FE = 1 Falle pro 24 h-Fangtag) leichter vergleichbar zu gestalten. Die Zuordnungen der Falleneinheiten zu den Kurzzeitprobeflächen sind in Tab. 8 aufgelistet, die der Dauerprobeflächen in Tab. 7 noch gesondert aufgeschlüsselt (Kapitel 5 Synökologie).

4.2 Datenaufnahme

Die gefangenen Kleinsäuger wurden in möglichst frischem Zustand im Labor des Forschungsinstitutes Gastein auf 1 mm genau vermessen (**KR** = Kopf-Rumpf-Länge, **S** = Schwanzlänge, **HF** = Hinterfußlänge ohne Krallen, **O** = Ohrlänge), gewogen (Körpergewicht **G** auf 0,1 g genau) und abgebalgt. Eventuelle Haarwechselspuren auf der Hautinnenseite wurden aufgezeichnet und die Bälge für die spätere Herstellung von Flachbalgpräparaten tiefgefroren aufbewahrt.

Während der anschließenden Sektion wurden **Geschlecht** und **Reproduktionszustand** bestimmt. Bei den Weibchen galten Individuen mit geöffneter Vagina, erweitertem Uterus, Embryonen, Anzeichen von Laktation bzw. Uterusnarben als sexuell aktiv. Bei den Männchen zeigten die für jede Art typischen Hodendimensionen den Reifezustand an. Gewicht und Abmessung eventuell vorhandener Embryonen bzw. der Hoden wurden registriert.

Von den inneren Organen wurden Leber (**LE**), Nieren (**NI**), Milz (**MI**), Herz (**HE**), Lunge (**LU**), Magen (**MA**), Darm (**DA**) und Blinddarm (**BLI**) auf 0,01 g genau gewogen. Die Mägen wurden zwecks späterer Analyse des Nahrungsspektrums eingefroren, auf die gleiche Weise wurden Lebern und Nieren für die **Schwermetallanalyse** (Pb, Cd, Hg) am Forschungsinstitut für Wildtierkunde in Wien aufbewahrt.

Bedauerlicherweise vernichtete ein Defekt des Kühlraumes im alten Zoologischen Institut (Akademiestr. 26) den Großteil des gesammelten Materials: beinahe alle Bälge, an welchen noch Farbvariante (Unterscheidung der *Apodemus*-Arten) und Haardichte untersucht werden sollte, sowie alle Mägen und Nieren. Nur ein einziger Karton mit Leberproben von 179 Tieren aus vormals ca. 1060 konnte verwendet werden! Die Schwermetall-Ergebnisse wurden dadurch empfindlich ausgedünnt.

Da die **Altersbestimmung** bei allen Arten auf unterschiedliche Weise erfolgt, werden die entsprechenden Methoden im Kapitel 6 Autökologie für jede Spezies gesondert beschrieben.

Die **Schädel** wurden durch Speckkäfer (*Dermestes sp.*) von Fleischresten befreit und anschließend zur Feinsäuberung kurz abgekocht. Nach der Trocknung wurden mit einer Nonius-Schublehre auf 0,05 mm genau folgende Schädelmaße gemäß „Handbuch der Säugetiere" (NIETHAMMER & KRAPP 1978, 1982, 1990) genommen:

CB ....Condylobasallänge (Rodentia & Insectivora)
OCCNA ....Occipitonasallänge (Rodentia)
GrSL ....Größte Schädellänge (Insectivora)
SH ....Schädelkapselhöhe mit Bullae (Rodentia & Insectivora)
SB ....Occipitalbreite (Rodentia) bzw. größte Schädelbreite (Insectivora)
ZYG ....Zygomatische Breite (Rodentia & Insectivora)
OZR ....Länge der oberen Zahnreihe incl. Incisiva (Insectivora)
OZR B .....Länge der oberen Backenzahnreihe an der Basis (Alveolen) gemessen (Rodentia)
UZR ....Länge der unteren Zahnreihe excl. Incisiva (Insectivora)
IO ....Interorbitalbreite (Rodentia & Insectivora)
DIA ....Diastemlänge am Oberschädel (Rodentia)
PGL ....Postglenoidbreite (Abstand der Proc. Postglenoidales - Außenränder) (Insectivora)
AOB ....Infraorbitalbreite (=Antorbitalbreite): kleinste Entfernung der maxillaren Foramina (Insectivora)
PALL ......Palatallänge (Länge des Rostrums vom Vorderrand d. Prämaxillare bis zum Hinterrand des Palatinum, ventral) (Insectivora)
UKDIA ....Unterkieferdiagonale von der Symphyse zum Proc. articularis (Rodentia & Insectivora)
CORH .....Coronoidhöhe (Insectivora)
FI ....Länge der Foramina incisiva (Rodentia)
NAS ....Nasalialänge (Rodentia)
ID ....Dicke der Incisiva im Oberkiefer (Apodemus sp.)

Folgende Maße wurden mittels skalierter 20-fach vergrößernder Lupe auf 0,05 mm genau festgestellt:

INCUK .....Länge der vorderen Incisiva im Unterkiefer der Insectivora
M 1 H ......Höhe des 1. Molaren im Unterkiefer der Insectivora
M 1 Wu ....aborale Wurzellänge des M 1 im Unterkiefer von C. glareolus (Altersbestimmung)

4.3 Datenauswertung

4.3.1 Relative Abundanz

Die relative Abundanz (relative Dichte) gibt den Prozentanteil der Individuen an den jeweiligen Falleneinheiten an, wobei eine Falleneinheit (FE) einer Falle pro 24-stündigem Fangtag entspricht. Da in den Versuchsflächen unterschiedlich viele Fallen zum Einsatz kamen, ist ein Vergleich nur mittels dieser Umrechnung sinnvoll. Die als Berechnungsgrundlage dienenden Falleneinheiten für Kurzzeit- und Dauerprobeflächen sind den Tabellen 7 und 8 (Kapitel 5 Synökologie) zu entnehmen.

4.3.2 Dominanz

Mit Dominanz bezeichnet man den Prozentanteil der Individuen der einzelnen Art am Gesamtfang. Die Dominanzstruktur reiht die Arten einer Biozönose in logarithmischer Relation von den häufigsten zu den seltensten (nach ENGELMANN, 1978, zit. in MÜHLENBERG 1993):

Hauptarten:	Eudominante:	32 – 100 %
	Dominante:	10 – 31,9 %
	Subdominante:	3,2 – 9,9 %
Begleitarten:	Rezendente:	1,0 – 3,1 %
	Subrezendente:	0,32 – 0,99 %
	Sporadische:	< 0,32 %

Die Klasseneinteilung ist so angelegt, daß die 3 „Hauptarten" 85 % der erfaßten Individuen einschließen sollten. Bei geringem Stichprobenumfang, wie dies in den Kurzzeitprobeflächen teilweise der Fall war, verliert diese Klassifizierung naturgemäß an Aussagekraft.

4.4 Schwermetallanalyse

Am Forschungsinstitut für Wildtierkunde der Veterinärmedizinischen Universität Wien wurden 179 Leberproben auf ihren Gehalt an den Schwermetallen Blei, Cadmium und Quecksilber untersucht. Die Blei- und Cadmiumbelastung wurde im Atomabsorptionsspektralphotometer AAS Perkin-Elmer HG 500 (Graphitrohrküvette, flammenlose AAS) ermittelt, der Quecksilbergehalt wurde mittels Mercury-Hydrid-System MHS-1 mit Natriumborhydrid als Reduktionsmittel gemessen. Die Werte sind in ppm (mg/kg) Frischgewicht (FG) angegeben.

Für die statistischen Vergleiche kam der verteilungsfreie Whitney-Mann-U-Test zur Anwendung. Die Berechnungsformeln für die Prüfgröße U sowie die Tabellen der kritischen Werte U* (zweiseitig, für $p < 0,05$ bzw. $p < 0,01$) stammen aus „Grundbegriffe der Biometrie" von R. J. LORENZ, 1984 (Seite 164 ff, Tabellen S. 226-227 nach MILTON, 1964). In einigen Fällen konnten wegen zu weniger Stichproben nicht alle in den Diagrammen erkennbaren Mittelwertsunterschiede rechnerisch dargestellt werden.

5 SYNÖKOLOGIE

5.1 Gesamtübersicht

Zwischen 1981 und 1987 wurden vom Talboden bis in die alpine Stufe umfangreiche Fangaktionen durchgeführt, deren Ziel die Erfassung des Kleinsäugerspektrums in den verschiedenen Lebensräumen darstellte. Die 54 untersuchten Kurzzeitprobeflächen wurden 13 verschiedenen Habitattypen zugeordnet. In Tab. 8 sind alle Probeflächen und die Verteilung der Kleinsäugerarten aufgelistet.

In den beiden Dauerprobeflächen (1985/86) wurden die Artenzusammensetzung der beiden Areale, die Populationsdynamik im Jahreslauf, die Effektivität der beiden verwendeten Fallentypen, sowie Morphologie und Schwermetallbelastung untersucht. In Tab. 7 ist der Fangplan der Dauerprobeflächen mit den dort eingesetzten Falleneinheiten wiedergegeben.

Wegen methodischer Schwierigkeiten bei der Trennung der *Apodemus*-Arten (siehe Kap. 6.2 Autökologie./*Apodemus sp.*) wurde nur die Gattung gezählt. Da in den Hohen Tauern 3 Arten, *A. flavicollis*, *A. sylvaticus* und auch *A. alpicola* nachgewiesen sind (JERABEK 1998), könnten sich die in Tabelle 9 mit * gekennzeichneten Artenzahen um 1 – 2 erhöhen! Insgesamt konnten folgende 16 bzw. eventuell 17 Kleinsäugerarten festgestellt werden.

Rodentia:
Gliridae	*Muscardinus avellanarius* (M. ave.)	Haselmaus
Muridae	*Apodemus flavicollis* (A. fla.)	Gelbhalsmaus
	Apodemus sylvaticus (A. syl.)	Waldmaus
	Apodemus alpicola ? (A. alp.)	Alpenwaldmaus ?
Zapodidae	*Sicista betulina* (S. bet.)	Waldbirkenmaus
Arvicolidae	*Clethrionomys glareolus* (C. gla.)	Rötelmaus
	Arvicola terrestris (A. ter.)	Ostschermaus
	Microtus (Chionomys) nivalis (M. niv.)	Schneemaus
	Microtus arvalis (M. arv.)	Feldmaus
	Microtus agrestis (M. agr.)	Erdmaus
	Microtus (Pitymys) subterraneus (M. sub.)	Kurzohrmaus

Insectivora:
Talpidae	*Talpa europaea* (T. eur.)	Maulwurf
Soricidae	*Sorex minutus* (S. min.)	Zwergspitzmaus
	Sorex araneus (S. ara.)	Waldspitzmaus
	Sorex alpinus (S. alp.)	Alpenspitzmaus
	Neomys anomalus (N. ano.)	Sumpfspitzmaus
	Neomys fodiens (N. fod.)	Wasserspitzmaus

Fangperiode	P 1	P 2	P 3	P 4	P 5	P 6	P 7	P 8	P 9	P 10	P 11	P 12	P 13	Summe
Datum	14.6.-23.6.1985	3.7.-10.7.1985	21.7.-28.7.1985	7.8.-14.8.1985	25.8.-2.9.1985	12.9.-19.9.1985	30.9.-7.10.1985	18.10.-25.10.1985	5.11.-8.11.1985	23.4.-29.4.1986	9.5.-15.5.1986	27.5.-3.6.1986	14.6.-21.6.1986	
BF „A"	600	600	600	600	600	600	600	600	300	600	600	600	600	7500
BF „B"	600	600	600	600	600	600	600	600	0	0	0	600	600	6000
KF „A"	1200	1200	1200	1200	1200	1200	1200	1200	600	1200	1200	1200	1200	15000
KF „B"	1200	1200	1200	1200	1200	1200	1200	1200	0	0	100	1200	1200	12100
Summe	3600	3600	3600	3600	3600	3600	3600	3600	900	1800	1900	3600	3600	40600

Tab. 7: Liste der in den 13 Fangperioden der Dauerprobeflächen eingesetzten Falleneinheiten. – Abkürzungen: BF = Barberfallen, KF = Klappfallen; „A" = 900 m, „B" = 1700 m

Tab. 7: Schedule of all trap units used in the 13 trapping periods of the permanent study plots. -Abbreviations: BF = pitfall traps, KF = snap traps „A" = 900 m, „B" = 1700 m

In der folgenden Tab. 8 sind die Individuenzahlen der gefangenen Kleinsäugerarten für alle Probeflächen detailliert dargestellt. Abkürzungen: PF = Probefläche, HT = Habitattyp, FE = Falleneinheit, a. F. = außerhalb d. regulären Fangzeit in BF

PF	HT	Datum	FE	M. ave.	Apo.s.	S. bet.	C. gla.	A. ter.	M. niv.	M. arv.	M. agr.	M. sub.	T. eur.	S. min.	S. ara.	S. alp.	N. ano.	N. fod.	Summe
1	3	14.8.-5.9.81	2400	1		1				9		12			5				28
1	3	1.8.-6.8.82	1000							2		5			3				10
2	7	20.8.-5.9.81	1000																0
2	7	1.8.-6.8.82	1000																0
3	8	22.8.-27.8.81	250									5			3	1			9
4	2	6.8.-11.8.82	500						6										6
4	2	25.8.-30.8.81	250				1		2			2			3				8
5	7	27.8.-1.9.81	125						1						1				2
6	5	29.8.-3.9.81	250							2					1				3
7	3	11.8.-16.8.82	500							1					1				2
8	6	19.9.-24.9.82	500		1														1
9	6	20.9.-25.9.82	500		2							4							6
10	7	12.10.-13.10.84	40																0
11	3	12.10.-13.10.84	40						4										4
12	3	12.10.-13.10.84	40																0
13	2	13.10.-14.10.84	40						1										1
14	13	29.8.-3.9.81	250							1		2			5				8
15	13	13.8.-18.8.82	500		1	1						1			3				6
16	10	18.9.-23-9.82	500				2								1				3

PF	HT	Datum	FE	M. ave.	Apo.s.	S. bet.	C. gla.	A. ter.	M. niv.	M. arv.	M. agr.	M. sub.	T. eur.	S. min.	S. ara.	S. alp.	N. ano.	N. fod.	Summe
17	10	21.9.-26.9.82	650	4		13													17
18	1	28.8.-2.9.84	500						2										2
19	3	12.8.-17.8.83	500				3								1				4
20	7	18.8.-23.8.84	500																0
21	7	22.8.-27.8.84	500																0
22	6	24.8.-29.8.83	500				2				10				2				14
23	6	19.10.-20.10.84	20								2								2
24	9	29.8.-1.9.84	60				2												2
25	10	29.8.-1.9.84	60				4												4
26	10	10.8.-15.8.83	500				5				2				1				8
27	10	19.10.-20.10.84	20				2												2
28	10	17.10.-18.10.84	40				2								2				4
29	4	4.8.-9.8.84	500						2	1									3
29	4	10.9.-15.9.83	500						3										3
30	9	20.9.-23.9.84	60				3												3
31	13	20.9.-23.9.84	60				1												1
32	10	25.8.-30.8.83	500				3												3
32	10	20.9.-23.9.84	60				4												4
33	10	18.7.-23.7.83	500				7		1							1			9

PF	HT	Datum	FE	M. ave.	Apo.s.	S. bet.	C. gla.	A. ter.	M. niv.	M. arv.	M. agr.	M. sub.	T. eur.	S. min.	S. ara.	S. alp.	N. ano.	N. fod.	Summe
34	12	1.9.-6.9.83	500	3	3										2				8
35	12	8.9.-13.9.83	500	5	9										1				15
36	10	7.11.-8.11.84	40	4	5														9
37	11	1.10.-2.10.84	40	1	6														7
38	12	28.9.-29.9.84	20		1														1
39	11	15.10.-16.10.84	40	1	4									1					6
40	11	28.9.-29.9.84	20	2	1														3
41	10	28.9.-29.9.84	20		2										1				3
42	12	26.6.-1.7.83	500																0
42	12	5.8.-10.8.84	500							2									2
43	11	24.9.-29.9.82	500	10	1														11
44	8	23.9.-28.9.82	500	4							1						1		6
45	11	24.8.-29.8.83	500	5	2										2	2			11
46	11	4.10.-5.10.84	20	1	2														3
47	10	18.5.-22.5.85	500																0
48	10	20.5.-22.5.85	300		3														3
49	10	17.5.-21.5.85	500		6														6
50	10	21.5.-22.5.85	200		3														3
51	1	22.8.-23.8.87	450						22	2	1	4							29

PF	HT	Datum	FE	M. ave.	Apo. s.	S. bet.	C. gla.	A. ter.	M. niv.	M. arv.	M. agr.	M. sub.	T. eur.	S. min.	S. ara.	S. alp.	N. ano.	N. fod.	Summe
52	7	22.8.-23.8.87	450						2	2									4
53	2	24.8.-25.8.87	450		1				4		9								14
54	7	24.8.-25.8.87	450						2	2									4
A		14.6.-8.11.85 /	a. F.				11							1	15	2		2	31
A		23.4.-21.6.86	22500	3	164		130	1	1		19		1		98	88	18	3	526
B		14.6.-8.11.85 /	a. F.				8		1					3	1	1			14
B		23.4.-21.6.86	18100	8	3		266		44		4	27	1		61	84	27	1	526
			Funde												2	1	7		10
Summe			63315	11	213	1	518	1	97	23	45	67	4	165	233	52	4	3	1437

Tab. 8: Fangzahlen der Individuen aller Kleinsäugerarten in den Kurz- und Langzeitprobeflächen (Abkürzungen: PF = Probefläche, HT = Habitattyp, FE = Falleneinheit, a. F. = außerhalb d. regulären Fangzeit in BF

Tab. 8: Numbers of individuals of all small mammal species caught in shorttime and permanent study plots (Abbreviations: PF = study plot, HT = habitat type, FE = trap unit, a. F. = caught out of the regular trapping periods

Für europäische Kleinsäugergemeinschaften des Waldes wurden von GURNELL (1985) je nach Sukzessionsstadium 3 – 11 Arten beschrieben. In vorliegender Arbeit konnten in der Dauerprobefläche „A", einem montanen Fichtenwald mit

Mischwaldanteil, 12 Arten sicher nachgewiesen werden, im subalpinen Fichtenwald der Dauerprobefläche „B" an der oberen Waldgrenze 10 Arten. In vergleichbaren Waldtypen der Kurzzeitprobeflächen (Nadel-Laub-Wald und Nadelwald) stellten 5 bzw. 6 Arten das Maximum dar.

Ein Grund für das größere Artenspektrum ist sicher im zusätzlichen Einsatz von Barberfallen in den Dauerprobeflächen zu suchen, da einige Arten, wie Spitzmäuse oder Haselmäuse, von diesen besser erfaßt wurden als von Klappfallen. Weiters spielt der lange Beobachtungszeitraum eine Rolle, denn je regelmäßiger man in einem Areal Fangaktionen durchführt, desto höher die Wahrscheinlichkeit, auch seltenere Begleitarten nachzuweisen (BARNETT 1992).

Bezogen auf alle Fänge war die Rötelmaus die häufigste Spezies mit 36 %, gefolgt von der Waldspitzmaus mit 16,2 %, der Gattung *Apodemus sp.* mit 14,8%. Die Zwergspitzmaus war mit 11,5 % vertreten, die Schneemaus mit 6,8 %, die Kurzohrmaus mit 4,7 %, die Alpenspitzmaus mit 3,6 %, die Erdmaus mit 3,1 % und die Feldmaus mit 1,6 %. Von den Begleitarten betrug der Anteil der Haselmaus 0,8 %, jener von Maulwurf und Sumpfspitzmaus 0,3 %, jener der Wasserspitzmaus nur 0,2 %. Birkenmaus und Schermaus waren mit nur je 1 Exemplar bzw. 0,07 % präsent.

5.2 Artenzahlen in den Habitattypen

Mehr als 6 Arten fanden sich in keinem der Habitattypen der Kurzzeitprobeflächen. Diese Artenzahl wurde im Nadelwald, in der Zwergstrauchheide, im Erlengebüsch und im Umfeld anthropogener Strukturen erreicht. Letzterer Habitattyp sollte eigentlich weiter unterteilt werden in Almbereich und Ortsgebiet, denn rund um das Hamburger Skiheim (Schloßalm) zeigte sich mit *M. subterraneus, S. alpinus* und *S. araneus* eine völlig andere Zusammensetzung der Arten als im Garten des Forschungsinstitutes mit *Apodemus sp., M. agrestis* und *N. anomalus*.

Für die hohe Artenzahl in den Grünerlen ist möglicherweise die Bindung dieser Pflanzen an wasserzügige Stellen bzw. Bäche verantwortlich, deren Läufe von Kleinsäugern zur Ausbreitung genutzt werden können (REITER 1997, SCHMID 1984).

Die höchste Zahl von 5 Arten für eine einzelne Probefläche wies PF 1 (Zwergstrauchheide) auf, hier wurden allerdings über einen längeren Zeitraum hinweg Fallen gestellt (12 + 5 Tage).

5 Arten wurden jeweils in der verblockten Zwergstrauchheide und im Nadel-Laubwald gefangen, beide Habitattypen waren sehr gut strukturiert. Nach BEGON et al. (1991) fördert räumliche Heterogenität den Artenreichtum.

Die Blockfelder zeigten sich ausschließlich für die 4 *Microtus*-Arten attraktiv, allen voran die Schneemaus, die mit großer Individuendichte für eine hohe Gesamtabundanz dieser Flächen sorgte.

Die Laubwaldflächen erbrachten in Summe 4 Arten, wobei zu bemerken ist, daß gerade der Grauerlenwald, den JERABEK (1998) als eigenen Habitattyp ausweist und als artenreichsten Lebensraum anführt, in Gastein nur 2 Erdmäuse aufzuweisen hatte.

Der Habitattyp Naturpiste mit seinem hohen Deckungsgrad an Reitgras bzw. Farn zeigte bis zu 4 Arten.

Auf planierten Skipisten ließen sich immerhin 3 Arten (5 Schneemäuse, 4 Feldmäuse und 1 Waldspitzmaus) feststellen, die Gesamtindividuendichte war hier jedoch mit 0,22 Ind./100 FE die geringste von allen Habitattypen. Da auf den geschobenen Skipisten keine Anzeichen für die Anlage von Gängen festzustellen waren, dürften diese Tiere aus dem unmittelbar anschließenden Blockfeld bzw. aus der verblockten Zwergstrauchheide auf die Piste übergewechselt sein. Auf 4 dieser 7 Pistenprobeflächen ging kein einziges Tier in die Falle. In solchen spärlich bewachsenen, unstrukturierten Flächen finden Kleinsäuger weder genügend Deckung noch ausreichendes Nahrungsangebot, zudem herrschen durch die Bodenverdichtung ungünstige Bedingungen für die Anlage von Gängen. Allerdings konnten in Teilbereichen dieser Flächen Winternester der genannten Wühlmausarten gefunden werden. Die lange anhaltende Schneebedeckung bietet Schutz vor Kälte und Freßfeinden und ermöglicht eine weiträumigere Nutzung der Vegetation (LINDNER 1994).

Als artenärmster Lebensraum stellte sich das Latschengebüsch mit der Rötelmaus als einziger Spezies heraus. Gemessen am geringen Falleneinsatz hatte es aber mit 4,17 Ind./100 FE die höchste Abundanz aufzuweisen (siehe Abb. 2). Zu einem ähnlichen Ergebnis gelangte auch JERABEK (1998) für die Hohen Tauern.

Mit 12 Arten in der unteren Dauerprobefläche „A" und 10 in der oberen Dauerprobefläche „B", entsprachen diese Bergwaldbiotope in ihrer Artenzahl den Angaben von GURNELL (1985) für europäische Wälder, wenn allerdings alle drei *Apodemus*-Arten eindeutig identifizierbar gewesen wären, könnte sich die Artenzahl eventuell um 2 erhöhen (siehe Abb. 5).

Tabelle 9 gibt einen statistischen Überblick über die Artenzahlen in den Habitattypen: Minima, Maxima, Mittelwerte bzw. Mediane der einzelnen Probeflächen.

Habitattyp		n PF	n Arten	x Artenzahl	MD Artenzahl	Min – Max Artenzahl	x rel. Abundanz	MD rel. Abundanz	Min – Max rel. Abundanz
HT 1	Blockfeld	2	4	2,5	2,5	1 - 4	3,31	3,31	0,4 – 6,22
HT 2	Verblockte Zwergstr.	3	5	2,7	3	1 – 4	2,49	2,5	1,87 – 3,11
HT 3	Zwergstrauchheide	5	6	2,0	2	0 – 5	2,46	0,8	0 – 10
HT 4	alp. Rasen	1	2	2	2	2	0,6	0,6	0,6
HT 5	Gewässer	1	2	2	2	2	1,2	1,2	1,2
HT 6	Naturpiste	4	4 *	1,8	1,5	1 – 3	3,55	2	0,2 – 10
HT 7	Planierte Piste	7	3	0,86	0	0 – 2	0,48	0	0 – 1,6
HT 8	anthrop. Strukt.	2	6 *	3	3	3	2,4	2,4	1,2 – 3,6
HT 9	Latschen	2	1	1	1	1	4,15	4,15	3,33 – 5
HT 10	Nadelwald	14	6 *	1,57	1,5	0 – 3	5,41	1,7	0 – 22,5
HT 11	Nadel-Laub-Wald	6	5 *	2,5	2	2 – 4	11,15	15	2,2 – 17,5
HT 12	Laubwald	4	4 *	2,0	2	0 – 3	2,45	2,3	0,2 – 5
HT 13	Grünerlen	3	6	2,7	3	1 - 4	2,02	1,67	1,2 – 3,2

Tab. 9: Kennzahlen der Kleinsäugergemeinschaften in den 13 Habitattypen der Kurzzeitprobeflächen (x = Mittelwert, MD = Median, PF = Probefläche, HT = Habitattyp). Artenzahlen mit * könnten sich um 1 – 2 erhöhen (*Apodemus sp.*)

Tab. 9: Characteristics for small mammal communities in the 13 habitat types of the short time study plots (x = mean, MD = median, PF = study plot). Speciesnumbers with * could increase in 1 - 2 (*Apodemus sp.*)

5.3 Relative Abundanzen

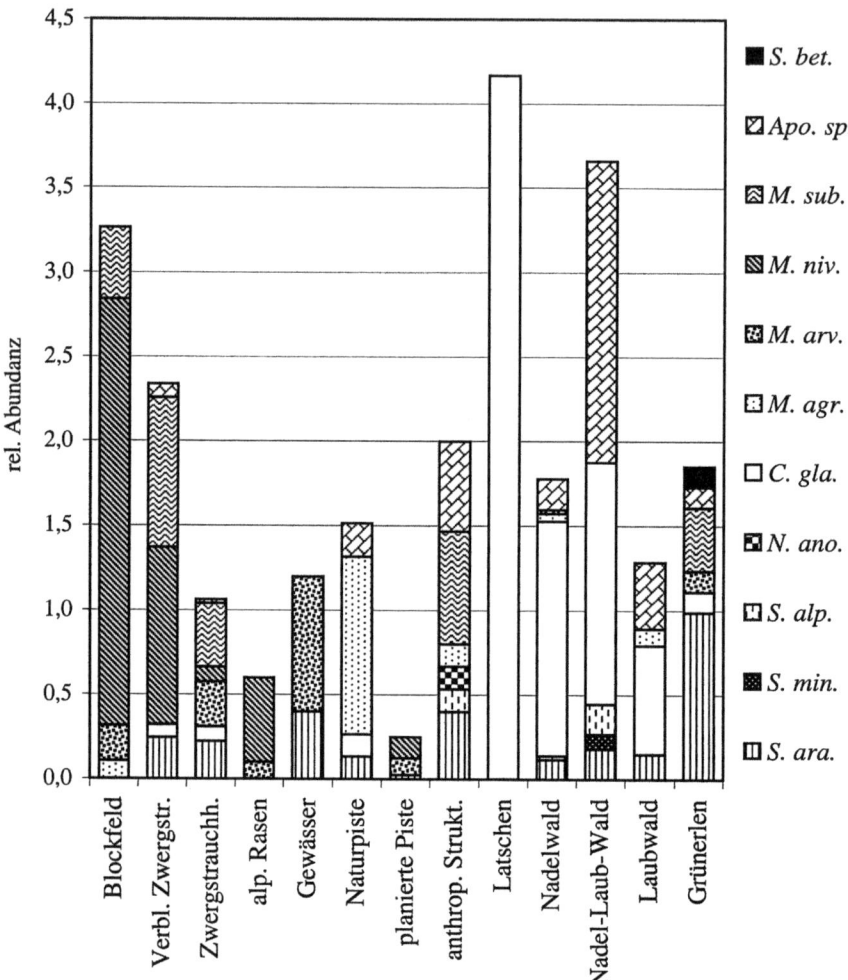

Abb. 2: Relative Abundanzen der einzelnen Arten in den Habitattypen der Kurzzeitprobeflächen
Fig. 2: Relative densities of the single species in the habitat types of the short-time study plots

Wie schon erwähnt war bei der Dichte - bezogen auf die Summe aller Individuen - die Latschenfläche führend, gefolgt von Nadel-Laub-Wald (3,66 Ind./100 FE), Blockfeld (3,26 Ind./100 FE) und verblockter Zwergstrauchheide (2,34 Ind./100 FE). Anthropogene Strukturen, Grünerlen, Nadelwald, Naturpiste und Laubwald lagen zwischen 2 Ind./100 FE und 1,28 Ind./100 FE. Weniger dicht besiedelte Lebensräume waren Zwergstrauchheide, alpine Rasen und der Uferbereich des Schloßalmtümpels, bei dem allerdings der Stichprobenumfang sehr gering war, die geringste Dichte wiesen die planierten Pisten mit 0,24 Ind./100 FE auf (siehe Abb. 2).

Von den Dauerprobeflächen war PF „B" mit 2,9 Ind./100 FE dichter besiedelt als PF „A" mit 2,32 Ind./100 FE (siehe Abb. 5).

Errechnet man die Mittelwerte aller zu denselben Habitattypen gehörenden Probeflächen, erweist sich der Nadel-Laubwald mit 11,15 Ind./100 FE als führend (siehe Tab. 9).

Ein direkter Vergleich der Abundanzwerte aus Gastein (Tab. 9) mit jenen von JERABEK (1998) und REITER (1997) aus den Hohen Tauern oder anderen Autoren wäre wenig sinnvoll, da bei den Fangaktionen methodische Unterschiede bezüglich Fallenabstand, Länge des Fangtages und Definition der Habitattypen in Betracht zu ziehen sind.

5.4 Dominanzstruktur

Der prozentuelle Anteil einer Art an der Gemeinschaft wird als Dominanz bezeichnet, die Aufeinanderfolge von den häufigeren zu den selteneren Arten als Dominanzstruktur der Biozönose. In vorliegender Arbeit wurde die logarithmische Klasseneinteilung nach ENGELMANN (1978, zit. in MÜHLENBERG 1993) verwendet, wobei man Hauptarten mit Eudominanten, Dominanten und Subdominanten, sowie Begleitarten mit Rezendenten, Subrezendenten und Sporadischen unterscheidet (Einteilung siehe Kapitel 4.3.2).

In einigen Habitattypen (HT 4, 5, 7, 8, 9, 13) der Kurzzeitprobeflächen war der Stichprobenumfang sehr gering, so daß die Bezeichnung einiger weniger Individuen als eudominant oder dominant irreführend wäre und höchstens in Anführungszeichen bzw. mit Hinweis auf die niedrige Individuenzahl erfolgt.

Die Tabellen 10 und 11 geben einen Überblick über die Anteile der Arten in den Kurzzeit- und Dauerprobeflächen.

Habitattyp	Blockfeld	Verbl. Zwergstr.	Zwergstrauchheide	alpine Rasen	Gewässer	Naturpiste	planierte Piste	Anthrop. Strukt.	Latschen	Nadelwald	Nadel-Laub-Wald	Laubwald	Grünerlen
	HT 1	HT 2	HT 3	HT 4	HT 5	HT 6	HT 7	HT 8	HT 9	HT 10	HT 11	HT 12	HT 13
Apod.		3,4	2,1			13,0		26,7		10,3	48,8	30,8	6,7
S. bet.													6,7
C. gla.		3,4	8,3			8,7			100	78,2	39,0	50,0	6,7
M. niv.	77,4	44,8	8,3	83,3		50,0							
M. arv.	6,5		25,0	16,7	66,7		40,0			1,3			6,7
M. agr.	3,2					69,6		6,7		2,6		7,7	
M. sub.	12,9	37,9	35,4					33,3					20,0
S. min.										2,4			
S. ara.		10,3	20,8		33,3	8,7	10,0	20,0		6,4	4,9	11,5	53,3
S. alp.								6,7		1,3	4,9		
N. ano.								6,7					
Individuen-zahl	31	29	48	6	3	23	10	15	5	78	41	26	15
Arten-zahl	4	5	6	2	2	4	3	6	1	6	5	4	6

Tab. 10: Prozentanteile der einzelnen Arten in den 13 Habitattypen (HT) der Kurzzeitprobeflächen

Tab. 10: Proportional contribution of the single species in the 13 habitat types (HT) of the short time study plots

Art	PF „A" + PF „B"		PF „A" = 900 m		PF „B" = 1700 m	
	n	%	n	%	n	%
M. ave.	11	1,0	3	0,5	8	1,5
Apod.	167	15,2	164	29,4	3	0,6
C. gla.	415	37,8	141	25,3	274	50,7
A. ter.	1	0,1	1	0,2	...	...
M. niv.	46	4,2	1	0,2	45	8,3
M. agr.	23	2,1	19	3,4	4	0,7
M. sub.	27	2,5	...	...	27	5,0
T. eur.	2	0,2	1	0,2	1	0,2
S. min.	163	14,9	99	17,8	64	11,9
S. ara.	188	17,1	103	18,5	85	15,7
S. alp.	48	4,4	20	3,6	28	5,2
N. ano.	3	0,3	3	0,5	...	...
N. fod.	3	0,3	2	0,4	1	0,2
Summe	**1097**	**100 %**	**557**	**100 %**	**540**	**100 %**
Artenzahl	12		12		10	

Tab. 11: Individuenzahl und Prozentanteile der Arten in den beiden Dauerprobeflächen

Tab. 11: Number of individuals and proportional contribution of the species in the permanent study plots

In allen Gehölzhabitattypen (HT 9 – 13) war die **Rötelmaus** zu finden, jedoch nicht immer als die häufigste Art, wie dies in der Arbeit von JERABEK (1998) der Fall war. In Gastein zeigte sie sich nur in Latschen, Nadelwald und Laubwald als häufigste Art, im Nadel-Laubwald teilte sie sich den Eudominanzstatus mit den Apodemen, die in diesem Habitattyp am stärksten präsent waren. In der talnahen Dauerprobefläche „A", wo *C. glareolus* mit 141 Exemplaren vertreten war, lag die Zahl von *Apodemus sp.* darüber. SCHNAITL (1997) fand in einem Fichten-Buchenwald des Bayerischen Waldes ebenfalls mehr Apodemen als Rötelmäuse, desgleichen trat im Obervinschgau (LADURNER 1998) eine *Apodemus*-Art in 2 Fällen als eudominante Art auf. „Subdominant" war *Clethrionomys* in den beiden Zwergstrauchheidetypen (n = 1 / 4), auf Naturpisten (n = 2) und im Erlengebüsch (n = 1). In hoch gelegenen Blockhalden, alpinen Rasen, am Tümpel, auf planierten Pisten und im Umfeld anthropogener Strukturen war sie nicht nachzuweisen.

Die **Erdmaus** war nur im Habitattyp Naturpiste eudominant, speziell auf einer farnüberwachsenen Waldschneise am Graukogel. In Dauerprobefläche „A" war die Erdmaus mit 3,4 % noch subdominant, in PF „B" nur subrezendent.

Die **Feldmaus** erwies sich in der Zwergstrauchheide als dominant. Auf den planierten Pisten und beim Schloßalmtümpel stellte sie sich zwar als die häufigste Spezies heraus (n = 4 bzw. 2), allerdings ist der geringe Stichprobenumfang zu bedenken, der den Status „eudominant" kaum rechtfertigt. In den Waldhabitaten der Dauerprobeflächen fehlte die Art.

Auf beinahe allen Flächen, auf welchen die **Schneemaus** anzutreffen war, hatte sie Eudominanz. Besonders das strukturreiche Blockfeld und die verblockte Zwergstrauchheide entsprechen den Lebensraumansprüchen dieser Art. Auch auf den diesen Flächen benachbarten Skipisten, sowie auf alpinem Rasen, zeigte sich die Schneemaus als häufigste Art, allerdings bei geringem Stichprobenumfang. In der Zwergstrauchheide war sie subdominant. In Dauerprobefläche „B" war die Schneemaus subdominant, in PF „A" nur sporadisch vorhanden.

In beiden Zwergstrauchhabitattypen eudominierte die **Kurzohrmaus**, auch im anthropogenen Umfeld war sie die häufigste Art. In Grünerlengebüsch und Blockfeld war sie mit geringer Individuenzahl „dominant". In Dauerprobefläche „A" fehlte die Art, in „B" zeigte sie sich subdominant.

Von den Spitzmäusen war lediglich die **Waldspitzmaus** in den Kurzzeitprobeflächen regelmäßig, jedoch in geringer Stückzahl, vertreten. „Eudominanz" erreichte die Art nur in den Grünerlen (n = 8) und am Tümpel bei geringem Stichprobenumfang (1 von nur 3 gefangenen Individuen), in den Zwergstrauchheidetypen und im Laubwald war sie dominant, sonst subdominant. Im Blockfeld, auf alpinem Rasen und in den Latschen fehlte sie völlig. Die anderen Spitzmausarten waren in den Kurzzeitprobeflächen nur rezendent bis subdominant.

In beiden Dauerprobeflächen waren Waldspitzmaus und **Zwergspitzmaus** dominant, die **Alpenspitzmaus** jeweils subdominant.

Die **Sumpfspitzmaus** war in PF „A" subrezendent, in PF „B" nicht nachweisbar, die **Wasserspitzmaus** kam in PF „A" ebenfalls subrezendent, in PF „B" nur sporadisch vor.

Die Vertreter der **Echten Mäuse** (*Apodemus sp.*) erreichten nur im Nadel-Laub-Wald-Typ Eudominanz neben der Rötelmaus.

Haselmäuse erreichten in PF „B" Subdominanz, in PF „A" waren sie nur subrezendente Begleitart.

5.5 Lebensformtypen

SCHRÖPFER (1990) nahm eine Unterteilung in Lebensformtypen vor, wobei er die Familie der Soricidae als Spitzmaus-Typ, die der Arvicolidae als Wühlmaus-Typ und die Vertreter der Muridae als Echtmaus-Typ bezeichnete. Jede dieser Lebensformtypen ist durch eine sogenannte „Hauptart" in den meisten Kleinsäugergemeinschaften der gemäßigten Breiten vertreten.

Von verschiedenen Autoren wurde festgestellt, daß 75 % - 80% aller Individuen aus den 3 häufigsten Arten zusammensetzen, die jeweils einen anderen Lebensformtyp repräsentieren (KAPISCHKE 1979, KOZAKIEWICZ 1985, MALZAHN 1982).

In den **Kurzzeitprobeflächen** traf dies mit Ausnahme der Latschengebüsche auf alle Gehölzhabitate, auf anthropogene Strukturen und auf die Naturpisten zu. Die Zwergstrauchheidehabitate, die Tümpelrandzone und die planierten Skipisten wiesen eine Kombination aus Wühlmaus-Typ und Spitzmaus-Typ auf, Blockfelder, alpine Rasen und Latschen nur Vertreter des Wühlmaustyps (siehe Abb. 3).

Bis auf den Nadel-Laubwald, wo der Echtmaus-Typ dominierte, und die vom Spitzmaus-Typ dominierten Grünerlen, stellten in Gastein Wühlmäuse den dominanten Lebensformtyp dar, was speziell in den Gehölzhabitaten auf die individuenstarke Rötelmaus zurückzuführen war (siehe Abb. 3).

Dauerprobeflächen: In der Zusammensetzung der Artengemeinschaft der beiden Dauerprobeflächen ließen sich deutliche Unterschiede feststellen. In PF „A", die sich in einen Nadelwaldteil und einen Nadel-Laubwaldteil gliederte, dominierte der Spitzmaustyp. Der Echtmaustyp belegte Rang 2, während die Wühlmäuse an letzter Stelle lagen (siehe Abb. 3 und 5)

Die 3 Hauptarten bzw. –gattung *Apodemus sp.* (29,5 %) *C. glareolus* (25,3%) und *S. araneus* (18,5 %) erreichten hier zusammen nur 73,2 %, erst mit *S. minutus* (17,8 %) wurde die in der Literatur angegebene Hauptarten-Prozentsatzgrenze von 75 % erreicht. Wald- und Zwergspitzmaus waren annähernd gleich stark vertreten. Zwei Arten desselben Typs können nur dann als Hauptarten koexistieren, wenn sie sich, wie in vorliegendem Fall, in der Körpergröße unterscheiden und somit ein unterschiedliches Nahrungsspektrum und Mikrohabitat beanspruchen (SCHRÖPFER 1990).

Im subalpinen Fichtenwald der Dauerprobefläche „B" hingegen war die Hälfte aller Fänge Rötelmäuse, gefolgt von *S. araneus* und *S. minutus* mit 15,7 %

bzw. 11,8 %. Zu den dominanten Arten zählten weiters Schneemaus, Kurzohrmaus und Alpenspitzmaus, die übrigen Spezies traten nur als Begleitarten auf (siehe Tab. 11). Da die Apodemen mit nur 3 Individuen sehr sporadisch aufschienen, entspricht PF „B" dem aus borealen und montan-subalpinen Nadelwäldern bekannten Wühlmaus-Spitzmaustyp (SCHRÖPFER 1990).

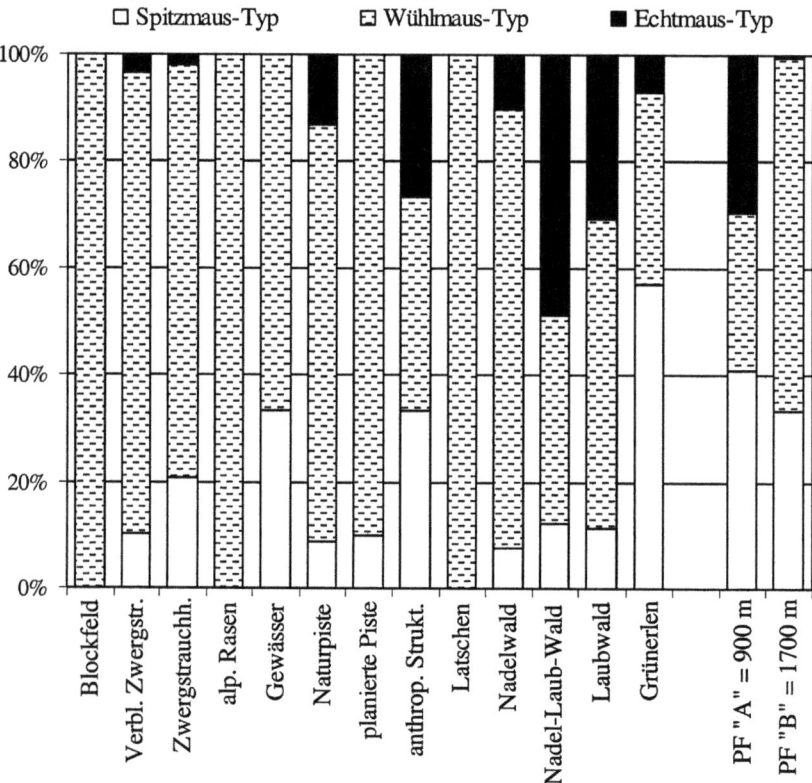

Abb. 3: Lebensformtypen in den einzelnen Habitattypen: Kurzzeitprobeflächen und Dauerprobeflächen
Fig. 3: Type of life form (shrew-type, vole-type, mouse-type) in the habitat types: short time study plots and permanent plot

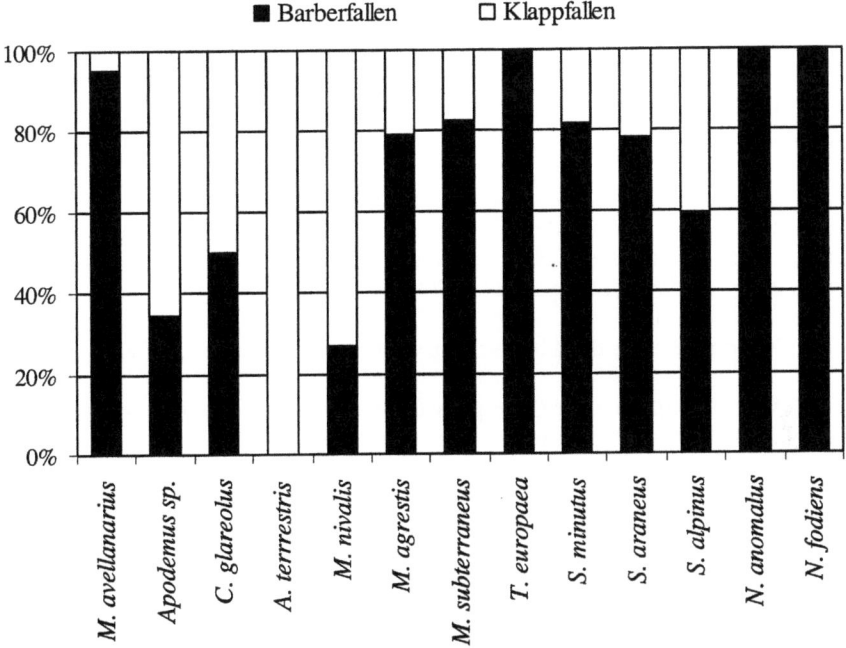

Abb. 4: Anteile der relativen Abundanzen der einzelnen Arten an den beiden Fallentypen

Fig. 4: Proportional distribution of the relative densities of species in the two trap types

5.6 Methodenvergleich der Fallentypen

Da ein Fallentyp allein nur in beschränktem Maß einen objektiven Rückschluß auf Populationsstrukturen zuläßt, kamen in vorliegender Studie zusätzlich zu den Klappfallen in den Dauerprobeflächen auch Barberfallen im Verhältnis 2 zu 1 zum Einsatz (siehe Liste der Falleneinheiten: Tab. 7, Kap. 5.1)

Daß Barberfallen speziell für Insectivora den effektivsten Fallentyp darstellen, zeigte sich auch in vorliegender Studie. Beide nur sporadisch vertretenen *Neomys*-Arten wurden ausschließlich in Barberfallen gefangen, *S. araneus* und *S. minutus* etwa zu 80 %, *S. alpinus* nur zu 60 % (siehe Abb. 4 und Abb. 6).

Bei der Rötelmaus waren die Abundanzen für die beiden Fallentypen gleich. *M. nivalis* fing sich eher in Klappfallen, während *M. agrestis* und *M. subterraneus* jeweils zu etwa 80 % in Barberfallen zu finden waren. PANKAKOSKI (1979) meinte hingegen, daß Barberfallen für *C. glareolus* geeigneter wären als für *M. agrestis*.

Apodemen fanden sich doppelt so oft in Klappfallen wie in Barberfallen. Eine mögliche Erklärung dafür ist deren Fähigkeit, aus Barberfallen herauszuspringen zu können, wenn z.B. der Wasserstand in der Falle zu niedrig ist. (ADAMCZEWSKA 1959, PELIKAN et al. 1977).

Nur eine einzige der 11 Haselmäuse fing sich in einer Klappfalle.

Von allen Fängen der Dauerprobeflächen waren 61,3 % in Barberfallen und lediglich 38,7 % in Klappfallen zu verzeichnen (siehe Abb. 6).

Die Faktoren, welche die Fangbarkeit von Kleinsäugern bestimmen sind sehr vielschichtig. Mit Klappfallen ist pro Falleneinheit nur ein Fang möglich, die Barberfallen hingegen bleiben permanent fängig, und häufig entdeckt man bei der Kontrolle mehrere Tiere in derselben Falle.

Weiters ist das Interesse der einzelnen Arten an den Fallentypen unterschiedlich, auf Rodentia kann der in den Klappfallen verwendete Köder anziehender wirken als auf Insectivora (KIKKAWA 1964). Die Unterschiede im Falleninteresse können auch individuell verschieden sein und durch Erfahrung ausgelöst werden.

Einen wichtigen methodischen Faktor stellt die Zahl, Dichte und Positionierung der Fallen dar, da es sowohl inter- als auch intraspezifische Unterschiede bezüglich Vorzugsareal, Aktivität, sozialen Strukturen gibt. Die Standortqualität hängt stark von Deckungsmöglichkeit und Nahrungsangebot ab (GLIWICZ 1988).

Weiters variiert die Fängigkeit der Fallentypen auch saisonal, laut PUCEK (1969) waren Barberfallen im späten Herbst nicht so effektiv für Kleinsäuger, weil möglicherweise vor dem Winter die Köder in anderen Fallentypen an Attraktivität gewinnen (siehe auch Kapitel 6 Autökologie).

Bei ausschließlichem Einsatz von Klappfallen dürfte es besonders bei hoher Nagerdichte zu einer Fehleinschätzung der Spitzmausdichte kommen, da viele Fallen von Nagern besetzt sind ehe eine Spitzmaus hineingelangen kann. Bei geringer Rodentiadichte wurde in verschiedenen Studien eine Zunahme der Insectivorafänge verzeichnet (REITER 1997, SCHNAITL 1997).

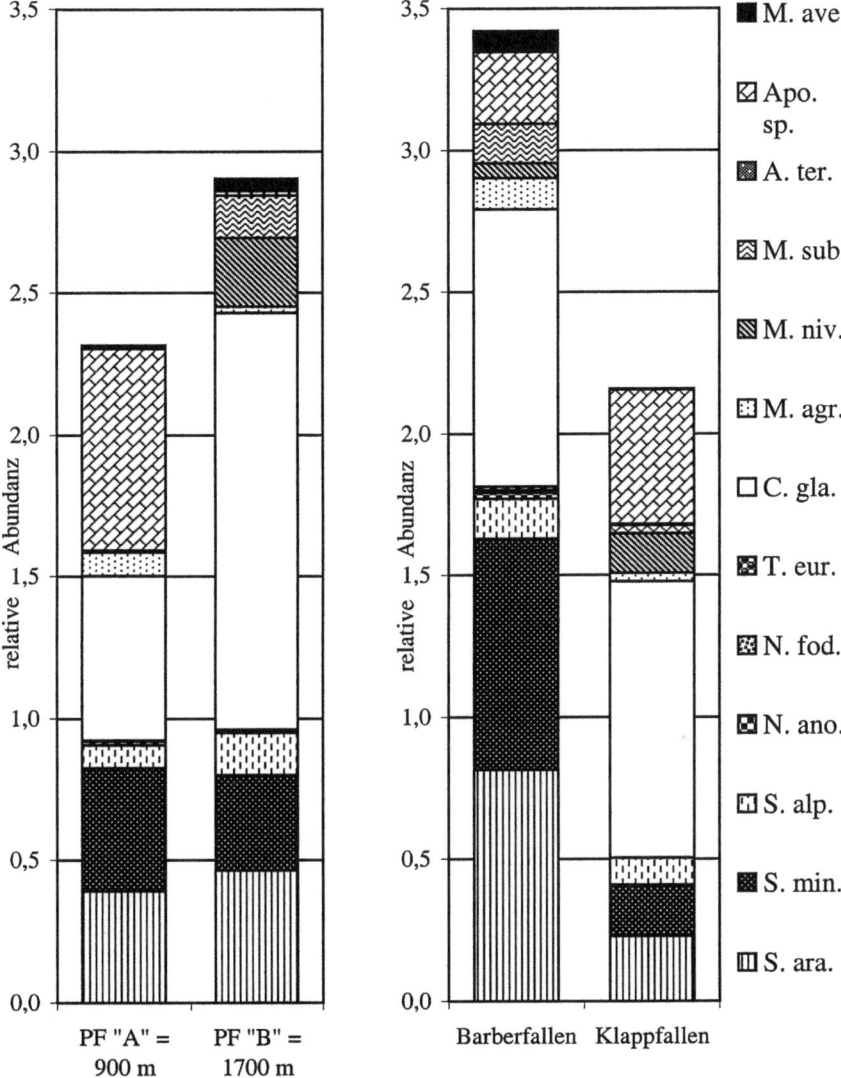

Abb. 5: Verteilung der einzelnen Arten in den Dauerprobeflächen "A" und "B"

Fig. 5: Distribution of the species in the permanent study plots "A" and "B"

Abb. 6: Verteilung der einzelnen Arten in den beiden Fallentypen (Dauerprobeflächen)

Fig. 6: Distribution of the species in the two trap types (permanent study plots)

6 AUTÖKOLOGIE

6.1 Haselmaus – *Muscardinus avellanarius* LINNAEUS, 1758

Bei der Haselmaus handelt es sich um ein europäisches Element der nemoralen Waldzone. In Österreich ist sie in allen Bundesländern nachgewiesen, ihr Areal erstreckt sich über die gesamte Alpenkette und die Böhmische Masse.

Die Höhenverbreitung reicht von planar/kollin bis hochsubalpin, wobei der Schwerpunkt zwischen 300 m und 1000 m liegt. In höheren Stufen nimmt die Häufigkeit wieder ab. Der höchste Fundort liegt in 1920 m (SPITZENBERGER 2001).

Misch-, Laub- und Nadelwälder, sowie subalpine Fichtenwälder mit Lärchenbeimengung und Zirbenwälder gelten als bevorzugte Lebensräume der Spezies. In den Alpen besiedelt die Haselmaus gerne Lichtungen, Schläge und Waldränder.

Wichtigste Voraussetzung bezüglich der Habitatstruktur ist eine gut entwickelte Strauchschicht, möglichst mit dornigen, rankenden Büschen, da eine dichte Vegetation Schutz vor Prädatoren gewährt und die Errichtung der Kugelnester begünstigt.

Haselmäuse halten einen von Oktober bis April dauernden Winterschlaf. Nach dessen Beendigung tritt bei Tieren, welche das erste Mal überwintern, die Geschlechtsreife ein.

Von den 11 in Gastein gefangenen Haselmäusen stammten 1 Männchen und 2 Weibchen aus der talnahen Dauerprobefläche „A". In Dauerprobefläche „B" fanden sich 8 Tiere, hier war ein Männchenüberschuß von 5 : 3 zu verzeichnen.

Von den insgesamt 5 Weibchen war eines mit 4 Embryonen trächtig, was der in der Literatur angegebenen Wurfgröße entspricht (SIDOROWICZ 1959, zit. in NIETHAMMER & KRAPP 1982). Zwei weitere waren laktierend, die restlichen beiden sexuell inaktiv.

Das trächtige Individuum wurde in der 2. Augustwoche gefangen, eines der beiden säugenden trat Ende Mai auf, was einen frühen Beginn der Reproduktionsperiode bedeutet – die Wurfzeit ist mit Anfang Juni bis Ende September in der Literatur angegeben (WACHTENDORF 1951). Das 2. laktierende Weibchen konnte in Dauerprobefläche „B" Mitte September gefangen werden.

In Tab. 12 sind die statistischen Kennzahlen der Körper- und Schädelmaße aller 11 Tiere zusammengefaßt.

gesamt	Mittel	SD	Min	Max	n
KR	73,5	5,94	61	83	11
S	62,8	3,22	59	69	11
HF	14,8	1,18	12	16	11
O	10,9	1,32	9	13	11
CB	20,07	1,00	18,30	21,55	9
OCCNA	22,25	1,2	20,90	24,00	6
SH	8,58	0,23	8,40	9,00	6
SB	10,36	0,18	10,00	10,50	7
ZYG	12,12	0,46	11,40	12,90	11
OZR B	4,46	0,14	4,30	4,70	11
IO	3,33	0,12	3,10	3,50	11
DIA	5,50	0,42	5,00	6,35	11
UKDIA	12,21	0,46	11,50	13,00	11
FI	3,07	0,47	2,70	4,30	10
NAS	7,07	0,68	6,30	7,60	3
G	13,9	3,54	7,8	19,3	11
LE	0,94	0,38	0,42	1,80	11
NI	0,23	0,05	0,15	0,30	11
MI	0,02		0,02	0,02	1
HE	0,19	0,05	0,12	0,29	11
LU	0,30	0,07	0,19	0,39	11
MA	0,44	0,20	0,18	0,83	11
DA	1,16	0,33	0,63	1,85	11

Tab. 12: M. avellanarius – Statistische Kennzahlen der Körper- und Schädelmaße (in mm bzw. g) aller Fänge
Tab. 12: M. avellanarius – Statistical values of body and skull (in mm resp. g) of all catches

Die meisten Haselmäuse der Dauerprobefläche „B" waren im August mit 5 Tieren zu verzeichnen, in Juli fing sich eines, im September 2. In der unteren Dauerprobefläche „A" waren 2 Tiere Ende Mai und eines im August festzustellen.

Bis auf das trächtige Weibchen wurden alle Haselmäuse in Barberfallen gefangen. Der zusätzliche Einsatz dieses Fallentyps ermöglicht nicht nur bezüglich der Insectivora umfassendere Einblicke in das Artenspektrum eines Areals.

6.2 Echte Mäuse - Gattung *Apodemus sp.*

In vorliegender Studie wurden insgesamt 213 Individuen dieser zur Familie der Muridae gehörenden Gattung gefangen.

Die Trennung der Wald- und der Gelbhalsmaus (*A. sylvaticus und A. flavicollis*), die in Europa ein gemeinsames Areal besiedeln, gelingt besonders im südlichen Teil des Verbreitungsgebietes, inklusive Alpenraum, nicht immer vollständig (BAUER et al. 1967). Unter anderem liegt dies daran, daß die beiden Arten introspezifische Merkmalsverschiebungen zeigen, die klinal von Nord nach Süd konvergieren (STORCH & LÜTT 1989).

In Gastein wurde die Unterscheidung der beiden Arten durch das Auftreten einer dritten *Apodemus*-Art, *A. alpicola* (HEINRICH 1952), die nach morphologischen Merkmalen zwischen *A. sylvaticus* und *A. flavicollis* steht, zusätzlich erschwert (SPITZENBERGER & ENGLISCH 1996, VOGEL 1995). Diese Alpenwaldmaus wurde erst 1989 von STORCH & LÜTT nach eingehenden morphologischen Studien als eigene Art charakterisiert. Durch biochemische Untersuchungen bestätigte sich das Ergebnis, daß die Alpenwaldmaus kein Hybride der beiden anderen Arten ist (FILIPUCCI 1992, VOGEL et al. 1991, VOGEL 1995, alle zit. in JERABEK et al. 2002). Zur Zeit meiner Freilandstudie war die problematische Determinierung dieser neuen Art noch kein Thema.

Durch die innerartliche Variationsbreite und die zwischenartlichen Überschneidungen körperlicher Merkmale wie Kopf-Rumpf-Länge, Schwanzlänge und Hinterfußlänge, ist eine Trennung der 3 Arten im Alpenraum nicht immer möglich (YOCCOZ 1982, zit. in JERABEK et al. 2002).

Die Verwendung von eidiologischen Merkmalen wie der Fellfärbung, war in vorliegender Studie nicht mehr möglich, da sämtliche Bälge, die zur späteren Bearbeitung und Präparation eingefroren wurden, dem bereits erwähnten Kühlraumdefekt zum Opfer fielen.

Die Schädelmaße, die von diversen Autoren zur Arttrennung empfohlen werden, wie Diastemlänge (STORCH & LÜTT 1989), Incisivdicke (FIELDING 1966, HAITLINGER & RUPRECHT 1967, STEINER 1968, NIETHAMMER 1969) die Breite des 1. Molaren (HAITLINGER & RUPRECHT 1967), die Länge der oberen Molarenreihe (MÄRZ 1987, STRESEMANN 1985, zit. in SCHIMMELPFENNIG 1991), bzw. Kombinationen dieser Werte (STEINER 1968, STORCH & LÜTT 1989) brachten zwar in den besagten Arbeiten eine befriedigende Trennfunktion, allerdings meist nur bei den höheren Altersklassen. Die Gasteiner Muridae gehörten jedoch hauptsächlich den niedrigeren Altersklassen an: AK 1 = 10,8 %, AK 2 = 46 %,

AK 3 = 22,1 %, AK 4 = 6,1 %, AK 5 = 4,2 %, AK 6 = 2,8 % - die Altersbestimmung erfolgte nach dem Abkauungsgrad der Molaren (STEINER 1968). Des weiteren bezogen sich die Werte aus der Literatur meist auf problemloser zu trennende, nicht-alpine Populationen und brachten bei den Gasteiner *Apodemus*-Arten nicht den gewünschten Erfolg, da bei diesen die morphologische Variabilität offenbar sehr stark ausgeprägt ist.

Von den Schädeln wurden zudem viele durch die Schlagbügel der Klappfallen beschädigt, wodurch einige Maße nicht verfügbar waren, speziell die exakte Condylobasallänge. Dadurch konnte etwa bei 37 % der Tiere die relative Diastemlänge nicht ermittelt werden.

SPITZENBERGER & ENGLISCH (1996) sowie STORCH & LÜTT (1989) erreichten durch die Kombination der relativen Diastemwerte und der Summe der Zahnwerte ID + OZR eine gute Zuordnung der Arten. In Abbildung 7 wird diese Kombination auf das Gasteiner Material der AK 2 – 6 angewendet und dabei ergab sich die Möglichkeit, einige Individuen deutlich als *A. sylvaticus* bzw. *A. alpicola* auszuweisen.

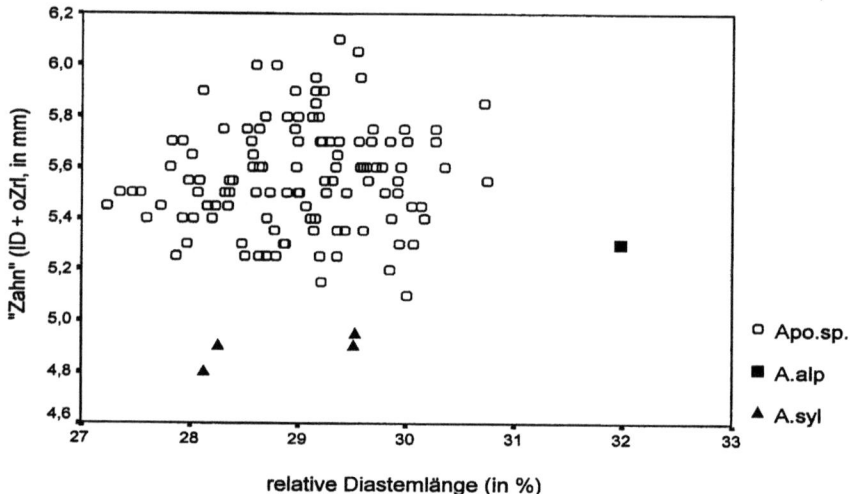

Abb. 7: Streudiagramm für relative Diastemlänge (% von CB) und Zahnwerten (ID + OZR) bei der Gattung *Apodemus*
Fig. 7: Scatterplot of relative length of diastema (% of CB) and tooth-values (ID + OZR) for the genus *Apodemus*

Beim Versuch, dieses Ergebnis durch eine Hauptkomponentenanalyse mit anderen Schädelmaßen zu untermauern (siehe Abb. 8), zeigte sich eine völlig andere Verteilung. Das zuvor als *A. alpicola* identifizierbare Individuum verlor seine eindeutige Randposition, der Punktschwarm wies eine breite Streuung auf.

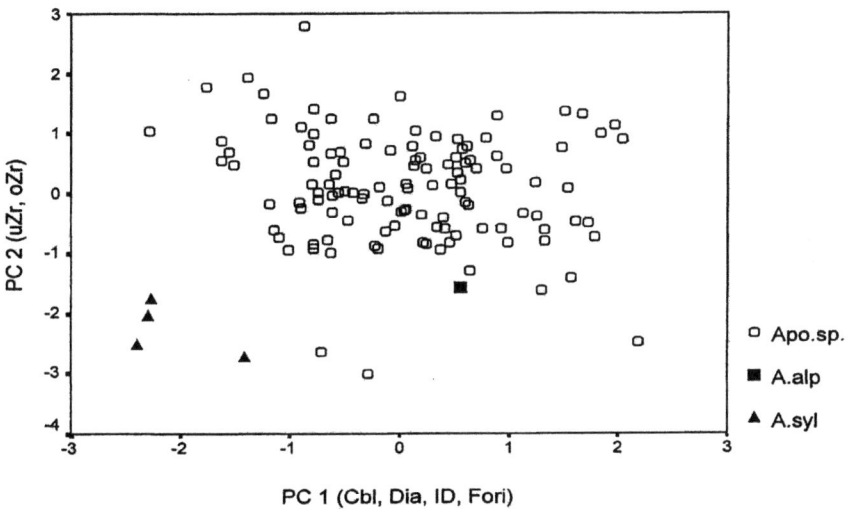

Abb. 8: Streudiagramm zur Hauptkomponentenanalyse (PCA) von Funktionskomplex mit Zuordnung der in Abb.7 separierten *A. sylvaticus* und *A. alpicola*

Fig. 8: Scatterplot for principal component analysis of differing feature complexes with *A. sylvaticus* and *A. alpicola* separated in Fig. 7

Um die Eignung der Variablen für die Faktorenanalyse (Hauptkomponentenanalyse) abschätzen zu können, werden KAISER-MAYER-OLKIN-Kriterium = 0,739, sowie BARTLETT-Test = 592,5 (p<0,0001) angegeben. Der Faktor1 (PC 1) stellt mit 57% erklärter Varianz und einem Eigenwert von 3,45 den primär bedeutenden Faktor der Variation dar.

Fertigt man von denselben Tieren ein Streudiagramm mit morphologischen Merkmalen wie relative Schwanzlänge und Hinterfußlänge an, kommen auch *A. sylvaticus*-Individuen mitten im Punktschwarm zu liegen, während andere Exemplare Randpositionen einnehmen (siehe Abb. 9).

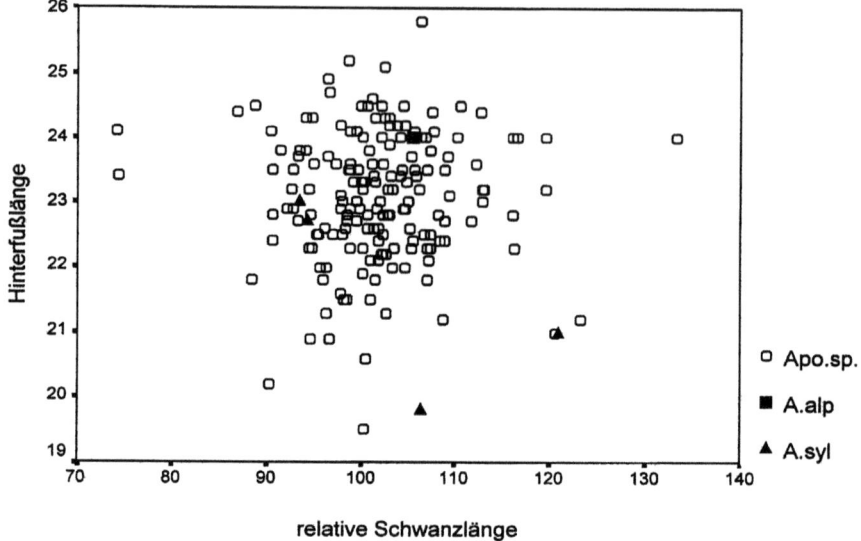

Abb. 9: Streudiagramm von relativer Schwanzlänge und Hinterfußlänge der Gattung *Apodemus* mit Zuordnung der in Abb.7 separierten *A. sylvaticus* und *A. alpicola*

Fig. 9: Scatterplot of relative tail length and hind-foot-length of the genus *Apodemus* with *A. sylvaticus* and *A. alpicola* separated in Fig. 7

Trotz Anwendung unterschiedlicher Methoden gelang es nicht, einen „gemeinsamen Nenner" zu finden, um alle Individuen eindeutig zuzuordnen.

Ein großer Teil der Gasteiner *Apodemus*-Population dürfte zu *A. flavicollis* gehören. Eine sichere Bestimmung hätte jedoch nur eine Determination mittels DNA-Analyse erbringen können, wie sie für die von JERABEK et al. (2001) untersuchten Muridae des Gadentales (Großes Walsertal) durchgeführt wurde. Bei dieser Studie wurde ebenfalls eine sehr breite Streuung der morphologischen Parameter festgestellt.

Da für Fragestellungen wie Populationsstruktur, relative Abundanz und Biometrie eine klare Identifikation möglichst vieler Tiere nötig wäre, wurde von einer Bearbeitung der Gattung *Apodemus sp.* in vorliegender Arbeit Abstand genommen.

6.3 Waldbirkenmaus – *Sicista betulina* PALLAS, 1778

Die Hauptverbreitung dieser zur Familie der Zapodidae (Hüpfmäuse) gehörenden Art liegt in NO-Europa, in Mitteleuropa ist sie auf Reliktvorkommen beschränkt. Die Birkenmaus wurde 1952 das erste Mal in Österreich nachgewiesen. Daß die Birkenmaus als selten gilt, beruht teilweise darauf, daß sie in Schlagfallen kaum zu fangen ist. IVANTER (1975, zit. in NIETHAMMER & KRAPP 1982) erreichte durch Gräben mit Fangzylindern eine sechsmal höhere Fangquote als mit den sonst üblichen Fallen.

Das österreichische Hauptvorkommen liegt in den Zentralalpen von den Niederen bis in die Hohen Tauern, im Osten findet man sie bis Rax und Hochschwab, im Westen bis ins Lechquellgebiet. Die Art scheint in den Ostalpen zwar weit, aber inselartig verbreitet zu sein. Der Schwerpunkt der Höhenverbreitung ist montan bis tiefsubalpin, der höchste Fangpunkt ist mit 2196 m aus den Rottenmanner Tauern bekannt (SPITZENBERGER 2001).

Die Birkenmaus beansprucht Standorte mit trockener bis nasser, grasigkrautiger Vegetation und Gehölzen jeder Art. In den Ostalpen lagen die Fundorte gehäuft im Latschengebüsch, in der Zwergstrauchheide und in Erlengebüschen (SLOTTA-BACHMAYR & GRESSL 1993). In einem Grünerlengebüsch wurde auch das einzige Gasteiner Individuum am 18. August 1982 gefangen. Der Fangplatz lag in 1960 m auf der Schloßalm, unterhalb des Weges vom Hamburger Skiheim zur Hofgasteiner Hütte.

Birkenmäuse halten 6 – 8 Monate lang Winterschlaf. Die Geschlechtsreife tritt im 2. Lebenssommer ein, die Weibchen werden nur einmal jährlich, von Mai bis Mitte Juni fortpflanzungsbereit, und es gibt daher nur 1 Wurf im Jahr. Bei den Männchen beginnt dann bereits im Juli die Größen- und Gewichtsabnahme der Hoden (KUBIK 1952).

Die Nester werden in morschen Stämmen, zwischen Wurzeln, trockenem Moos und in Grashorsten angelegt. Die Tiere klettern dank ihres langen Schwanzes, der als Balancierorgan dient, sehr geschickt im Gezweig.

Bei dem Gasteiner Tier handelte es sich um ein Männchen, das folgende biometrische Werte aufwies: KR : 63 mm / S : 93 mm / HF : 17 mm / O : 9,7 mm / G : 7,28 g / Hodenlänge : 4,1 mm / LE : 0,5 g / NI : 0,18 g / HE : 0,08 g / LU : 0,12 g

BOLSAKOV et al. (1977, zit.: NIETHAMMER & KRAPP 1982) stellten fest, daß das relative Gewicht von Leber, Niere und Herz höher ist als bei anderen Nagern.

6.4 Rötelmaus – *Clethrionomys glareolus* SCHREBER, 1780

6.4.1 Vorkommen und Verbreitung

Die Rötelmaus gilt als Art der westpaläarktischen Laub- und Mischwälder mit Nord-Süd-Verbreitung zwischen 38° und 68° nördl. Breite, im Osten findet man sie bis zum Altai. Die Spannweite ihrer Höhenverbreitung reicht vom Meeresniveau bis 2400 m in den französischen Alpen (JANEAU 1980). In Gastein lag der höchste Fangplatz in 2050 m auf einer Almweide am Graukogel.

In Gastein wurden im gesamten Untersuchungszeitraum 518 Rötelmäuse gefangen, die Art war somit insgesamt die häufigste Spezies. Am öftesten war sie im Habitattyp des subalpinen Nadelwaldes anzutreffen, sowohl in den Kurzzeit- als auch in den Dauerprobeflächen.

Über der Waldgrenze ist ein ausreichendes Angebot an Vegetation als Unterschlupfmöglichkeit bietendes Element von Bedeutung (JACOBS 1989, REITER & WINDING 1997). In Gastein war die Art in der Almregion generell spärlich vertreten, hauptsächlich im Latschengebüsch mit 4,17 Ind./100 FE (n = 5), in verblockter und unverblockter Zwergstrauchheide mit 0,08 bzw. 0,09 Ind./100 FE (n je 5), sowie mit einem Exemplar und einer rel. Abundanz von 0,12 Ind./100 FE im Grünerlengebüsch (Stubnerkogel). In Block- und Geröllfeldern, auf alpinem Rasen, auf geschobenen Skipisten, beim Schloßalm-Tümpel und bei der Hamburgerhütte waren keine Rötelmäuse anzutreffen. In einigen Fällen könnte allerdings wegen des zu extensiven Einsatzes von Fallen die Spezies übersehen worden sein.

Unterhalb der Waldgrenze folgte bei den Kurzzeitprobeflächen der Nadelwald (rel. Ab. 1,39 Ind./100 FE) und der Laubwald (rel. Ab. = 0,64 Ind./100 FE) dem Nadel-Laub-Mischwald (rel. Ab. = 1,43 Ind./100 FE). Im Habitattyp Naturpiste lag die rel. Abundanz bei 0,13 Ind./100 FE.

Als Vorzugsbiotope gelten Wald und Gebüsche unterschiedlicher Zusammensetzung, wobei sowohl jene mit bodennaher abiotischer Deckung, als auch jene mit Deckung durch Hochstauden und Sträucher bevorzugt werden. Weiters spielt die Bodenfeuchte eine gewisse Rolle. Da Rötelmäuse keine überragende Grabfähigkeit aufweisen, sind sie auf weichen Boden bzw. auf ausgeprägte Wurzelsysteme und Totholz, sowie spaltenreichen Boden, wie z. B. überwachsenes Blockwerk angewiesen. Besonders bei Löchern zwischen den Wurzeln von Bäumen und Baumstümpfen wurden in dieser Untersuchung vermehrt Rötelmäuse gefangen.

Derart günstige Bedingungen waren in Dauerprobefläche „B" in 1700 m eher vorhanden als in „A", was in einer 2,5-fach höheren relativen Abundanz resultierte (rel. Ab. „A": 0,58 Ind./100 FE; „B": 1,47 Ind./100 FE).

Vergleicht man die relative Dichte im Jahresverlauf, so blieb der Fanganteil in PF „A" mit einer Ausnahme stets unter jenem der PF "B", er variierte von 9,7 % bis 40 %. Aus der Tatsache, daß Kleinsäuger nicht nur saisonalen sondern auch interannuellen Schwankungen unterliegen, erklärt sich die erwähnte Ausnahme von 58,2 % im Juni 1986 zu den nur 14,8 % im Juni 1985. Betrachtet man allerdings beide Flächen gemeinsam, so unterscheiden sich die beiden Juni-Abundanzen nur geringfügig. PF „A" hat ihre Populations-Maxima Ende August / Mitte September, PF „B" Mitte September / Anfang Oktober. Die hohe relative Dichte in Fangperiode 11 (Mai 1986) in Probefläche „B" kam durch den Fang von 3 Rötelmäusen beim probeweisen Einsatz von nur 100 Fallen im noch zum größten Teil schneebedeckten Untersuchungsareal zustande, die entsprechenden Säulen sind durch strichlierte Umrahmung gekennzeichnet (siehe Abb. 10).

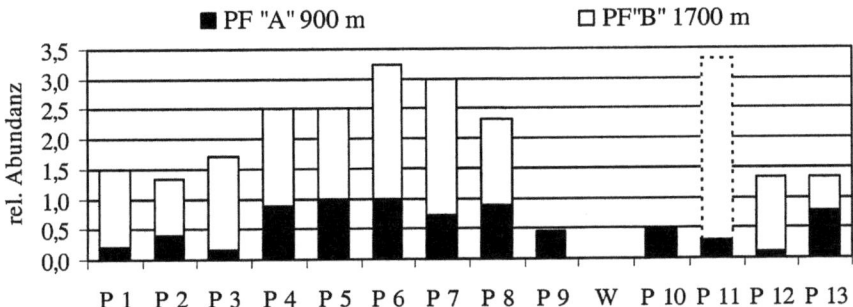

Abb. 10: *C. glareolus*: relative Abundanzen in den Fangperioden P1 - P13 (1985/86) der Dauerprobeflächen - Aufteilung nach Höhenstufen
Fig. 10: *C. glareolus*: relative densities in the trapping periods P1 - P13 (1985/86) of both permanent study plots - distribution in different altitudes: PF "A" = 900 m und PF "B" = 1700 m

In der talnahen Dauerprobefläche „A", wo *C. glareolus* mit 141 Exemplaren vertreten war, lag die Zahl der Apodemen darüber. Auch SCHNAITL (1997) fand in einem Fichten-Buchenwald des Bayerischen Waldes mehr Apodemen als Rötelmause, desgleichen trat im Obervinschgau (LADURNER 1998) eine Art der Gattung *Apodemus* in 2 Fällen als eudominante Art auf. Bei JERABEK (1997) wiederum dominierte in den Hohen Tauern die Rötelmaus. Da sich die Trennung der

Gasteiner Apodemusarten als höchst problematisch herausstellte, ist ungewiß, ob der Rötelmaus hier Platz 1 oder 2 in der Dominanz-Reihenfolge zuzuweisen ist. Jedenfalls hielten sich in Fläche „A" die Vertreter des „Echtmaus-Typs" mit 164 Tieren die Waage mit jenen des „Wühlmaus-Typs" mit 162 Individuen (141 *C. glareolus*, 19 *M. agrestis*, 1 *M. nivalis* und 1 *A. terrestris*), während in der Dauerprobefläche „B" an der oberen Waldgrenze nur 3 Muridae einer „Übermacht" von 351 Arvicolidae (274 *C. glareolus*, 27 *M. subterraneus*, 46 *M. nivalis* und 4 *M. agrestis*) gegenüberstanden.

6.4.2 Nahrung

In ihrer Nahrungswahl ist die Rötelmaus flexibel, es wechseln grüne Pflanzenteile (Frühjahr und Sommer) und Samen (Herbst und Winter) je nach ihrem jahreszeitlichem Angebot, Habitattyp, Populationsdichte und geographischer Lage. Tierische Nahrung, vorwiegend Insekten, wird hauptsächlich im Sommer während der Reproduktionsperiode aufgenommen. Speziell sexuell aktive Tiere fressen reichlich Schmetterlingsraupen und –puppen sowie Käferlarven und –imagines. Im Herbst werden Beeren, Früchte und Pilze genutzt (OBRTEL 1974). Vor allem im Winter kann es bei Nahrungsmangel auch zu Rindenfraß kommen. Ihre variablere Nahrungsstrategie hilft der Rötelmaus gegen die Konkurrenz der Apodemen zu bestehen und eröffnet ihr klimatisch und vegetationsmäßig unterschiedliche Siedlungsräume (GEBCZYNSKI 1983).

6.4.3 Altersbestimmung

Im Gegensatz zu anderen Wühlmäusen bildet die Rötelmaus mit zunehmendem Alter ständig wachsende Molarenwurzeln aus, was eine Altersbestimmung ermöglicht. Für die Messung mittels skalierter Lupe (auf 0,05 mm genau) wurde die aborale Wurzel des M1 des Unterkiefers herangezogen, bei einer Differenz der beiden Wurzeln > 0,2 mm, wurde ihr Mittelwert verwendet. Bei diversen Autoren schwanken die Angaben über den monatlichen Zuwachs und das exakte Einsetzen des Wurzelwachstums etwas: 2,5 Monate bei PRYCHODKO (1951) und WACHTENDORF-GRASSL (1953), bzw. 3 – 3,5 Monate bei MAZAK (1962 und 1963). In vorliegender Arbeit wurde die Einteilung in fünf Altersklassen (AK) von WASILEWSKI (1952) übernommen, der einen Beginn der Wurzelbildung ab 2 Monaten annahm.

```
AK 1:   noch keine Wurzelbildung ...   Alter bis 2 Monate.........juvenil
AK 2:   Wurzel bis 0,3 mm .............   Alter 2 – 4 Monate.........subadult
AK 3:   Wurzel bis 0,9 mm .............   Alter 4 – 8 Monate.........adult
AK 4:   Wurzel bis 1,5 mm .............   Alter 8 – 11 Monate........adult
AK 5:   Wurzel > 1,5 mm...............   Alter über 11 Monate...... adult
```

Die Einteilung der Altersklassen in juvenil, subadult und adult wurde von KUBIK (1965) übernommen und im Kapitel 6.4.8 (Morphologie) für die Monatsmittelwertdiagramme verwendet.

Während AK 1 und AK 2 sich nur aus diesjährigen und AK 4 und AK 5 nur aus vorjährigen Tieren zusammensetzen, findet man in AK 3 beide Jahrgänge – die im April / Mai gefangenen stammten aus dem vergangenen Jahr, jene ab August aus dem Fangjahr. Im Gasteiner Material war diese AK 3 nur sehr spärlich vertreten, da die meisten von Juni bis September geborenen Tiere erst im Winter diese Altersklasse durchlaufen (siehe Abb. 11). CLAUDE (1967) fand auf der Göscheneralp (Schweiz) aus erwähntem Grund kein einziges Tier der AK 3 vor.

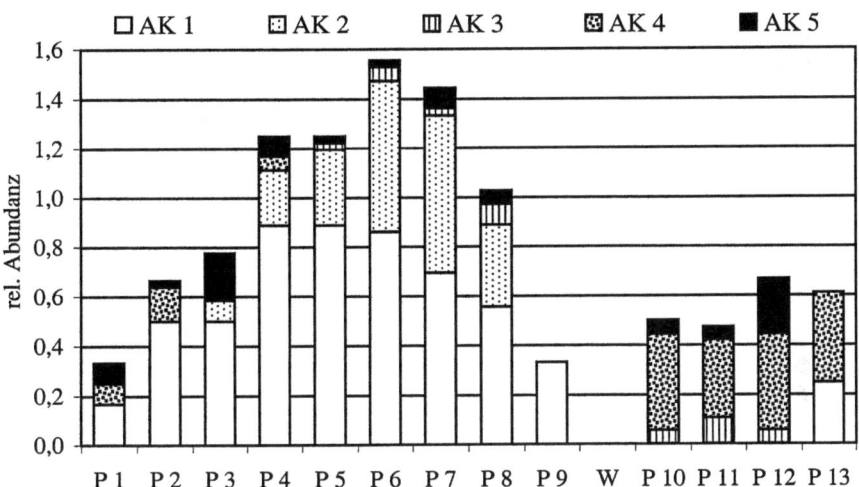

Abb. 11: *C. glareolus:* relative Abundanzen in den Fangperioden P1 - P13 (1985/86) beider Dauerprobeflächen - Aufteilung nach Altersklassen

Fig. 11: *C. glareolus:* relative densities in the trapping periods P1 - P13 (1985/86) of both permanent study plots - distribution of the age groups

Mit einer relativen Abundanz von 1,34 Ind./100 FE war die Rötelmausdichte in der höhergelegenen Dauerprobefläche 2,4-mal höher als in der unteren mit 0,55 Ind./100 FE (bezogen auf jene Tiere, die einer Altersklasse zugeordnet werden konnten). Innerhalb der Altersklassen schwankte die relative Dichte in 900 m zwischen 0,02 Ind./100 FE und 0,29 Ind./100 FE, in 1700 m zwischen 0,04

Ind./100 FE und 0,71 Ind./100 FE, bleibt hier jedoch stets über jener der unteren Probefläche (siehe Tab.13).

PF „A" = 900 m				PF „B" = 1700 m		
	n	rel.	%		n	rel.	%
AK 1	65	0,29	28,8 %	AK 1	129	0,71	71,2 %
AK 2	32	0,14	35,3 %	AK 2	47	0,26	64,7 %
AK 3	5	0,02	36,1 %	AK 3	7	0,04	63,9 %
AK 4	15	0,07	25,8 %	AK 4	35	0,19	74,2 %
AK 5	7	0,03	18,9 %	AK 5	24	0,13	81,1 %
Summe	124	0,55	29,2 %	Summe	242	1,34	70,8 %

Tab. 13: Verteilung der Altersklassen in den Dauerprobeflächen (Berechnungsgrundlage für die relative Abundanz: PF „A" – 22500 FE, PF „B" – 18100 FE)

Tab. 13: Distribution of age groups in the two permanent study plots (calculation basis for relative density: PF „A" – 22500 FE, PF „B" – 18100 FE)

Betrachtet man die beiden Dauerprobeflächen getrennt, so erreicht AK 1 in 900 m ihre größte Dichte Ende August, in 1700 m Mitte September.

AK 2 tritt in beiden Dauerprobeflächen in der 2. Julihälfte zum ersten Mal auf und zeigt in 900 m im September ihre größte Abundanz, in 1700 m hingegen erst Anfang Oktober.

Tiere der AK 3 wurden in 900 m erstmalig Ende August gefangen, in 1700 m erst Mitte September, die Überwinterten dieser Altersklasse waren in 900 m bis Mitte Mai, in 1700 m bis Ende Mai zu finden.

Die ausschließlich aus Vorjährigen bestehende AK 4 war in 900 m bis Mitte Juni, in 1700 m bis in die 1. Augusthälfte präsent. Die hohe rel. Abundanz in P 11, 1700 m, resultierte aus dem Einsatz einer geringen Fallenzahl (Abb. 12)

Individuen der AK 5 (Alter über 11 Monate) wurden in 900 m von April bis Anfang Oktober gefangen, in 1700 m von Ende Mai bis Ende Oktober. Zusammenfassend ist eine Verzögerung des Auftretens bzw. des Dichtemaximums der Altersklassen in 1700 m um 2 – 3 Wochen zu verzeichnen (siehe Abb. 12).

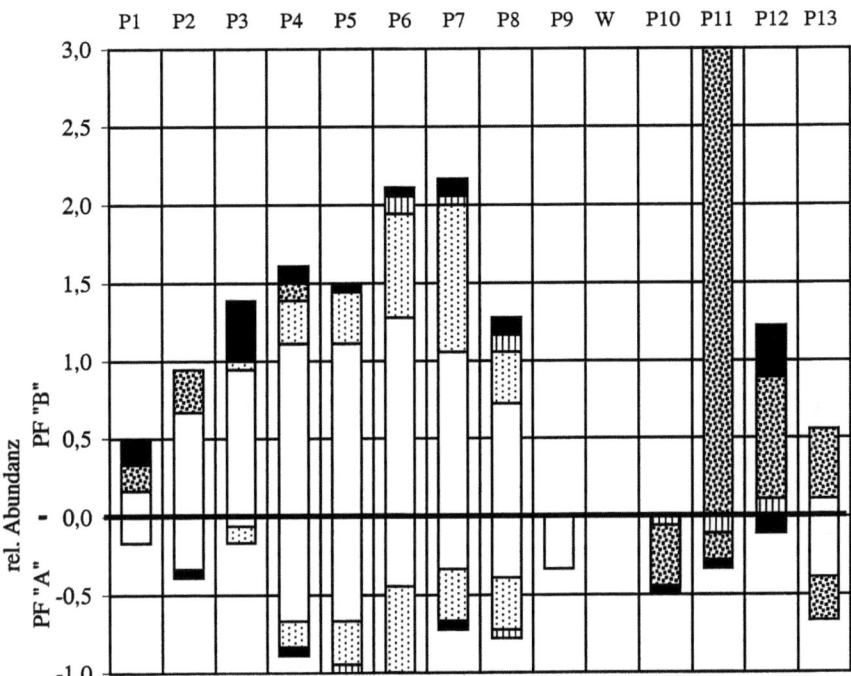

Abb. 12: *C. glareolus*: Relative Abundanzen für Höhenstufe und Altersklasse in den Fangperioden P1 - P13 beider Dauerprobeflächen "A" = 900 m und "B" = 1700 m

Fig. 12: *C. glareolus*: relative densities for altitudes and age groups in the trapping periods P1 - P13 of both permanent study plots "A" = 900 m und "B" = 1700 m

6.4.4 Geschlechterverhältnis

Im gesamten Untersuchungszeitraum (alle Probeflächen) waren von den 518 Rötelmäusen 328 männlich (= 63,7 %), 187 weiblich (=36,3 %) und 3 unbestimmbaren Geschlechtes.

Nicht nur bei den Rötelmäusen des Gasteiner Tales überwogen die männlichen Tiere, auch bei anderen Untersuchungen in den Hohen Tauern (JERABEK 1998, REITER & WINDING 1997), in den Berchtesgadener Kalkhochalpen (JACOBS 1989) und generell in Mitteleuropa (VIRO & NIETHAMMER 1982). Eine Überzahl an weiblichen Tieren stellten hingegen LADURNER (1998) im Vinschgau und SCHIELLY (1996) in des Schweiz fest.

Bei der Unterteilung in Altersklassen fehlen jene Tiere, deren Molarenwurzeln wegen verloren gegangener Schädel nicht vermessen werden konnten. Bis auf die spärlich vertretene AK 3 zeigten alle Altersklassen eine Überzahl an männlichen Tieren. (siehe Tab. 14)

Der Anteil der Weibchen stieg mit fortschreitendem Alter etwas an, um dann in AK 5 auf den tiefsten Prozentsatz zurückzufallen. Faßt man jedoch die Adulten der Altersklassen 3 – 5 zusammen, so bleibt der Anteil mit 39,8 % gleich hoch wie in AK 2. (siehe Tab. 14). JERABEK (1998) registrierte eine leichte Zunahme des Weibchenanteils im Alter, während andere Autoren ein Absinken verzeichneten (NIETHAMMER & KRAPP 1982). Ein direkter Vergleich mit anderen Arbeiten ist jedoch schon wegen der methodischen Unterschiede problematisch (Fallentyp, Zeit und Lokalität der Studie etc.)

	M + W	Männchen (M)		Weibchen (W)	
Altersklasse	n	n	% der AK	n	% der AK
AK 1	252	169	67,1 %	83	32,9 %
AK 2	88	53	60,2 %	35	39,8 %
AK 3	24	12	50,0 %	12	50,0 %
AK 4	66	36	54,5 %	30	45,5 %
AK 5	53	38	71,1 %	15	28,3 %
gesamt	483	308	63,8 %	175	36,2 %

Tab. 14: Geschlechterverhältnis in den Altersklassen (alle Probeflächen)
Tab. 14: Sex–ratio within age groups (all study plots)

Dauerprobeflächen: In Abb. 13 ist die Verteilung der Altersklassen nach Männchen und Weibchen getrennt im Verlauf der 13 Fangperioden dargestellt. Bei beiden Geschlechtern treten Juvenile von Juni bis November auf. AK 1 ist bei den Männchen im August am stärksten vertreten, bei den Weibchen im September. AK 2 erreicht bei den Männchen im September ihr Maximum, bei den Weibchen Anfang Oktober.

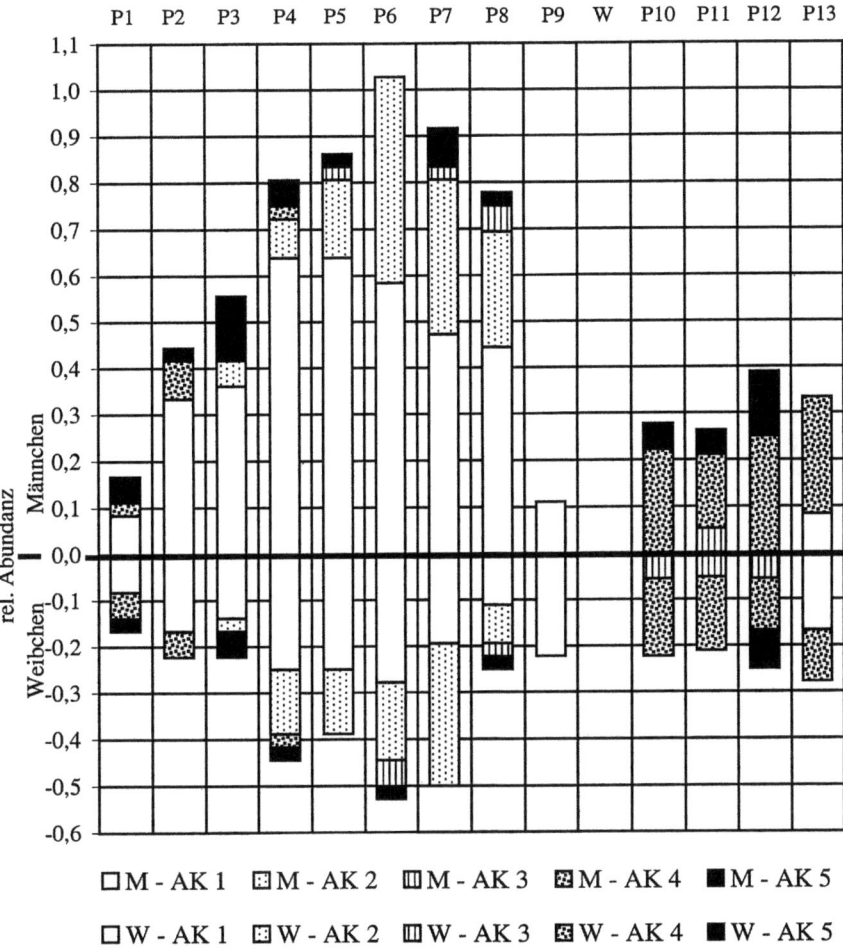

Abb. 13: *C. glareolus*: relative Abundanzen in den Fangperioden P1 - P13 (1985/86) beider Dauerprobeflächen - Aufteilung nach Geschlecht (W = Weibchen, M = Männchen)

Fig. 13: *C. glareolus*: relative densities in the trapping periods P1 - P13 (1985/86) of both permanent study plots – distribution of the sexes (W = female, M = male)

Vergleicht man die beiden Dauerprobeflächen, so überwogen in PF „A" = 1700 m die Männchen stärker als in PF „B" = 900 m (siehe Tab.15.)

		Männ-chen	Weib-chen		Männ-chen	Weib-chen
n	„A" 900 m	78	51	„B" 1700 m	177	87
rel. Abundanz		0,35	0,23		0,98	0,48
%		60,5 %	39,5 %		67,0 %	33,0 %

Tab. 15: Verteilung von Männchen und Weibchen in den Dauerprobeflächen „A" und „B"
Tab. 15: Distribution of males and females in the permanent study plots „A" and „B"

Betrachtet man die einzelnen Fangperioden, so zeigt sich ein ähnliches Bild: nie fällt der Männchenanteil unter 50 %, weder in 900 m noch in 1700 m, das Geschlechterverhältnis variiert etwas in den einzelnen Monaten. Im Sommer und Herbst ist der Anteil an Männchen etwas höher, da sie zu dieser Zeit über größere Aktionsradien verfügen, was ihre Fangwahrscheinlichkeit gegenüber den in der Reproduktionsphase standortgebundeneren Weibchen erhöht (BUJALSKA 1983) (siehe Abb. 14 und 15).

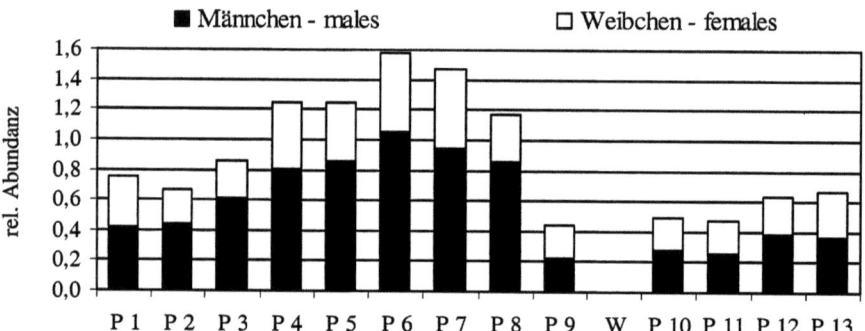

Abb. 14: *C. glareolus*: Relative Abundanzen in den Fangperioden P1 – P13 bei-der Dauerprobeflächen – Aufteilung nach Geschlecht
Fig. 14: *C. glareolus*: Relative densities in the trapping Periods P1 – P13 of both permanent study plots – distribution of the sexes

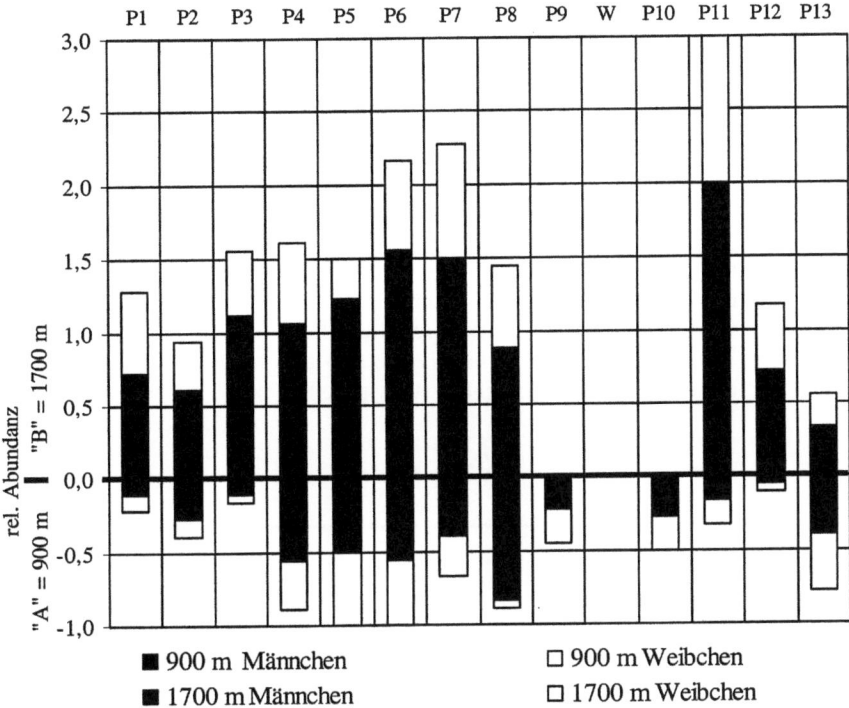

Abb. 15: *C. glareolus*: Relative Abundanzen für Höhenstufe und Geschlecht in den Fangperioden P1 - P13 der Dauerprobeflächen "A" = 900 m und "B" = 1700 m

Fig. 15: *C. glareolus*: relative densities for altitude and sex in the trapping periods P1 - P13 of both permanent study plots "A" = 900 m und "B" = 1700 m

6.4.5 Reproduktion

Das Einsetzen der sexuellen Reife ist von der Altersklasseneinteilung nach Länge der Molarenwurzeln (WASILEWSKI 1952) unabhängig, daher findet man schon in der jüngsten Altersklasse einen hohen Prozentsatz an sexuell aktiven Individuen. Bei den ersten drei Altersklassen sind mehr bzw. annähernd gleich viele Inaktive wie Aktive zu verzeichnen, in den beiden ältesten Klassen trifft man hingegen kaum mehr auf inaktive Tiere (siehe Tab.16).

Alters-klasse	n (inak.+akt.)	n inak.	% inak. von AK	n akt.	% akt. von AK
AK 1	246	149	60,6 %	97	39,4 %
AK 2	85	42	49,4 %	43	50,6 %
AK 3	24	13	54,2 %	11	45,8 %
AK 4	57	0	0 %	57	100 %
AK 5	51	5	9,8 %	46	90,2 %

Tab. 16: Prozentanteile der sexuell inaktiven (inak.) und aktiven (akt.) Individuen beider Geschlechter pro Altersklasse (alle Probeflächen)

Tab. 16: Percentage of sexually inactive (inak.) and active (akt.) individuals of both sexes per age group (all study plots)

	sexuell inaktiv				sexuell aktiv			
	Männchen		Weibchen		Männchen		Weibchen	
Alters-klasse	n	%	n	%	n	%	n	%
AK 1	114	76,5 %	35	23,5 %	50	51,5 %	47	48,5 %
AK 2	31	73,8%	11	26,2 %	21	48,8 %	22	51,2 %
AK 3d	10	76,9 %	3	23,1 %	1	20,0%	4	80,0 %
AK 3v	0	—	0	—	1	16,7 %	5	83,3 %
AK 4	0	—	0	—	32	56,1 %	25	43,9 %
AK 5	4	80 %	1	20 %	33	71,7 %	13	28,3 %
Summe	159	76,1 %	50	23,9 %	138	54,3 %	116	45,7 %

Zusammenfassung in Diesjährige (AK1, AK 2, AK 3 d) und Vorjährige (AK 3 v, AK 4, AK 5):

Dies-jährige	155	76,0 %	49	24,0 %	72	49,7 %	73	50,3 %
Vor-jährige	4	80 %	1	20 %	66	60,6 %	43	39,4 %

Tab. 17: Anteile von Männchen und Weibchen an den sexuell inaktiven (inak.) und aktiven(akt.) Individuen pro Altersklasse (alle Probeflächen)

Tab. 17: Share of males and females in sexually inactive (inak.) and active (akt.) individuals per age group (all study plots)

Unterteilt man sexuell inaktive und aktive Tiere nach dem Geschlecht wird deutlich, welch großen Anteil die Männchen an der Gruppe der sexuell inaktiven stellen, und zwar in allen Altersklassen. Bei den sexuell aktiven Individuen zeigen sich zumindest bei AK 1, 2 und 4 ausgewogenere Verhältnisse, in AK 3 dominieren stark die Weibchen, in der Klasse der Ältesten hingegen wieder die Männchen. Das Geschlechterverhältnis aller Tiere der Tabelle 17 beträgt 64,1 % Männchen zu 35,9 % Weibchen.

Wie bereits erwähnt, werden Männchen mit frühestens 2 Monaten geschlechtsreif, Weibchen hingegen schon mit 1 – 1,5 Monaten, weshalb auch in der AK 1 3,3 - mal mehr sexuell inaktive Männchen als Weibchen zu finden waren. Das Gesamtverhältnis der Geschlechter dieser Altersklasse M : W war 2 : 1.

KALELA (1957, zit. in BUJALSKA 1983) stellte fest, daß die Verhältnisse von sexuell reifen Männchen und Weibchen einer Population von Jahr zu Jahr variieren – bei geringer Dichte erreichten fast alle Rötelmäuse die Pubertät im Jahr ihrer Geburt, in Jahren hoher Populationsdichte erreichten einige Weibchen und fast alle Männchen die sexuelle Reifung im Geburtsjahr nicht mehr. Nach der Deutung von WIGER (1979) werden junge Weibchen nur dort im Geburtsjahr fortpflanzungsfähig, wo sie ein freies Revier vorfinden und junge Männchen nur dann, wenn sie nicht im viel größeren Aktionsraum eines geschlechtsreifen Männchens leben. In Gastein konnten wahrscheinlich die durch die wiederholten Fangaktionen in den Dauerprobeflächen frei werdenden Reviere von jungen Tieren genutzt werden.

Ein Vergleich des Verhältnisses „sexuell inaktiv" zu „sexuell aktiv" zwischen den Kurzzeitprobeflächen, wo die Fangaktion nur einen einmaligen Eingriff darstellte, und den Dauerprobeflächen, wo regelmäßig jede 3. Woche Fallen gestellt wurden, erbrachte deutliche Unterschiede. Während in den Kurzzeitprobeflächen von den Diesjährigen (AK1, AK 2 und ein Teil von AK 3) nur 18 % – 28,3 % sexuell heranreiften, lag der Anteil der sexuell aktiven Diesjährigen in den Dauerprobeflächen zwischen 42,5 % und 51,9 %. Allerdings sind hierbei auch die interannuellen Schwankungen in Betracht zu ziehen, da in den Kurzzeitprobeflächen die Fänge von 5 Jahren zusammengefaßt sind und die unterschiedlichen Abundanzen in den diversen Habitattypen unberücksichtigt blieben.

Die beiden Dauerprobeflächen unterscheiden sich stark bezüglich der Rötelmausdichte (0,55 Ind./100 FE in „A" = 900 m und 1,34 Ind./100 FE in PF „B" = 1700 m). Es war hier der erwartete Unterschied in der Beteiligung am sexuellen Geschehen bei den diesjährigen Individuen tatsächlich festzustellen (siehe Tab. 18), obwohl in beiden Dauerprobeflächen mit annähernd gleicher Intensität gefangen wurde.

	Dauerprobefläche „A" = 900 m				Dauerprobefläche „B" = 1700 m			
	sexuell inaktiv		sexuell aktiv		sexuell inaktiv		sexuell aktiv	
	n	%	n	%	n	%	n	%
AK 1	31	48,4 %	33	51,6 %	80	62,0 %	49	38,0 %
AK 2	12	37,5 %	20	62,5 %	26	55,3 %	21	44,7 %
AK 3 d	1	50 %	1	50,0 %	3	60,0 %	2	40,0 %
AK 3 v	0	0 %	3	100 %	0	0 %	2	100 %
AK 4	0	0 %	15	100 %	0	0 %	35	100 %
AK 5	1	14,3 %	6	85,7 %	2	8,3 %	22	91,7 %
Summe	**45**	**36,6 %**	**78**	**63,4 %**	**111**	**45,9 %**	**131**	**54,1 %**
Zusammenfassung in Diesjährige (AK1, AK 2, AK 3 d) und Vorjährige (AK 3 v, AK 4, AK 5):								
Diesjährige	44	44,9 %	54	55,1 %	109	60,2 %	72	39,8 %
Vorjährige	1	4,0 %	24	96,0 %	2	3,3 %	59	96,7 %

Tab. 18: Vergleich der beiden Dauerprobeflächen bezüglich ihrer Prozentanteile sexueller Aktivität in den Altersklassen. AK 3 wurde unterteilt in diesjährige (AK 3 d) und vorjährige (AK 3 v) Tiere.

Tab. 18: Comparison of the two permanent study plots relative to their percentage of sexually inactive and active individuals per age group. Age group 3 (AK 3) was subdivided into this year's (AK 3d) and last year's (AK 3v) animals.

Populationsentwicklung: Betrachtet man das Auftreten sexueller Aktivität im Jahresablauf, so wurde bei der Gasteiner Rötelmauspopulation das erste, schon geschlechtsreife Tier der **AK 1** Ende Mai gefangen. Bis August stieg der Anteil der sexuell Aktiven in dieser Altersklasse an, er lag stets über jenem der Inaktiven. In diesem Monat gab es dann schon mehr inaktive als aktive Männchen, die Weibchen waren beinahe alle noch aktiv. Ab September wurden nur mehr wenige sexuell aktive Tiere der AK 1 vorgefunden (fast nur Weibchen), die letzten aktiven Weibchen der AK 1 gingen im Oktober in die Falle.

Erste Exemplare der **AK 2** erschienen in der letzten Juliwoche, alle schon sexuell aktiv, die ersten inaktiven Männchen traten in der letzten Augustwoche auf, ab Oktober begannen hier die Inaktiven zu überwiegen.

In der **AK 3** fanden sich von der letzten Augustwoche bis November diesjährige Tiere (10 inaktiv, 7 aktiv), die von Ende April bis Anfang Juni gefangenen Tiere hatten schon überwintert und waren alle sexuell aktiv.

In **AK 4** waren nur sexuell aktive Tiere vertreten, sie wurden von April bis Mitte August gefangen.

In **AK 5**, die während der gesamten Saison anzutreffen war, traten nur 5 inaktive Individuen in Erscheinung, 4 davon Männchen Ende September / Mitte Oktober in PF „B" (Abb. 17 b), mit schlaffen, geschrumpften Hoden. Nur ein einziges Weibchen der AK 5 wurde ohne jedes Anzeichen sexueller Aktivität angetroffen (Ende Mai, PF „A"). Abb. 16 gibt einen Überblick über die Monatsverteilung sexuell aktiver und inaktiver Männchen und Weibchen im gesamten Untersuchungszeitraum.

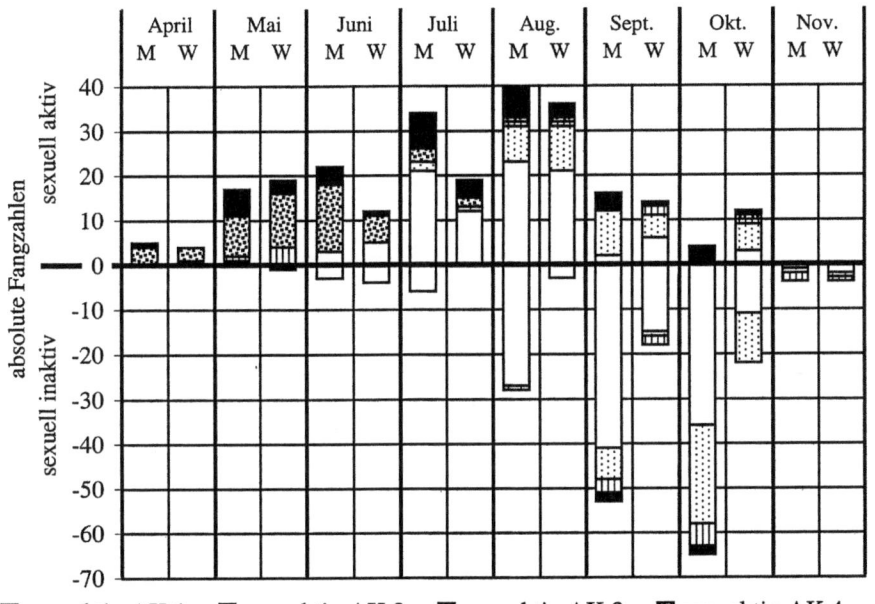

□ sex. aktiv AK 1 ▣ sex. aktiv AK 2 ⊞ sex. aktiv AK 3 ▨ sex. aktiv AK 4
■ sex. aktiv AK 5 □ sex. inaktiv AK 1 ▣ sex. inaktiv AK 2 ⊞ sex. inaktiv AK 3
▨ sex. inaktiv AK 4 ■ sex. inaktiv AK 5

Abb. 16: *C. glareolus*: Monatsverteilung der Altersklassen bei sexuell inaktiven und aktiven Männchen (M) bzw. Weibchen (W) (alle Probeflächen)

Fig. 16: *C. glareolus*: monthly distribution of age groups for sexually inactive and active males (M) and females (W) (all study plots)

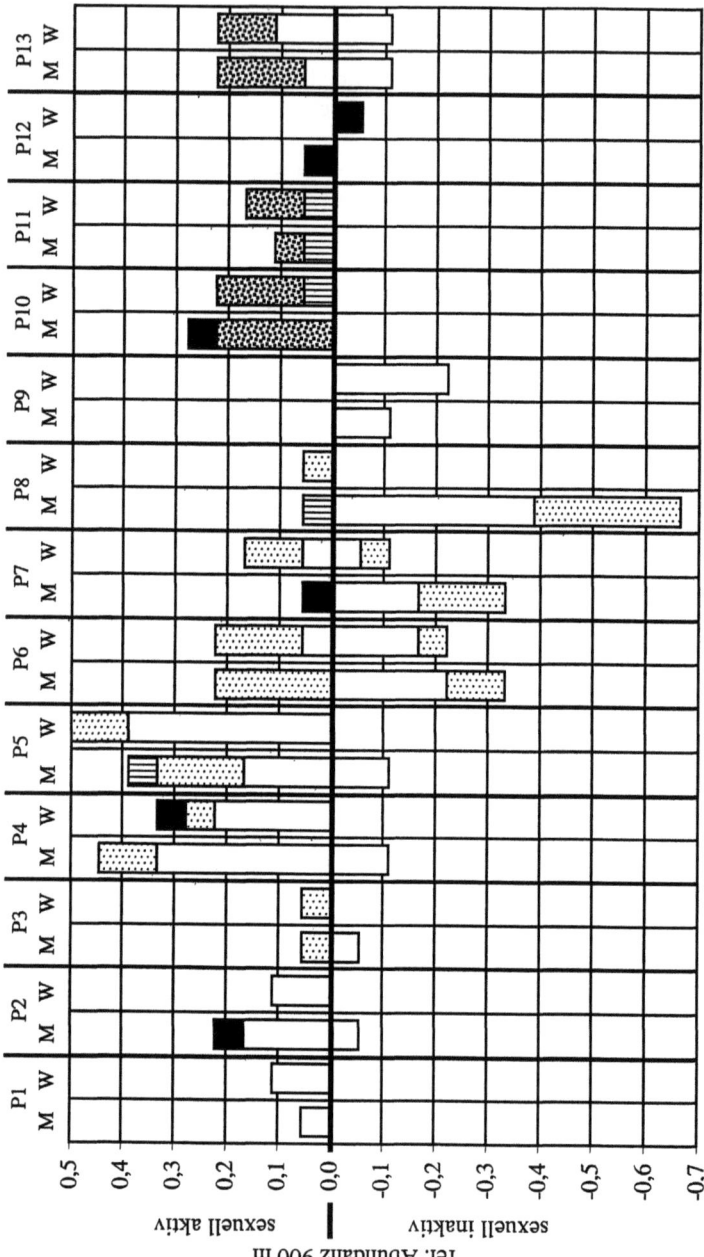

Abb. 17 a: *C. glareolus*: relative Abundanzen der Altersklassen bei sexuell inaktiven und aktiven Männchen (M) und Weibchen (W) in den Fangperioden P1 - P13 der Dauerprobefläche „A" = 900 m. Legende siehe Abb. 16

Fig. 17 a: *C. glareolus*: relative densities of age groups for sexually inactive and active males (M) and females (W) in the trapping periods P1 - P13 of the permanent study plot "A" = 900 m. Key to the symbols in Fig. 16

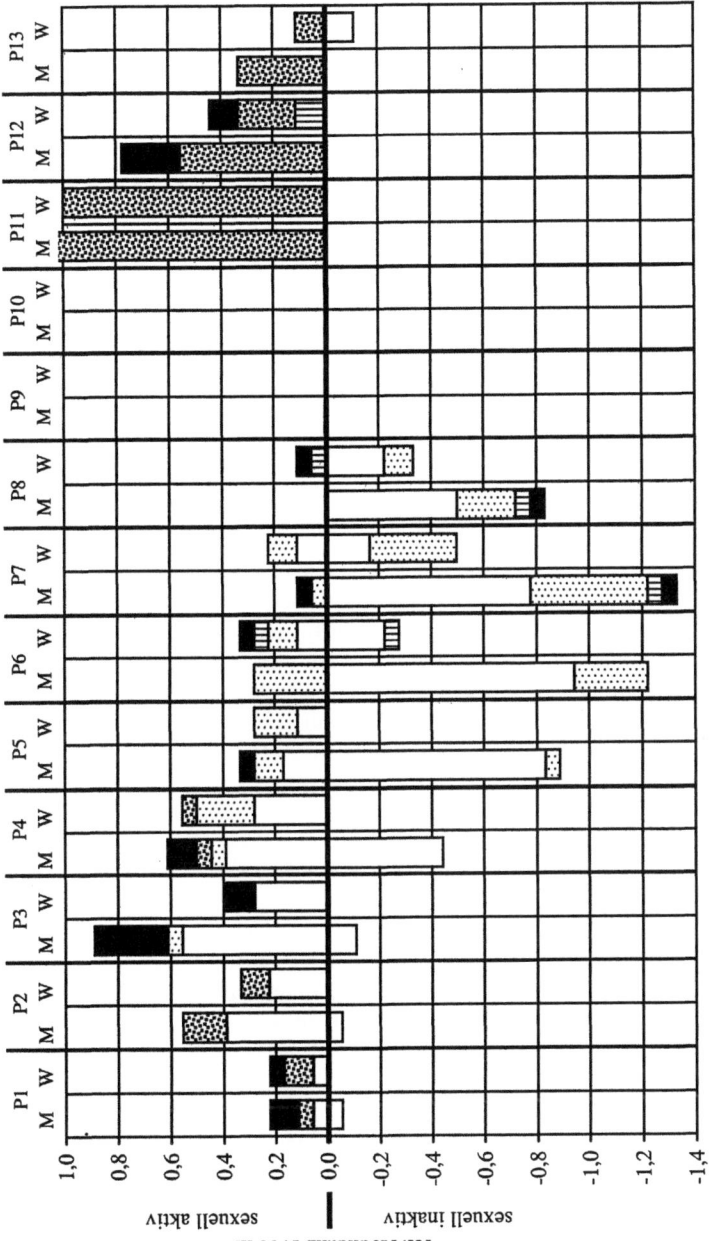

Abb. 17 b: *C. glareolus*: relative Abundanzen der Altersklassen bei sexuell inaktiven und aktiven Männchen (M) und Weibchen (W) in den Fangperioden P1 - P13 der Dauerprobefläche „B" = 1700 m. Legende siehe Abb. 16

Fig. 17 b: *C. glareolus*: relative densities of age groups for sexually inactive and active males (M) and females (W) in the trapping periods P1 - P13 of the permanent study plot "B" = 1700 m. Key to the symbols in Fig. 16

Die Abbildungen 17 a und b zeigt die sexuelle Aktivität der Rötelmäuse in den 13 Fangperioden von Dauerprobefläche „A" und „B". In der dichter besiedelten PF „B" begann der Anteil an sexuell inaktiven Individuen schon ab der 2. Augusthälfte zu überwiegen, und zwar wesentlich intensiver als in PF „A", wo erst ab September mehr Inaktive zu verzeichnen waren.

Bei den **Weibchen** wurden all jene als sexuell reif definiert, bei welchen eine geöffnete Vagina (BUJALSKA 1983), erweiterter Uterus, Trächtigkeit, Anzeichen der Laktation und / oder das Vorhandensein von Uterusnarben konstatiert wurde.

Als Kriterium für die sexuelle Aktivität der **Männchen** diente die Hodenlänge. Hoden über 8 mm wurden als reif eingestuft, da sich ab dieser Länge Spermien feststellen lassen (CLAUDE 1970), jene unter 8 mm als unreif.

Normalerweise findet das Fortpflanzungsgeschehen im Sommerhalbjahr statt, die Dauer ist von verschiedenen Faktoren abhängig. Laut CLARKE (1977) ist die Fotoperiode der wichtigste Faktor, der über die Gonadotropinproduktion den Beginn der sexuellen Aktivität der Rötelmäuse bestimmt. Weiters sind Schneeschmelze, Vegetationsentwicklung und Futterangebot relevant. Regional kann die Dauer der Reproduktionsperiode sehr unterschiedlich sein, mit Beginn im Februar / März und Ende im Oktober, in einigen Regionen fällt sie wesentlich kürzer aus, wie z.B. in den Schweizer Alpen (CLAUDE, 1970) mit 3,5 Monaten oder im bulgarischen Witoscha-Gebirge mit gar nur 3 Monaten (MARKOV et al. 1972).

Unter günstigen Bedingungen, wie ausreichenden Nahrungsresourcen, ist auch Wintervermehrung möglich. In Finnland etwa wurden Geburten schon im März bei 15 – 20 cm Schneedecke und -7° - +15° Bodentemperatur festgestellt (NIETHAMMER & KRAPP 1982).

Auch für Gastein gibt es Hinweise auf ein frühes Einsetzen der Reproduktion, und zwar ein Männchen aus dem subalpinen Fichtenwald in 1600 m, dessen Molaren zum Fangtermin am 21. Mai 1985 noch unbewurzelt waren, das also etwa 2 – 3 Monate alt war. Mit einem Alter von 2 Monaten können gemäß ZEJDA (1971) und WASILEWSKI (1952) einige Tiere der ersten Würfe schon maximale Körperlänge erreichen, wie dies auch auf jenes Individuum zutraf (KR = 104 mm). Mit einer Hodenlänge von 12,6 mm hatte dieses Tier schon volle Geschlechtsreife erlangt, welche bei Männchen ebenfalls frühestens im Alter von 2 Monaten einsetzt. Rechnet man zurück, so muß dieses Individuum um den 20. März geboren worden sein. Bei einer Tragzeit von ca. 20 Tagen hätte somit die Kopulation der Elterntiere Anfang März stattgefunden. Da die Männchen generell früher im Jahr sexuell aktiv werden als die Weibchen (GURNELL 1985) haben die ersten männlichen Reproduktionsaktivitäten in diesem Fall offenbar schon im Februar eingesetzt.

Weiters fiel diesbezüglich ein Weibchen der AK 4 vom 18. Oktober 1984 auf, das nach WASILEWSKI (1952) 8 – 11 Monate alt gewesen und somit zwischen Mitte November und Mitte Februar geboren worden wäre.

Die Tiere der AK 1 von Mitte Juni und AK 2 ab Juli lassen auf einen Beginn der Fortpflanzungszeit spätestens im April schließen. Auch JERABEK (1998) stellte in den Hohen Tauern eine Reproduktionsperiode von April bis Oktober fest. Diese Ergebnisse erweitern jene von CLAUDE (1995, zit. bei JERABEK 1998), der Mitte Mai bis Mitte September für die Alpen angibt.

Das Ende der Fortpflanzungszeit wird laut PETRUSEWICZ (1983) primär von der Populationsdichte bestimmt, je höher, desto eher endet die Reproduktion. In Gastein waren Trächtigkeiten bis September (beide Dauerprobeflächen), Laktation bis in die 4. Oktoberwoche feststellbar: 2 Exemplare im Jahr 1984 in Kurzzeitprobeflächen (1100 m, montaner Fichtenwald und Mischwald), 5 im Jahr 1985 - allerdings stammten alle dieser im Oktober noch säugenden Weibchen aus der dichter besiedelten Dauerprobefläche „B". In PF „A" wurde trotz dünnerer Besiedlung Ende August die letzte Laktation festgestellt.

Man sollte aber in Betracht ziehen, daß die Fangwahrscheinlichkeit für die in der Reproduktionsphase territorialeren Weibchen geringer ist (BUJALSKA 1983) und sich bei zusätzlich niedriger Dichte noch weiter verringert, Laktierende könnten daher „übersehen" worden sein. Von den nur 6 in Fläche „A" gefangenen Oktober-Weibchen waren 4 (= 66,7 %) sexuell aktiv (offene Vagina, bzw. Uterusnarben), von den 24 weiblichen Tieren aus Fläche „B" „nur" 6 Individuen (= 25 %) geschlechtsaktiv, unter diesen allerdings die 5 laktierenden.

Rötelmausmännchen beenden ihre sexuelle Aktivität früher im Jahr als die Weibchen, Spermien werden offenbar nur bis zum Ende der letzten Trächtigkeiten gebildet (CLAUDE 1970). In Gastein wurden wenige aktive Männchen noch bis Anfang Oktober registriert, und zwar in beiden Dauerprobeflächen. Nach dem Aktivitätshöhepunkt in der 2. Augustwoche war ihre Zahl stetig zurückgegangen. Abb. 18 zeigt die Hodenmittelwerte der Altersklassen, die bei AK1 – AK 3 unter der Maturitätsgrenze von 8 mm bleiben. Von den 12 Tieren der AK 3 stammten 11 aus dem Fangjahr, davon zeigte nur eines sexuell reife Hoden, das einzige vorjährige Männchen war ebenfalls sexuell aktiv.

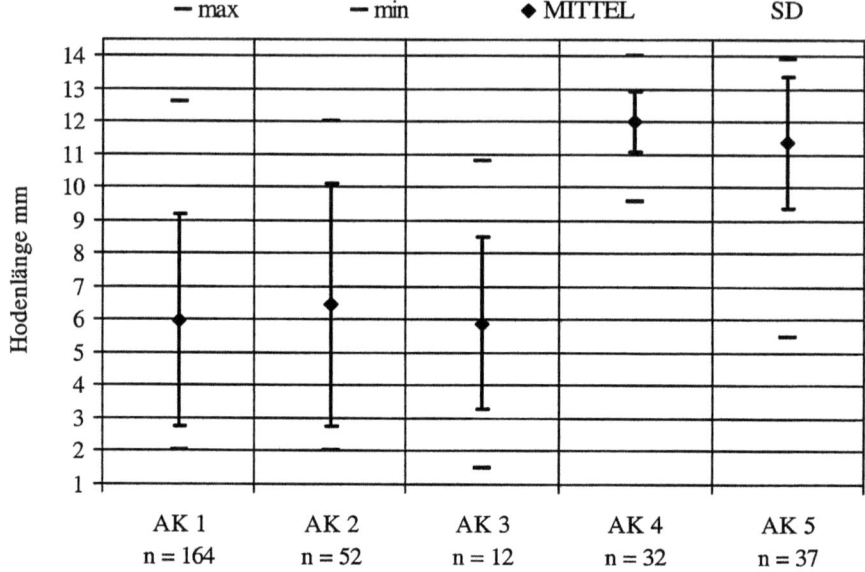

Abb. 18: *C. glareolus:* statistische Werte der Hodenlänge der 5 Altersklassen (alle Probeflächen)

Fig. 18 : *C. glareolus:* statistical values of testes length of the 5 age groups (all study plots)

Ab Juli - bzw. August bei AK 5 - sinken die Monatsmittelwerte der Hodenlänge, da der Anteil der sexuell inaktiven Tiere steigt, d. h., bei den Hoden eine Regression eintritt (Abb. 19).

Betrachtet man das Histogramm für die Hodenlängen in Abb. 15, so sind anhand der jeweils zwei Kurvengipfel die sexuell inaktiven von den aktiven deutlich zu unterscheiden: die meisten Immaturen stellen wie zu erwarten die Juvenilen der AK 1, gefolgt von den Subadulten der AK 2. Bei den Männchen der AK 1 sind etwa gleich viele sexuell aktive zu verzeichnen wie in AK 4 und AK 5, allerdings liegt ihr Häufigkeitsmaximum in einer niedrigeren Hodenlängenklasse.

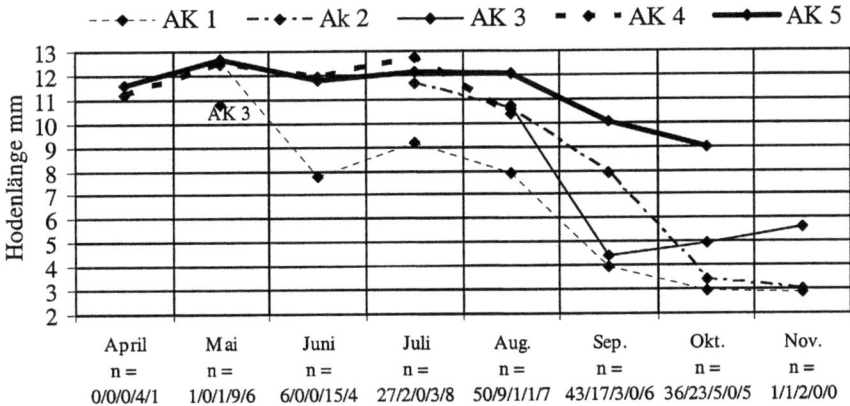

Abb. 19: *C. glareolus:* Monatsmittelwerte der Hodenlänge der 5 Altersklassen (alle Probeflächen)

Fig. 19: *C. glareolus:* Monthly means of testes length of the 5 age groups (all study plots)

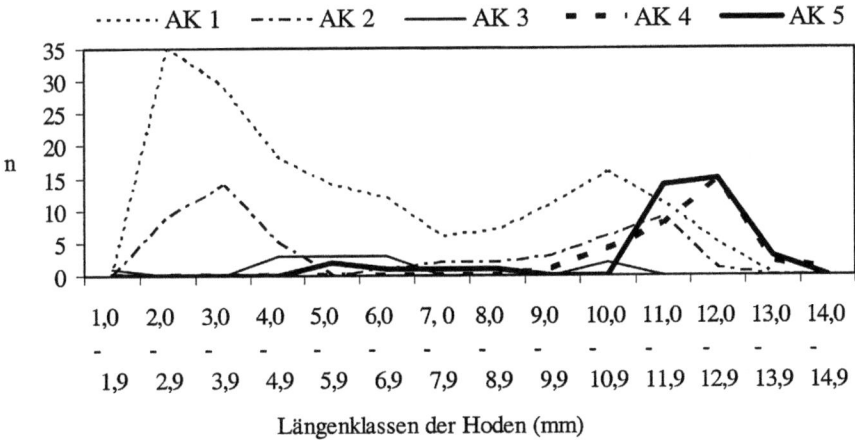

Abb. 20: *C. glareolus*: Histogramm der Hodenlängen der 5 Altersklassen (alle Probeflächen)

Fig. 20: *C. glareolus:* frequency histogramm of testes length of the 5 age groups (all study plots)

Von den 187 auf Anzeichen reproduktiver Tätigkeit untersuchten Weibchen des gesamten Untersuchungszeitraumes waren 38 trächtig (= 20,3 %), diese verteilten sich wie folgt in den Altersklassen: 12 in AK 1 = 14,5 % von 83 Weibchen dieser AK, Embryonenmittel: x = 5,17

9 in AK 2 = 25,7 % von 35   x = 4,67
1 in AK 3 = 8,3 % von 12   x = 4
7 in AK 4 = 23,3 % von 30   x = 4,43
7 in AK 5 = 46,7 % von 15   x = 4,71
2 ohne zuzuordnende AK (kein Schädel)

In AK 5 waren relativ die meisten Trächtigkeiten zu verzeichnen, gefolgt von AK 2 und AK 4.

Die Zahl der Embryonen lag zwischen 3 und 7, der Mittelwert bei 4,84 (SD = 0,95). 5, 4 und 6 Embryonen ließen sich am häufigsten feststellen (Tab.19). Die Wurfgröße der Gasteiner Rötelmäuse entspricht dem europäischen Durchschnitt, verglichen mit jener in der Arbeit von JERABEK (1998) mit x = 4,1 aus den Hohen Tauern lag sie etwas höher. In Gastein lag der maximale Monats-Durchschnittswert mit 5,3 im Juni, in den Hohen Tauern mit 4,4 im Juli.

Zahl der Embryonen	Mai	Juni	Juli	August	September
3 E	1			1	1
4 E	3	2		3	2
5 E		1	4	8	3
6 E		4	1	3	
7 E				1	
Mittelwert	3,8	5,3	5,2	5,0	4,3

Tab. 19: Embryonenhäufigkeit bei der Rötelmaus im Jahresverlauf
Tab. 19: Frequency of embryos of bank voles in the course of the year

Es wurden mit n = 21 mehr Diesjährige als Vorjährige (n = 15) mit Embryonen angetroffen, bis Juli überwogen die Vorjährigen, ab August die Diesjährigen. Im Durchschnitt hatten die Diesjährigen mit 4,95 mehr Embryonen als die Vorjährigen mit 4,53 (siehe Tab. 20). Die meisten Trächtigkeiten gab es im August.

Embryonen-zahl	Mai					Juni					Juli					August					Sept.				
	3	4	5	6	7	3	4	5	6	7	3	4	5	6	7	3	4	5	6	7	3	4	5	6	7
AK 1							1	1					1				1	2	3	1		1	1		
AK 2														1			1	4			1	1	1		
AK 3		1																							
AK 4	1	2					1					1					1								
AK 5									1						2	1	1	1					1		

Tab. 20: Häufigkeit von Embryonenzahlen pro Altersklasse im Jahresverlauf
Tab. 20: Frequency of embryos per age group in the course of the year

Anzeichen von **Laktation** (Zitzen, Milchdrüsengewebe) zeigten insgesamt 28 Weibchen, 3 Tiere vom Juni waren keiner AK zuzuordnen. Wie bei den Trächtigkeiten stellte auch hier die Altersklasse 1 den größten Anteil in der Gesamtbilanz der Rötelmäuse, sowohl bei den inaktiven, als auch bei den aktiven Tieren. Im Oktober waren die meisten säugenden Weibchen zu verzeichnen, und zwar aus allen Altersklassen (siehe Tab. 21).

AK	Mai	Juni	Juli	August	Sept.	Okt.	Summe
AK 1			4	3	1	1	9
AK 2						3	3
AK 3	2			1	1	1	5
AK 4	2	2	1			1	6
AK 5			1			1	2
Summe	4	2	6	4	2	7	25

Tab. 21: Anzahl der laktierenden Weibchen pro Altersklasse im Jahresverlauf
Tab. 21: Number of lactating females per age group in the course of the year

6.4.6 Methodischer Vergleich der Fallentypen

Barberfallen stellen nicht nur für die Insectivora den effektivsten Fallentyp dar, sie sind für Nager mindestens so fängig wie Klapp- oder Lebendfallen (PANKAKOSKI 1979). Bei den Gasteiner Rötelmäusen erwiesen sich in Summe die Barberfallen als geringfügig fängiger, es ließen sich aber saisonale Unterschiede feststellen: im Juni und Juli waren die Barberfallen effektiver, in den restlichen Untersuchungsmonaten lagen ihr Anteil bei bzw. unter 50 %. (Abb. 21). PUCEK (1969) vermutet, daß vor dem Winter der Köder in den Klappfallen an Attraktivität gewinnt und so deren Effektivität steigern könnte.

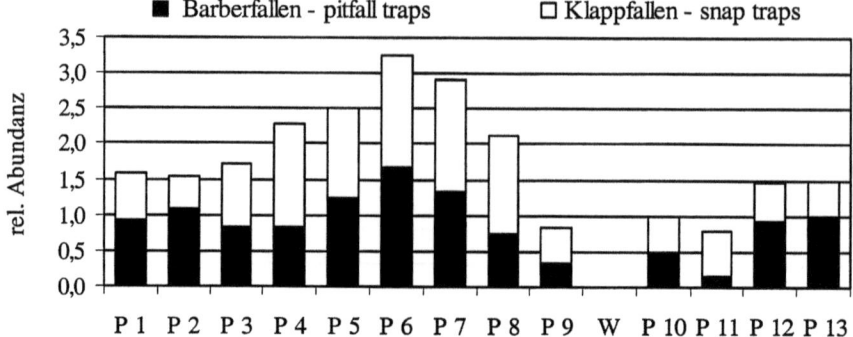

Abb. 21: *C. glareolus:* relative Abundanzen in den Fangperioden P1 – P13 beider Dauerprobeflächen – Aufteilung nach Fallentyp

Fig. 21: *C. glareolus:* relative densities in the trapping periods P1 – P13 of both permanent study plots – distribution in the trap types

Zwischen den Altersklassen zeigten sich Unterschiede in der Fängigkeit der beiden Fallentypen (siehe Tab. 22). Während in den Barberfallen die Altersklassen AK 1 und AK 4 dominierten, war der Rest in den Klappfallen häufiger vertreten (siehe auch Abb. 22).

	Barberfallen			Klappfallen		
	n	rel. Ab.	%	n	rel. Ab.	%
AK 1	81	0,60	59,0 %	113	0,42	41,0 %
AK 2	16	0,12	33,7 %	63	0,23	66,3 %
AK 3	3	0,02	40,0 %	9	0,03	60,0 %
AK 4	21	0,16	59,3 %	29	0,11	40,7 %
AK 5	5	0,04	27,8 %	26	0,10	72,2 %
AK 1 - 5	126	0,93	51,3 %	240	0,89	48,7 %

Tab. 22: Relative Abundanzen und Prozentanteile der Altersklassen in Barber- und Klappfallen der Dauerprobeflächen. (Berechnungsgrundlage für die rel. Abundanz: Barberfallen – 13500 FE, Klappfallen – 27100 FE)

Tab. 22: Relative density and percentage of the age groups in pitfall- and snap-traps for the permanent study plots. (Calculation basis for rel. density: pitfall-traps – 13500 FE, snap-traps – 27100 FE)

Die *Clethrionomys*-Männchen bevorzugten etwas die Barberfallen, während sich die Weibchen häufiger in Klappfallen fingen (siehe Tab. 23 und Abb 23).

		Barberf.	Klappf.		Barberf.	Klappf.
n	Männ-chen	91	164	Weib-chen	40	98
rel. Abund.		0,67	0,61		0,30	0,36
% (r. Ab.)		52,7 %	47,3 %		45,0 %	55,0 %

Tab. 23: Verteilung von Männchen und Weibchen in Barber- und Klappfallen (Dauerprobefl.)
Tab. 23: Distribution of males and females in pitfall- and snap-traps (permanent study plots)

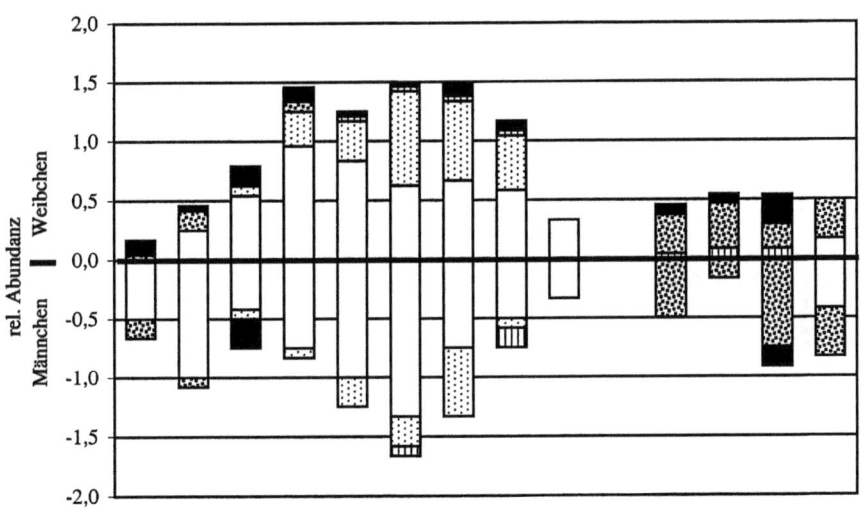

☐ Barber AK 1   ▦ Barber AK 2   ▥ Barber AK 3   ▩ Barber AK 4   ■ Barber AK 5
☐ Klapp AK 1   ▦ Klapp AK 2   ▥ Klapp AK 3   ▩ Klapp AK 4   ■ Klapp AK 5

Abb. 22: *C. glareolus:* Relative Abundanzen für Fallentyp und Altersklassen in den Fangperioden P1 - P13 beider Dauerprobeflächen
Fig. 22: *C. glareolus:* relative densities for trap type (pitfall- and snap trap) and age groups in the trapping periods P1 - P13 of both permanent study plots

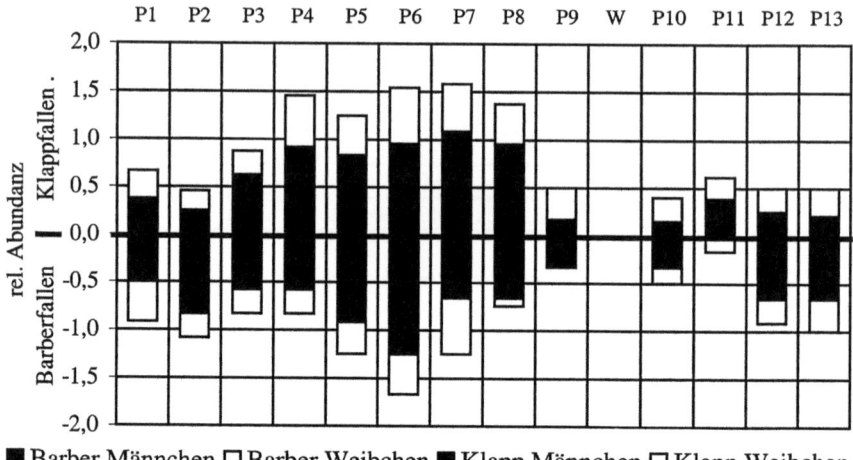

Abb. 23: *C. glareolus:* Relative Abundanzen für Fallentyp und Geschlecht in den Fangperioden P1 - P13 beider Dauerprobeflächen

Fig. 23: *C. glareolus:* relative densities for trap type (pitfall- and snap trap) and sex in the trapping periods P1 - P13 of both permanent study plots

6.4.7 Morphologie

6.4.7.1 *Körpermaße*

Körpergewicht: Das Gewicht der Rötelmäuse unterliegt dem Einfluß zahlreicher Faktoren, wie Alter, Lebensraum, Populationsdichte, Geburtssaison, sexuelle Reife, Nahrungsangebot, sowie nicht zuletzt dem Füllungsgrad des Verdauungstraktes zum Zeitpunkt des Fanges.

Daß das Gewicht in engerem Zusammenhang mit der sexuellen Aktivität steht als mit dem Alter zeigte schon die Untersuchung von ZEJDA (1965) an 2374 Rötelmäusen. Aus diesem Grund war es sinnvoll, die Altersklassen nach Geschlecht und Aktivitätszustand zu unterteilen, wobei sich zeigte, daß in jeder der 5 Altersklassen bei beiden Geschlechtern die inaktiven Individuen durchschnittlich leichter waren als die aktiven. Der Geschlechtsdimorphismus verlief nicht einheitlich in den Altersstufen, in AK 1 und AK 4 wiesen die Männchen höhere Mittelwerte auf, in den übrigen Altersklassen jedoch die Weibchen. ZEJDA (1965) beschrieb ein höheres Weibchen-Gewicht bis zum Alter von 10 Monaten, das der

AK 4 entspricht und einen Ausgleich zwischen den Geschlechtern in der folgenden Lebensspanne. Man muß dabei bedenken, daß die Variationsbreite des Körpergewichtes in jeder Altersklasse sehr hoch ist, wobei die Weibchen stets die größeren Gewichtsmaxima aufweisen (Abb. 25 – 27).

Am Gasteiner Datenmaterial war ein Ansteigen der Mittelwerte bis zur AK 4 zu beobachten, wobei schon in AK 1 hohe Werte aus dem Gewichtsbereich der Adulten zu verzeichnen waren, denn einige Tiere der ersten Würfe können ja schon mit 2 Monaten ihre maximalen Körperdimensionen erreichen (WASILEWSKI 1952, ZEJDA 1971). Das schon im Abschnitt „Reproduktion" beschriebene Männchen der Altersklasse 1 vom Mai sorgt für eine Verzerrung der Monatsmittelwertskurve und sollte außer Acht gelassen werden (Abb. 24). Im Jahresverlauf findet man die höchsten Mittelwerte im Juli, ab August sinken die Werte aller Altersklassen, da ab dieser Zeit der Anteil der sexuell inaktiven, leichteren Tiere ansteigt (siehe Abb. 24).

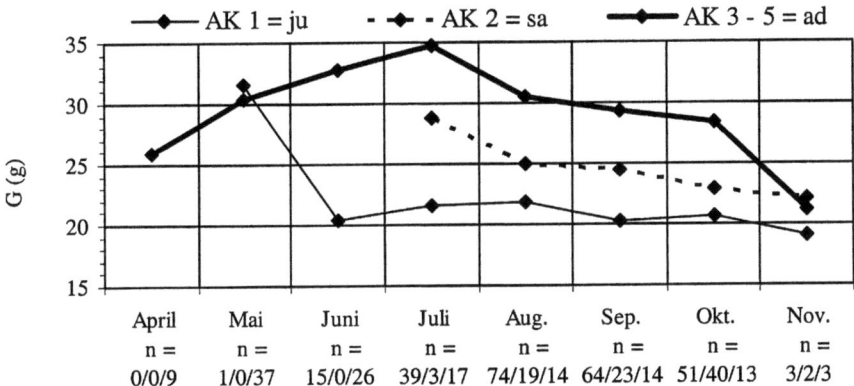

Abb. 24: *C. glareolus:* Mittelwerte des Körpergewichtes (G) der Altersklassen im Jahresverlauf (mit n für juvenil/semiadult/adult)

Fig.24: *C. glareolus:* Mean values of body weight (G) of age groups in the course of the year (with n for juvenil/semiadult/adult)

Im Vergleich zu den in anderen Arbeiten beschriebenen Tieren sind die Rötelmäuse des Gasteiner Tales sehr schwer, zu ähnlichen Ergebnissen kamen auch JERABEK (1998) und ENGLISCH (1992) für die Hohen Tauern.

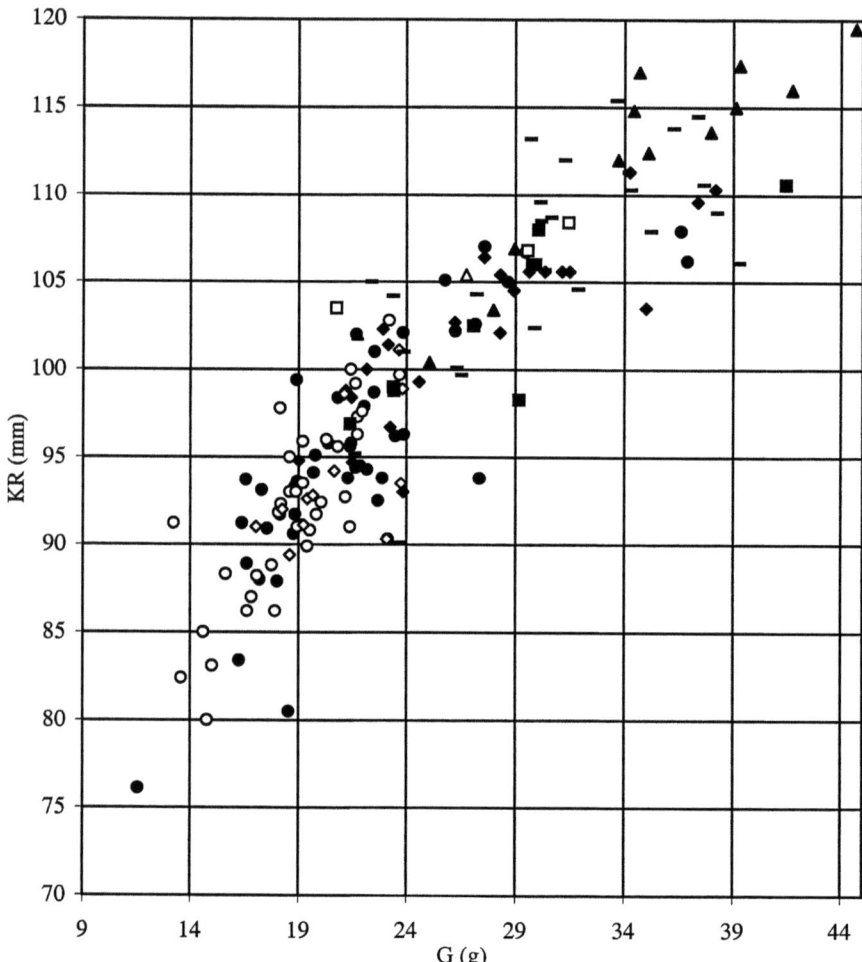

Abb. 25: *C. glareolus*: Körpergewicht (G) und Kopf-Rumpf-Länge (KR) der Weibchen nach Altersklassen und sexueller Aktivität - akt.= sexuell aktiv, inak.= sexuell inaktiv

Fig. 25: *C. glareolus:* Body weight (G) and body length (KR) of females divided into age groups and sexual activity - akt.= sexually active, inak.= sexually inactive

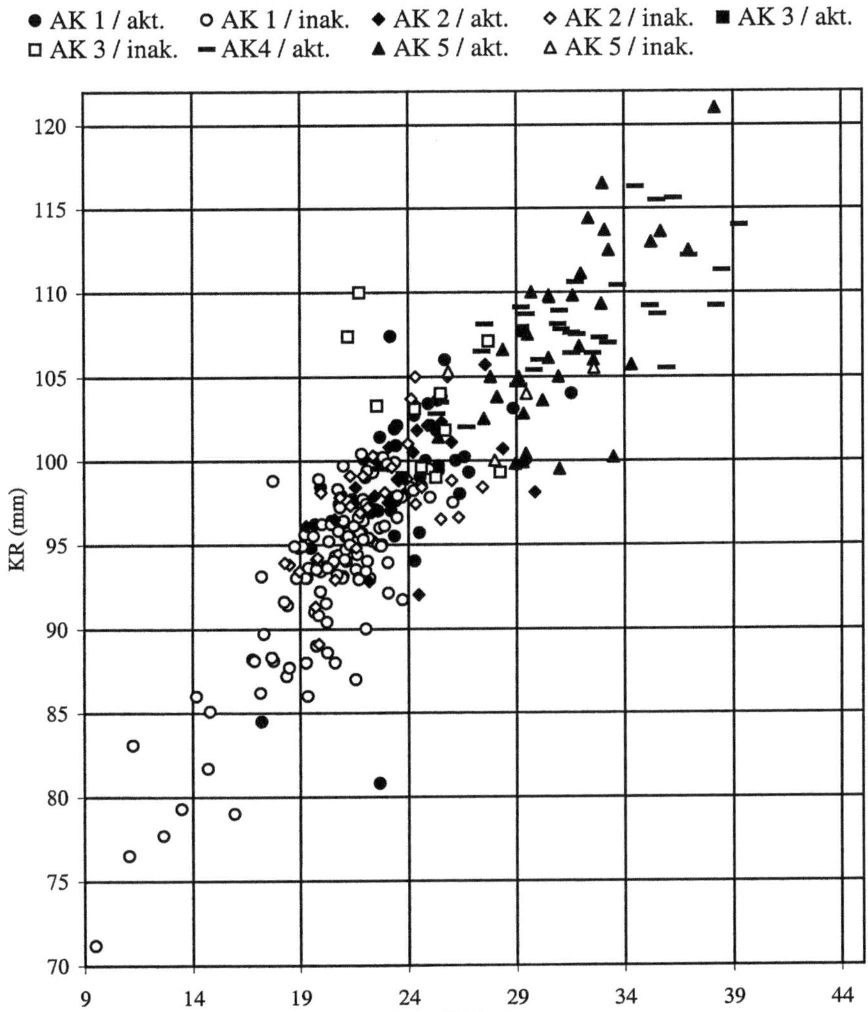

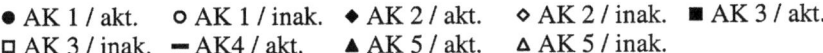

Abb. 26: *C. glareolus:* Körpergewicht (G) und Kopf-Rumpf-Länge (KR) der Männchen nach Altersklassen und sexueller Aktivität - akt.= sexuell aktiv, inak.= sexuell inaktiv

Fig. 26: *C. glareolus:* Body weight (G) and body length (KR) of males divided into age groups and sexual activity - akt.= sexually active, inak.= sexually inactive

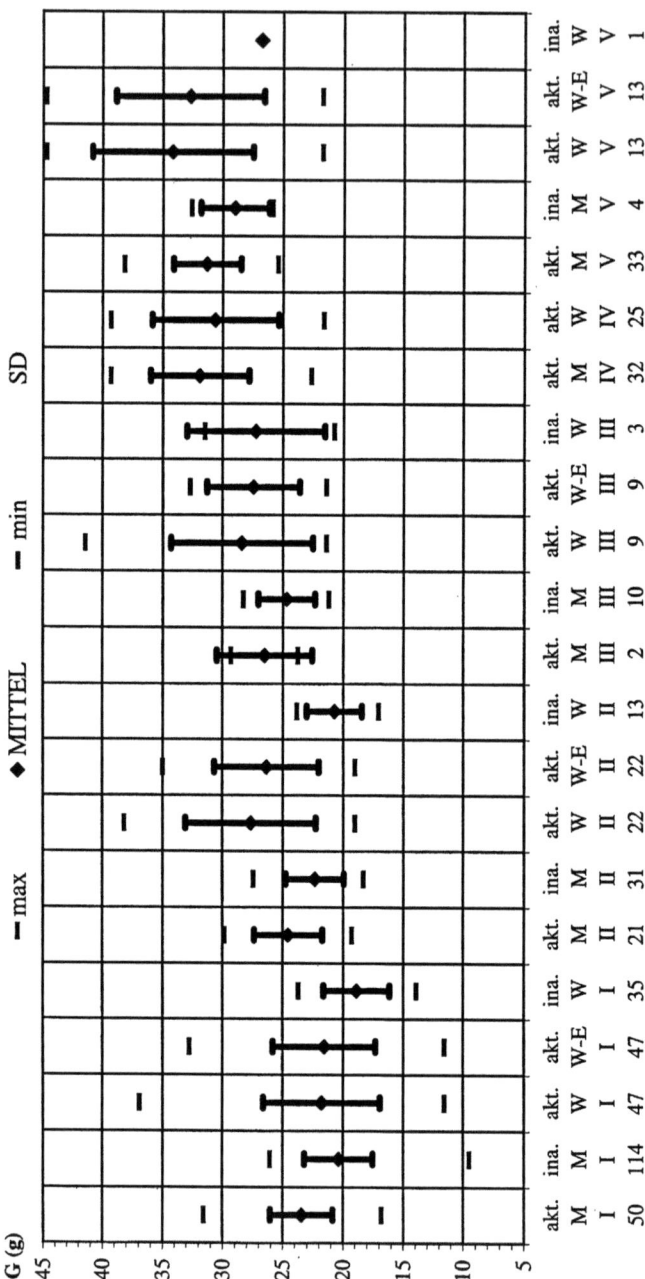

Abb. 27: *C. glareolus*: Statistische Werte des Körpergewichtes (G) für sexuell inaktive (ina.) bzw. aktive (akt.) Männchen (M) und Weibchen (W; ohne Embryonen = W-E) der 5 Altersklassen (I, II, III, IV, V). Unterste Zahlenreihe = n (alle Probeflächen)

Fig. 27: *C. glareolus*: statistical values of body weight (G) for sexually inactive (ina.) and active males (M) and females (W; without embryos =W-E) of the 5 age groups (I, II, III, IV, V). Lowest row of numbers = n. (all study plots)

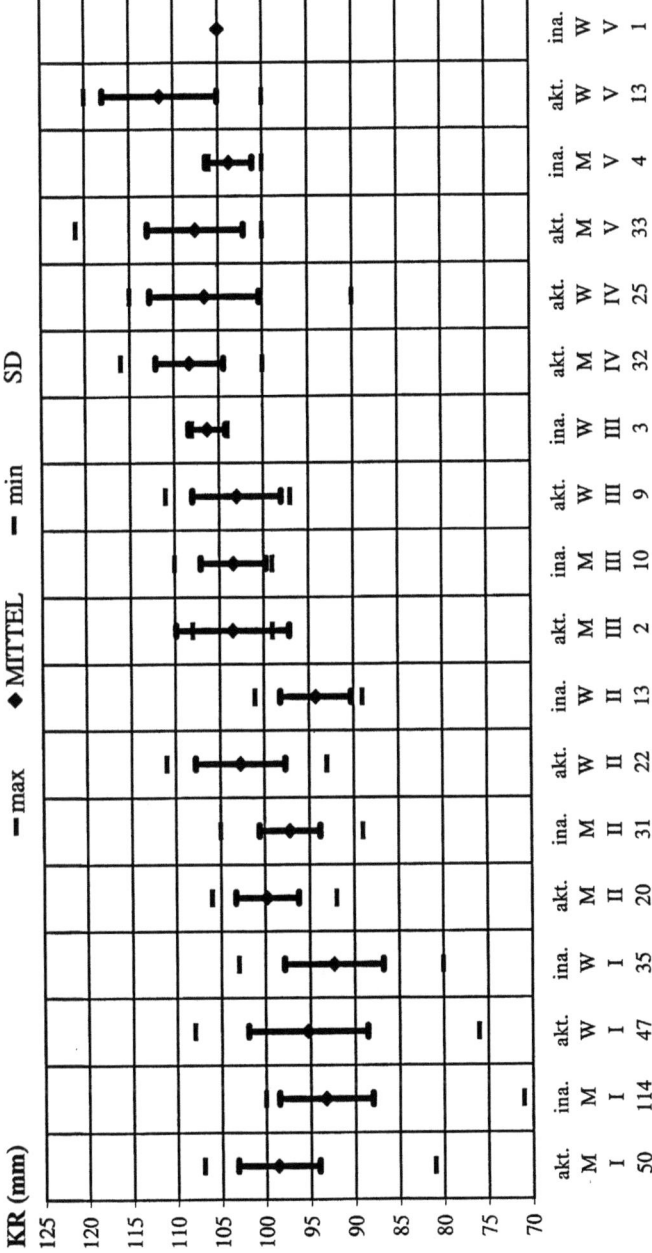

Abb. 28: *C. glareolus*: Statistische Werte der Kopf-Rumpf-Länge (KR) für sexuell inaktive (ina.) bzw. aktive (akt.) Männchen (M) und Weibchen (W) der 5 Altersklassen (I, II, III, IV, V). Unterste Zahlenreihe = n. (alle Probeflächen)

Fig. 28: *C. glareolus*: statistical values of body length (KR) for sexually inactive (ina.) and active (akt.) males (M) and females (W) of the 5 age groups (I, II, III, IV, V). Lowest row of numbers = n. (all study plots)

Kopf-Rumpf-Länge: Dieses Maß zeigt eine starke Korrelation zum Körpergewicht und daher ähnliche Unterschiede zwischen sexuell aktiven und inaktiven Tieren sowie zwischen den Geschlechtern. Nur in AK 3 sind gegenläufig zum Gewicht die inaktiven Weibchen größer als die sexuell aktiven. Dabei ist allerdings der teils geringe Stichprobenumfang zu bedenken, wodurch individuell variierende Körperproportionen stärker hervortreten können (Abb. 25, 26, 28).

Der Mittelwert von 108,3 mm für die AK 5 lag etwas über der Werten, die ENGLISCH (1992) und JERABEK (1998) für dieselbe Altersgruppe angeben, im Vergleich zu anderen Arbeiten sind die Gasteiner Rötelmäuse sehr groß. Statistische Werte der Gesamtpopulation bzw. der einzelnen Altersklassen: Tab. 24 – 29.

Der höchste Monatsmittelwert der Adulten findet sich im Juli, hier ist der Anteil der AK 5 an der Gruppe der Adulten am höchsten. Die steigenden Anteile der Altersklasse 3 ab August / September bedingen vermutlich das Absinken der Kurve im Herbst.

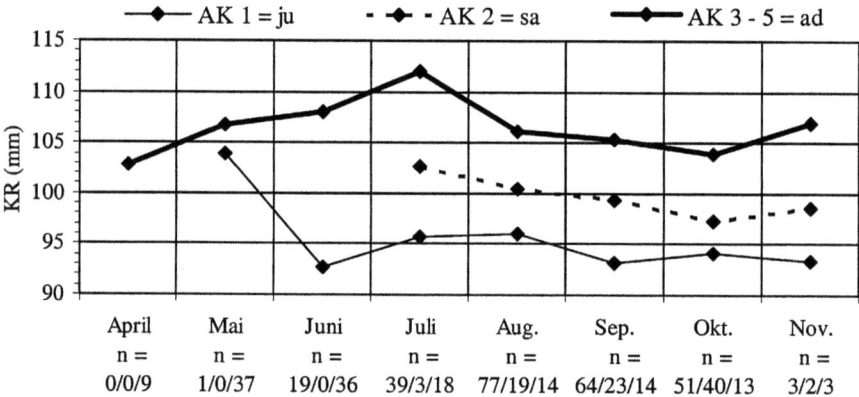

Abb. 29: *C. glareolus*: Mittelwerte der Kopf-Rumpf-Länge (KR) der Altersklassen im Jahresverlauf (mit n für ju/sa/ad)

Fig. 29: *C. glareolus:* Mean values of body length (KR) of age groups in the course of the year (with n for ju/sa/ad)

Schwanzlänge: Wie die Kopf-Rumpf-Länge nimmt auch die Schwanzlänge im Alter bis zur AK 4 zu. Die großen Variationsbreiten deuten nicht auf eine enge Korrelation hin (CLAUDE 1967). Die Mittelwerte der AK 5 sind ähnlich jenen von JERABEK (1998) und ENGLISCH (1992) aus die Hohen Tauern, und höher als in anderen Literaturangaben (siehe Tab 24 - 29 und Abb. 30).

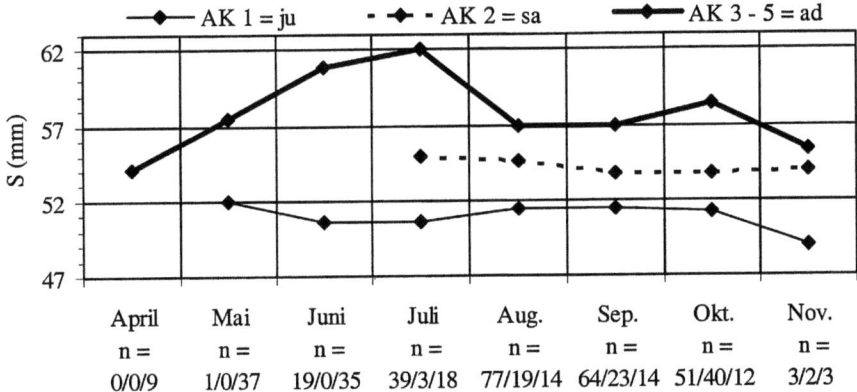

Abb. 30: *C. glareolus:* Mittelwerte der Schwanzlänge (S) der Altersklassen im Jahresverlauf (mit n für ju/sa/ad)

Fig. 30: *C. glareolus:* Mean values of tail length (S) of age groups in the course of the year (with n for ju/sa/ad)

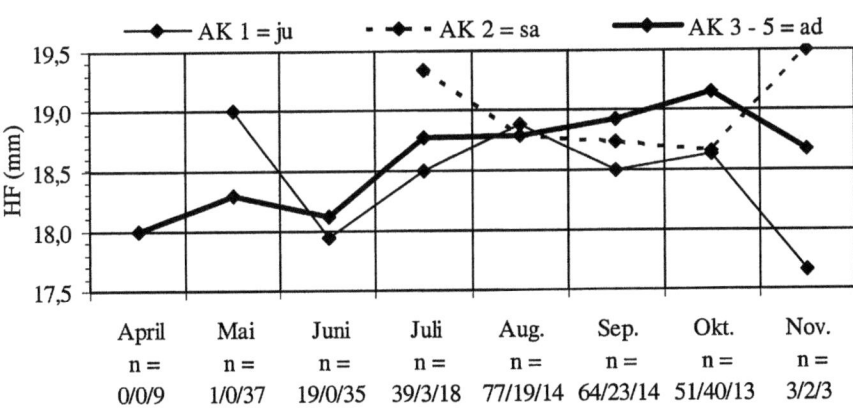

Abb. 31: *C. glareolus:* Mittelwerte der Hinterfußlänge (HF) der Altersklassen im Jahresverlauf (mit n für ju/sa/ad)

Fig. 31: *C. glareolus:* Mean values of hind foot length (HF) of age groups in the course of the year (with n for ju/sa/ad)

Hinterfußlänge: Gegenläufig zur Kopf-Rumpf-Länge finden sich hier bis Oktober steigende Mittelwerte, die Kurven der Altersklassen liegen nahe beieinander, d. h., daß junge Rötelmäuse relativ längere Hinterfüße aufweisen. Im Vergleich der Altersklassen zeigen sich die Mittelwerte konstant. (Tab 24 - 29 und Abb. 31).

Ohrlänge: Dieser Wert weist eine sehr starke Variationsbreite auf und erfährt im Leben der Rötelmäuse einen Anstieg. Verglichen mit anderen Arbeiten aus den Hohen Tauern liegen die Werte aus Gastein im Mittelfeld. (Tab. 24 - 29).

6.4.7.2 Schädelmaße

Die Schädelmaße aller Altersklassen sind in Tab. 24 – 29 zusammengefaßt.

Die komplette Ossifikation des Schädels ist etwa im Alter von 35 – 45 Tagen mit dem Ende der 1. Wachstumsperiode abgeschlossen (MAZAK 1962). Laut WASILEWSKI (1952) wächst der Hirnschädel ausschließlich in der Jugend, während sich der Gesichtsschädel bei den Adulten bis zu deren Tod formt. Das Wachstumstempo des Schädels ist von der Saison abhängig, in welcher die Entwicklung stattfindet und von den zu dieser Zeit herrschenden Lebensbedingungen. Herbstgeborene Tiere entwickeln sich im Winterhalbjahr langsamer als Jungtiere aus einem Frühjahrswurf (WASILEWSKI 1952).

Die Maße lassen sich einteilen in jene, die permanent vom Alter abhängen, d. h. während des ganzen Lebens wachsen, und in solche, die sich nur während der ersten intensiven Wachstumsperiode vergrößern und in der Folge stagnieren (MAZAK 1962, WASILEWSKI 1952).

Zu den Werten die das ganze Leben lang zunehmen gehören Condylobasallänge (CB), Occipito-Nasallänge (OCCNAS), Zygomatikbreite (ZYG), Diastem (DIA), Unterkieferdiagonale (UKDIA), Foramen incisivum (FI), und Nasallänge (NAS).

Schädelhöhe (SH) und Interorbitalbreite (IO) zeigen in den Altersklassen konstante bleibende Werte; die Schädelbreite (SB) erhöht sich nur äußerlich.

Condylobasallänge: Die Länge des Schädels vergrößert sich in den ersten 2 – 3 Lebensmonaten intensiv, ab dem Erscheinen der Zahnwurzeln in AK2 verlangsamt sich das Wachstum (WASILEWSKI 1952), um zwischen AK 4 und AK 5 die geringste Differenz zu zeigen.

Die **Occipitonasallänge** ist naturgemäß eng mit der Condylobasallänge verbunden. Die Intensität des Wachstums ist nach MAZAK (1962) nicht in allen Entwicklungsphasen gleich, ab einem Alter von etwa 160 Tagen fand der Autor bei CB höhere Werte als bei OCCNAS. Bei den Gasteiner Rötelmäusen lag die Länge der OCCNAS jedoch nie unter jener der CB. Bezüglich der höchsten Monatsmittelwerte gilt dasselbe wie bei CB.

Zygomatikbreite: Dieses Merkmal ist nicht von der CB abhängig. Es vergrößert sich am stärksten zwischen AK 2 und AK 3 und zeigt auch noch von AK 4 zu AK 5 einen Anstieg - bei älteren Tieren sind die Jochbögen stärker gewölbt.

Diastem und **Nasale** wachsen parallel zueinander bis zur AK 5 an, desgleichen erfahren die Mittelwerte des Foramen Incisivum und die Unterkieferdiagonale bis in die höchste Altersklasse eine Vergrößerung.

Obere Zahnreihe: Die Länge der Molarenreihe manifestiert sich laut WASILEWSKI (1952), sobald die Wurzeln erscheinen. PRYCHODKO (1951) stellte fest, daß bei Rötelmäusen, bei welchen die Wurzeln etwa die Hälfte der Zahnhöhe ausmachen, eine Längenverminderung der OZR stattfindet, da sich der obere Kronenteil mit fortschreitendem Alter abnutzt. Am Gasteiner Material bestätigte sich diese Beobachtung: die Werte stiegen bis AK 3, stagnierten in AK 4 und verminderten sich in AK 5.

Schädelbreite: Die Werte der SB erfahren zwar eine Steigerung, doch diese Zunahme der mastoidalen Schädelbreite beruht hauptsächlich darauf, daß Processi und Cristae im Alter prominenter hervortreten (MAZAK 1962).

Schädelhöhe: Dieses Merkmal stagniert im Laufe des Lebens, nachdem das Wachstum etwa ab dem 30. Lebenstag abgeschlossen ist.

Interorbitalbreite: Wie die SH erfährt auch die IO nach dem Abschluß der 30-tägigen Wachstumsphase kaum Zuwachs, in AK 5 ist eine Verminderung zu registrieren, MAZAK (1962) stellte ein Absinken der IO – Werte schon ab dem 75. Lebenstag fest.

Verglichen mit den Ergebnissen von ENGLISCH (1992) für die AK 5 aus den Hohen Tauern liegen einige der Gasteiner Schädelwerte darunter (CB, OZR, NAS), andere etwas über den Adult-Werten (DIA, ZYG, FI).

6.4.7.3   Innere Organe

Leber- und **Nierengewicht** zeigen eine Korrelation mit dem Körpergewicht, die Mittelwerte steigen bis zur AK 4 an, von AK1 bis AK 5 nehmen diese Organe um 43 % bzw. 41 % zu.

Die **Milz** vergrößert sich mit steigendem Alter nur sehr geringfügig, allerdings fielen wie bei den Waldspitzmäusen auch bei den Rötelmäusen einige Tiere mit stark vergrößerter Milz bis 0,35 g auf. Die Gewichtszunahme von der niedrigsten zur höchsten Altersklasse beträgt 49 %.

Herz und **Lunge** zeigen nach dem Anwachsen bis AK 4 eine leichte Verminderung in AK 5, der Zuwachs macht 37 % bzw. 32 % aus.

Magen und **Darm** korrelieren mit dem Körpergewicht, Schwankungen resultieren naturgemäß aus dem Füllungsgrad dieser Organe zum Zeitpunkt des Fanges. Die Gewichtszunahme im Lauf des Lebens beträgt 72 % bzw. 38 %.

Der **Blinddarm** nimmt zwischen AK 3 und 4 am stärksten an Gewicht zu, von den jüngsten fangbaren Tieren zu den ältesten um 50 %, es verringert sich in AK 5 jedoch wieder.

Anschließend sind in Tab. 24 – 29 alle biometrischen Daten sowohl der Gesamtpopulation als auch der einzelnen Altersklassen zusammengefaßt.

gesamt	Mittel	SD	Min	Max	n
KR	99,1	7,96	71	121	517
S	53,8	5,79	37	73	515
HF	18,6	0,80	15	22	516
O	14,2	1,46	10	18	505
CB	23,35	1,11	19,80	26,70	350
OCCNA	24,48	0,94	22,0	26,90	279
SH	9,36	0,27	8,00	10,00	311
SB	11,30	0,43	10,00	12,60	373
ZYG	13,04	0,68	11,20	15,00	367
OZR B	5,48	0,20	4,90	6,10	490
IO	3,94	0,14	3,50	5,00	468
DIA	6,71	0,47	5,30	8,00	477
UKDIA	14,24	0,64	12,00	16,10	491
FI	4,66	0,34	3,30	5,70	473
NAS	6,92	0,49	4,90	8,30	400
G	24,4	6,01	9,5	49,2	498
LE	1,62	0,43	0,41	2,98	497
NI	0,34	0,08	0,10	0,59	499
MI	0,06	0,04	0,01	0,35	483
HE	0,18	0,05	0,07	0,37	498
LU	0,32	0,10	0,13	0,83	498
MA	1,36	0,81	0,34	7,31	498
BLI	1,70	0,65	0,29	3,95	497
DA	3,00	0,79	1,03	6,61	496

AK 1	Mittel	SD	Min	Max	n
KR	94,6	5,93	71	108	254
S	51,2	4,54	37	65	254
HF	18,6	0,81	16	20	254
O	13,7	1,25	10	17	246
CB	22,69	0,82	19,80	24,60	176
OCCNA	23,93	0,66	22,20	25,30	133
SH	9,32	0,28	8,00	9,90	145
SB	11,07	0,33	10,00	11,80	183
ZYG	12,64	0,42	11,20	13,60	185
OZR B	5,41	0,17	4,90	5,95	252
IO	3,94	0,15	3,60	5,00	242
DIA	6,45	0,35	5,30	7,50	247
UKDIA	13,90	0,48	12,00	15,20	254
FI	4,50	0,30	3,30	5,40	246
NAS	6,66	0,38	4,90	7,50	199
G	21,0	3,55	9,5	36,9	247
LE	1,42	0,32	0,41	2,50	247
NI	0,30	0,06	0,10	0,48	247
MI	0,05	0,04	0,01	0,31	239
HE	0,16	0,04	0,07	0,30	247
LU	0,29	0,08	0,13	0,54	247
MA	1,13	0,53	0,35	3,02	247
BLI	1,45	0,44	0,29	3,10	246
DA	2,62	0,54	1,03	4,63	244

Tab. 24: *C. glareolus*: statistische Kennzahlen der Körper- und Schädelmaße (in mm bzw. g) aller Fänge
Tab. 24: *C. glareolus*: Statistical Values of body and skull (in mm resp. g) of all catches

Tab. 25: *C. glareolus*: statistische Kennzahlen der Körper- und Schädelmaße (in mm bzw. g) der Altersklasse AK 1
Tab. 25: *C. glareolus*: Statistical Values of body and skull (in mm resp. g) of age group AK 1

AK 2	Mittel	SD	Min	Max	n
KR	98,7	4,86	89	111	87
S	54,0	4,28	45	62	87
HF	18,7	0,67	18	20	87
O	14,5	1,40	11	17	87
CB	23,46	0,73	21,90	25,20	64
OCCNA	24,50	0,75	22,40	26,50	56
SH	9,41	0,24	8,90	9,95	65
SB	11,34	0,29	10,70	12,00	72
ZYG	12,98	0,42	12,10	14,00	69
OZR B	5,49	0,14	5,20	5,90	86
IO	3,96	0,11	3,70	4,20	81
DIA	6,75	0,31	6,00	7,40	83
UKDIA	14,27	0,44	13,30	15,50	86
FI	4,68	0,27	4,10	5,40	82
NAS	6,90	0,36	6,10	7,90	70
G	24,0	4,23	17,0	38,2	87
LE	1,64	0,36	1,02	2,87	87
NI	0,33	0,06	0,22	0,51	87
MI	0,07	0,04	0,01	0,19	84
HE	0,17	0,03	0,11	0,25	87
LU	0,32	0,08	0,13	0,55	87
MA	1,27	0,68	0,40	4,46	86
BLI	1,55	0,50	0,79	3,39	87
DA	3,03	0,83	1,46	5,67	87

AK 3	Mittel	SD	Min	Max	n
KR	103,6	4,16	97	111	24
S	56,3	5,37	44	73	24
HF	18,6	0,77	17	20	24
O	14,7	1,64	12	18	23
CB	24,08	0,51	23,20	25,00	14
OCCNA	24,89	0,51	24,30	25,80	10
SH	9,43	0,24	9,00	9,70	13
SB	11,53	0,20	11,20	11,90	17
ZYG	13,54	0,26	13,10	14,00	17
OZR B	5,65	0,17	5,40	6,00	24
IO	3,98	0,14	3,80	4,40	21
DIA	7,01	0,25	6,60	7,60	21
UKDIA	14,64	0,27	14,15	15,10	24
FI	4,87	0,22	4,30	5,25	21
NAS	7,12	0,31	6,60	7,80	17
G	26,6	4,55	20,7	41,5	24
LE	1,71	0,42	1,10	2,44	24
NI	0,36	0,06	0,28	0,53	24
MI	0,07	0,03	0,03	0,16	22
HE	0,18	0,04	0,12	0,26	24
LU	0,32	0,10	0,15	0,50	24
MA	1,58	0,79	0,75	3,35	24
BLI	1,81	0,68	0,53	3,32	24
DA	3,43	0,83	2,46	5,58	24

Tab. 26: *C. glareolus:* statistische Kennzahlen der Körper- und Schädelmaße (in mm bzw. g) der Altersklasse AK 2
Tab. 26: *C. glareolus:* Statistical Values of body and skull (in mm resp. g) of age group AK 2

Tab. 27: *C. glareolus:* statistische Kennzahlen der Körper- und Schädelmaße (in mm bzw. g) der Altersklasse AK 3
Tab. 27: *C. glareolus:* Statistical Values of body and skull (in mm resp. g) of age group AK 3

AK 4	Mittel	SD	Min	Max	n	AK 5	Mittel	SD	Min	Max	n
KR	107,4	4,75	90	116	67	KR	108,3	5,75	100	121	53
S	58,8	5,51	42	70	66	S	59,4	5,50	50	73	52
HF	18,4	0,96	15	22	67	HF	18,6	0,80	16	20	52
O	15,5	1,44	10	18	65	O	14,7	1,35	10	18	52
CB	24,55	0,65	23,30	26,20	53	CB	24,68	0,68	23,70	26,70	33
OCCNA	25,43	0,70	24,00	26,90	41	OCCNA	25,53	0,64	24,00	26,90	31
SH	9,35	0,26	8,90	10,00	49	SH	9,46	0,29	8,80	10,00	32
SB	11,69	0,35	10,90	12,60	54	SB	11,81	0,31	11,20	12,60	38
ZYG	13,83	0,43	12,80	14,70	55	ZYG	14,09	0,41	13,30	15,00	31
OZR B	5,67	0,20	5,00	6,10	67	OZR B	5,54	0,25	5,00	6,00	49
IO	3,93	0,14	3,50	4,20	64	IO	3,94	0,17	3,50	4,40	48
DIA	7,18	0,32	6,50	8,00	64	DIA	7,30	0,31	6,40	8,00	50
UKDIA	14,91	0,47	13,80	15,70	65	UKDIA	15,01	0,40	14,10	16,10	50
FI	4,93	0,26	4,30	5,70	62	FI	5,02	0,23	4,60	5,50	50
NAS	7,41	0,37	6,70	8,30	55	NAS	7,44	0,33	6,70	8,00	49
G	31,3	4,60	21,6	39,3	58	G	31,8	4,38	21,7	44,7	51
LE	2,00	0,38	1,13	2,92	58	LE	2,03	0,38	1,30	2,98	50
NI	0,42	0,06	0,30	0,59	58	NI	0,42	0,06	0,32	0,59	51
MI	0,07	0,04	0,02	0,25	58	MI	0,08	0,05	0,02	0,35	48
HE	0,23	0,05	0,15	0,37	58	HE	0,22	0,04	0,14	0,33	50
LU	0,40	0,12	0,21	0,83	58	LU	0,38	0,08	0,22	0,56	50
MA	1,77	0,88	0,68	5,38	58	MA	1,94	1,33	0,60	7,31	51
BLI	2,40	0,70	1,08	3,95	58	BLI	2,17	0,67	1,10	3,74	50
DA	3,58	0,82	2,29	6,61	58	DA	3,61	0,81	2,22	6,37	51

Tab. 28: *C. glareolus:* statistische Kennzahlen der Körper- und Schädelmaße (in mm bzw. g) Altersklasse AK 4

Tab. 28: *C. glareolus:* Statistical Values of body and skull (in mm resp. g) of age group AK 4

Tab. 29: *C. glareolus:* statistische Kennzahlen der Körper- und Schädelmaße (in mm bzw. g) der Altersklasse AK 5

Tab. 29: *C. glareolus:* Statistical Values of body and skull (in mm resp. g) of age group AK 5

6.5 Schermaus – *Arvicola terrestris* LINNAEUS, 1758

Das Vorkommen der Schermaus erstreckt sich von Europa bis zum Baikalsee, womit sie die Wühlmaus mit dem ausgedehntesten Verbreitungsgebiet ist. Die Art ist ökologisch sehr anpassungsfähig und kann die unterschiedlichsten Biotope besiedeln. Neben langsam fließenden oder stehenden Gewässern mit dicht bewachsenen Uferzonen leben sie in Mooren, auf Wiesen, Äckern, in Gärten, Obstplantagen und Wäldern. Die zentralen Bergländer Europas, wie die Alpen, werden von terrestrisch lebenden Wiesenformen bewohnt, nördlich davon, bis an den Rand der Mittelgebirge, leben ökologisch variablere Übergangspopulationen. Der überwiegende Teil des Areals ist von mehr oder weniger ausgeprägt aquatischen „Wasserratten" besiedelt. (SPITZENBERGER 2001)

In Österreich kommt die Schermaus in allen Naturräumen vor, steigt aber im Gebirge nicht sehr hoch auf. Sie wurde in Österreich nur bis in 1470 m Seehöhe (Nockberge) gefunden, in Frankreich allerdings bis in 2400 m.

Auf den Wiesen des Gasteiner Tales waren die typischen Wühlspuren und Erdhaufen der Schermaus häufig zu beobachten, gefangen wurde jedoch nur ein einziges Tier. Es handelte sich um ein Weibchen, das sich in Dauerprobefläche „A" am 19. September in einer Klappfalle fand. Der Fangort lag in der Nähe des Waldrandes und die Schermaus dürfte von der nahen Weidefläche eingewandert sein.

Für den Fang von Schermäusen werden üblicherweise Fallentypen eingesetzt, die direkt in das Gangsystem einzubringen sind, wie etwa die Bayerische Drahtfalle oder Röhrenfallen.

Das Gasteiner Individuum wies folgende Körpermaße auf:

    KR...110 mm
    S .....54 mm
    HF....22 mm
    O......14 mm
    G......34,2 g

6.6 Schneemaus – *Microtus (Chionomys) nivalis* MARTINS, 1842

Für die Schneemaus findet man in der Literatur auch die Gattungs-Bezeichnung *Chionomys* (CLAUDE 1995, SPITZENBERGER 2001). In gegenständlicher Arbeit wird der Terminus *Microtus* gemäß NIETHAMMER & KRAPP (1982) verwendet.

6.6.1 Vorkommen und Verbreitung

Der Verbreitungsschwerpunkt dieser petrophilen europäischen Spezies liegt in den Faltengebirgen des alpinen Systems mit einer Bindung an spaltenreiche Felshabitate (SPITZENBERGER 2001). Die Gasteiner Fangorte Blockfeld, verblockte Zwergstrauchheide, sowie der ebenfalls mit größeren Steinen durchsetzte alpine Rasen entsprachen den Habitatansprüchen aus der Literatur. Laut LELOUARN & JANEAU (1975) werden Wälder nur dort besiedelt, wo sie auf Felssturzmaterial stehen, wie im Fall der Dauerprobefläche „B" an der Obergrenze des subalpinen Fichtenwaldes. Auch die von JERABEK (1998) bzw. WINDING et al. (1990) untersuchten Latschenwälder im Glocknergebiet boten durch ihre hohen Anteile an überwachsenem, blockigem Untergrund ideale Lebensbedingungen für diese Art Generell spielen Vegetationsparameter für Schneemäuse eine untergeordnete Rolle, ein zu hoher Deckungsgrad kann sogar eine Abnahme der Individuendichte zur Folge haben (JACOBS 1989).

Die Höhenverbreitung reicht in den österreichischen Alpen von mittelmontan (850 m, Maltatal), bis alpin (2933 m, Großglocknergebiet), gesamteuropäisch von 30 m (slowenischer Karst) bis 4700 m (Mont Blanc), wobei ein gewisser Grad an alpiner Kulturfolge festzustellen ist (REITER & WINDING 1997).

Während des gesamten Untersuchungszeitraumes wurden 97 Schneemäuse gefangenen, 51 in ausschließlich über der Waldgrenze (1970 – 2390 m) gelegenen Kurzzeitprobeflächen. Am abundantesten war die Art im Habitattyp Blockfeld mit 2,53 Ind./100 FE, in der verblockten Zwergstrauchheide mit 1,05 Ind./100 FE und auf dem alpinen Rasen mit 0,5 Ind./100 FE. In der Zwergstrauchheide und auf planierten Skipisten war die Art seltener vertreten mit nur 0,09 bzw. 0,12 Ind./100 FE). In Dauerprobefläche „B" in 1700 m fanden sich 45 Individuen (rel. Ab. 0,25 Ind./100 FE), in Dauerprobefläche „A" in 900 m nur ein einziges.

In der Dauerprobefläche „B" lag das Dichtemaximum im September, war doppelt so hoch als im August und beinahe dreifach höher als im Oktober. Dieser starke Rückgang im Herbst war in Waldbiotopen auch von JERABEK (1998) und JACOBS (1989) festgestellt werden (siehe bei Abb. 32)

6.6.2 Nahrung

Die Art lebt rein vegetarisch von grünen wie auch unterirdischen Pflanzenteilen, die zum Verzehr in Gänge und Felsspalten eingetragen werden.

6.6.3 Altersstruktur

Da die Molaren der Schneemaus keine ständig wachsende Wurzel ausbilden, erfolgte die Unterscheidung der Juvenilen und Adulten aufgrund des Körpergewichtes, wobei Tiere unter 34 g als juvenil, jene über 34 g als adult galten (vergl. LELOUARN & JANEAU 1975, REITER 1997, WIEDEMEIER 1981).

Von den 97 Schneemäusen in Gastein waren 57,7 % adult, 42,3 % juvenil. In den Kurzzeitprobeflächen war das Verhältnis mit 62,7 % noch stärker zu den Adulten verschoben, in der Dauerprobefläche „B" gab es 53,3 % Adulte, was den Ergebnissen von JERABEK (1998) in etwa entspricht. Im Gegensatz dazu stellten REITER & WINDING (1997) eine hohe Juvenilen-rate von 58 % fest.

Betrachtet man die Alterszusammensetzung sämtlicher Tiere im Jahreslauf, so zeigt sich von Juni bis September ein Anstieg des Anteils der Juvenilen, es findet ein stetiger Generationswechsel statt (Abb. 32). Zu ähnlichen Ergebnissen gelangten auch JERABEK (1998), REITER (1997) und LELOUARN & JANEAU (1975).

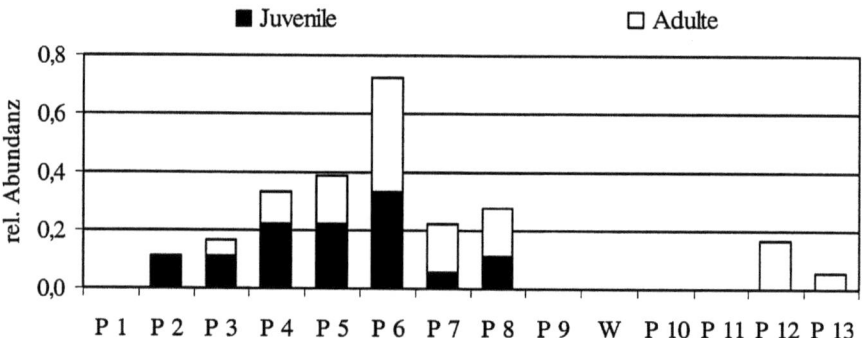

Abb. 32: *M. nivalis:* Relative Abundanzen in den Fangperioden P1 – P 13 der Dauerprobefläche „B" – Aufteilung nach Altersklassen

Fig. 32: *M. nivalis:* Relative densities of the trapping periods P1 – P 13 of the permanent study plots – distribution of the age groups

Trennt man jedoch die Kurzzeitprobeflächen von den Dauerprobeflächen, so zeigen letztere einen gegenläufigen Trend, d. h. ungewöhnlich hohe Anteile an Juvenilen im Juli und August. Dieser gegenläufige Populationsverlauf im Wald und in der Alpinstufe dürfte auf unterschiedliche Regulationsmechanismen, wie Nahrungsangebot und Dauer der Schneedecke zurückzuführen sein (vergl. Abb. 33 und 34).

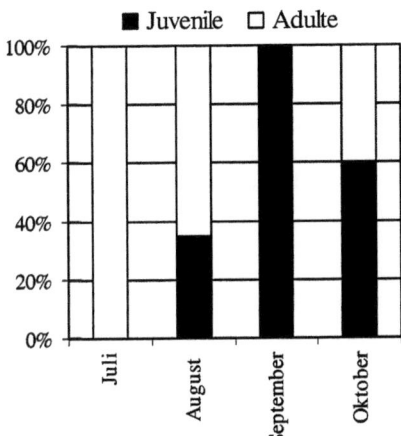

Abb. 33: *M. nivalis:* Monatsverteilung der Altersklassen in den Kurzzeitprobeflächen

Fig. 33: *M. nivalis:* monthly ratio of the age groups in the short time study plots

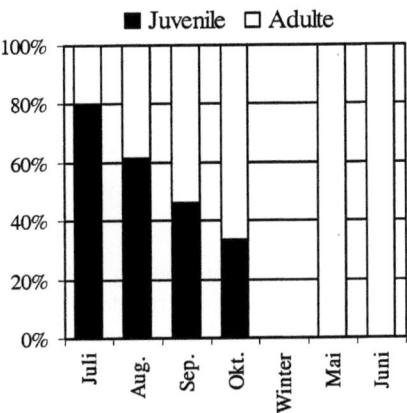

Abb. 34: *M. nivalis:* Monats-Verteilung der Altersklassen in Dauerprobefläche "B"

Fig. 34: *M. nivalis:* monthly ratio of the age groups in permanent study plot "B"

6.6.4 Geschlechterverhältnis

Die Schneemauspopulation von Gastein bestand zu 53,6 % aus männlichen Tieren. Auch SLOTTA-BACHMAYR et al. (1995) fanden in den Hohen Tauern mehr Männchen, JERABEK (1998) hingegen registrierte einen Weibchenüberschuß, LE-LOUARN & JANEAU (1975) bzw. REITER & WINDING (1997) fanden ein ausgeglichenes Geschlechterverhältnis vor. Im Jahreslauf schwankte das Gasteiner Geschlechterverhältnis, hierbei ist allerdings der geringe Stichprobenumfang bei der Verteilung auf die 13 Fangperioden zu bedenken (Abb. 35 und 36).

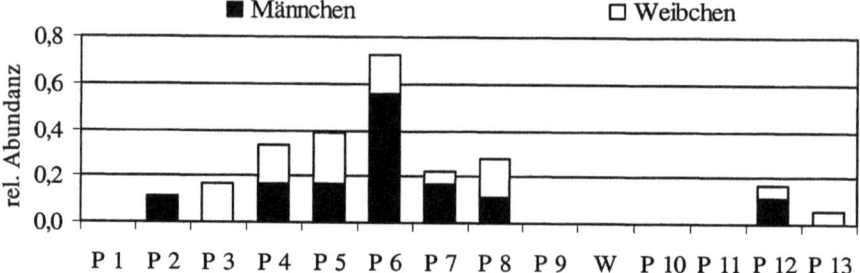

Abb. 35: *M. nivalis:* Relative Abundanzen in den Fangperioden P1 - P13 der Dauerprobefläche "B" - Aufteilung nach Geschlecht

Fig. 35: *M. nivalis:* Relative densities in the trapping periods P1 - P13 of the permanent study plot „B" - distribution of the sexes

Bei einer Unterteilung in Altersklassen zeigte sich bei den Adulten ein Verhältnis 1 : 1, während bei den Juvenilen die Männchen mit 58,5 % noch stärker überwogen als in der Gesamtbilanz (siehe Abb. 37 :KPF = Kurzzeitprobeflächen, DPF = Dauerprobeflächen).

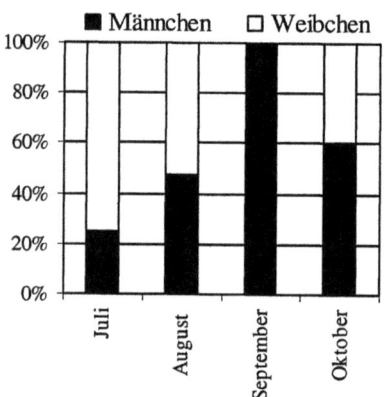

Abb. 36: *M. nivalis :* Monats-Verteilung der Geschlechter der Kurzzeitprobefl.

Fig. 36: *M. nivalis:* monthly sex-ratio in the short time study plots

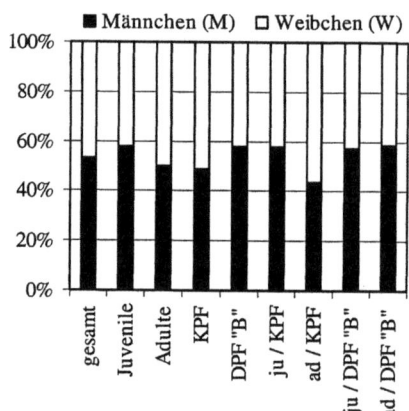

Abb. 37: *M. nivalis:* Geschlechterverhältnis für Altersklassen und Probefl.

Fig. 37: *M. nivalis:* Sex-ratio for age groups

Betrachtet man Kurzzeitprobeflächen und Dauerprobeflächen getrennt, dann zeigt sich in ersteren ein Überwiegen der adulten Weibchen. Zu einem ähnlichen Ergebnis gelangte auch REITER (1997) in den Hohen Tauern. Im Gegensatz dazu fanden KRATOCHVIL (1981) und LE LOUARN & JANEAU (1975) ein Überwiegen adulter Männchen gegenüber adulten Weibchen. Es wird ein Einfluß des Fallentyps auf die Fängigkeit der Altersklassen vermutet, ebenso könnten Verhaltensänderungen im Rahmen der Fortpflanzung die Fangwahrscheinlichkeit beeinflussen, oder Unterschiede in der Populationsdynamik der unterschiedlichen Habitattypen. In Gastein fand sich in den Kurzzeitprobeflächen, wo ausschließlich Klappfallen verwendet wurden, der besagte Überschuß an adulten Weibchen, in den Dauerprobeflächen hingegen, wo beide Fallentypen im Einsatz waren, überwogen in jeder Altersklasse die Männchen. Leider war der Stichprobenumfang der Tiere in den Barberfallen mit 8 zu gering für schlüssige Aussagen (Abb.37)

6.6.5 Reproduktion

Von den 45 gefangenen Schneemausweibchen waren 16 trächtige Adulte, 2 davon zeigten auch Anzeichen von Laktation. Deutlich ausgebildete Zitzen fanden sich auch bei drei weiteren Weibchen, eines davon war juvenil (vergl. KAHMANN & HALBGEWACHS 1962) (Tab. 30).

Die Embryonenzahl der Gasteiner Schneemäuse lag zwischen 2 und 6, mit einem Mittel von 3,6. In der Literatur werden 1 – 5 Embryonen angegeben (CLAUDE 1995, KAHMANN & HALBGEWACHS 1962, KRATOCHVIL 1981, LE LOUARN & JANEAU 1975, SAINT-GIRONS 1973, alle zit. in NIETHAMMER & KRAPP 1982) nennt bis zu 6 Embryonen für die Pyrenäen (Tab. 30).

Im Untersuchungsgebiet wurde das erste trächtige Weibchen Ende Mai gefangen, das letzte Mitte September. Der Beginn der Fortpflanzungsperiode war nicht genau festzustellen, da in keinem der Schneemaushabitate vor Ende Mai Fallen gestellt wurden.

Bei den adulten Männchen zeigte sich eine ähnliche Zeitspanne sexueller Aktivität, die letzten adulten Männchen mit Hoden über 10 mm traten Mitte September auf, ab Ende August waren vermehrt adulte Männchen mit Hodenlängen von nur 2,4 – 3,7 mm zu verzeichnen. Von den juvenilen Männchen ließ keines sexuelle Reife erkennen (vergl. KAHMANN & HALBGEWACHS 1962).

Ind. Nr.	Jahr	Datum	Höhe (msm)	PF	HT	Alter	Embryonen	Zeichen sexueller Aktivität	laktierend
81	86	29. Mai	1700	B	10	ad	3		
187	86	20. Juni	1700	B	10	ad	4		
3	87	23. Juli	2200	51	1	ad	5		
184	85	24. Juli	1700	B	10	ju			x
195	85	25. Juli	1700	B	10	ad	5		
199	85	25. Juli	1700	B	10	ju		x	
40	82	07. Aug.	1990	4	2	ad	4		
5	84	08. Aug.	2230	29	4	ad	4		
271	85	11. Aug.	1700	B	10	ju		x	
282	85	13. Aug.	1700	B	10	ju		x	
18	87	22. Aug.	2200	51	1	ad	2		x
17	87	23. Aug.	2200	51	1	ad	3		
19	87	24. Aug.	2200	52	7	ad	3		
22	87	25. Aug.	2200	51	1	ad	3		
37	87	23. Aug.	2200	52	7	ad	2		
34	87	24. Aug.	2200	51	1	ad	6		
42	87	24. Aug.	2040	53	2	ad	3		x
47	87	25. Aug.	2040	54	7	ad			x
336	85	27. Aug.	1700	B	10	ju		x	
377	85	29. Aug.	1700	B	10	ad		x	
393	85	30. Aug.	1700	B	10	ad	2		
12	84	31. Aug.	2390	18	1	ad		x	
454	85	13. Sep.	1700	B	10	ad			x
473	85	14. Sep.	1700	B	10	ad	6		
500	85	15. Sep.	1700	B	10	ad	2		
44	84	13. Okt.	2050	11	3	ad		x	

Tab. 30: *M. nivalis:* Sexuell aktive Schneemausweibchen im Jahreslauf (PF = Probefläche, HT = Habitattyp)

Tab. 30: *M. nivalis:* Sexually active females of the snow vole in the course of the year (PF = study plot, HT = habitat type)

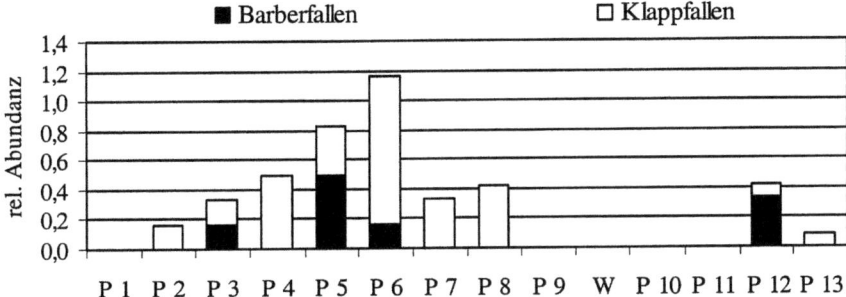

Abb. 38: *M. nivalis:* Relative Abundanzen in den Fangperioden P1 - P13 (1985/86) der Dauerprobefläche „B"- Aufteilung nach Fallentypen

Fig. 38 : *M. nivalis:* Relative densities in the trapping periods P1 - P13 (1985/86) of the permanent study plot "B" - distribution in the trap types

6.6.6 Methodischer Vergleich der Fallentypen:

Von den 45 Schneemäusen in Dauerprobefläche „B" wurden 82,2 % in Klappfallen gefangen, in Barberfallen waren nur 8 Tiere zu finden: 3 adulte und 2 juvenile Männchen und 3 juvenile Weibchen. Abb. 38 zeigt die Verteilung der Fänge auf die 2 Fallentypen im Verlauf der 13 Fangperioden

6.6.7 Morphologie

Die Maße juveniler Tiere variieren sehr stark, für Vergleiche werden nur Adulte verwendet. Deren Standardmaße entsprechen dem Rahmen anderer Arbeiten aus den Hohen Tauern (JERABEK 1998, SPITZENBERGER 2001). Einige Werte wie S, O, CB, OZR, DIA, NAS und das Gewicht sind etwas geringer als die bei SPITZENBERGER (2001) angeführten. Zwischen Juvenilen und Adulten erfährt nur die Interorbitalbreite keine Vergrößerung, die stärkste Zunahme von Schädel-Mittelwerten ist mit 18 % bei DIA und FI zu verzeichnen. Das Körpergewicht vergrößert sich durchschnittlich um 62 %, von den Organen zeigen die Milz mit 120 %, Magen mit 79 % und Leber mit 69 % die größten Zuwächse, Herz, Lunge und Blinddarm und Nieren wiegen bei Adulten um 45 bzw. 46 % mehr.

Alle erhobenen Biometrie-Daten sind in Tab. 31 – 33 zusammengefaßt.

gesamt	Mittel	SD	Min	Max	n
KR	110,8	11,78	75	135	97
S	59,4	7,32	38	74	97
HF	19,5	0,86	17	22	96
O	15,3	1,44	12	19	93
CB	26,91	1,88	22,00	29,50	45
OCCNA	27,42	1,59	23,60	31,00	38
SH	10,38	0,45	9,00	11,30	53
SB	13,00	0,68	11,40	14,30	56
ZYG	15,90	1,15	11,70	17,9	66
OZR B	6,40	0,38	5,40	7,20	89
IO	4,20	0,15	3,90	4,60	77
DIA	8,08	0,86	4,60	9,60	83
UKDIA	17,20	1,12	13,60	19,10	85
FI	5,13	0,58	3,60	6,60	81
NAS	7,39	0,64	5,80	8,80	74
G	35,2	10,09	13,9	65,4	96
LE	2,43	0,82	0,90	5,39	94
NI	0,52	0,14	0,20	0,95	95
MI	0,10	0,12	0,01	0,80	76
HE	0,23	0,07	0,09	0,43	95
LU	0,46	0,15	0,18	0,90	95
MA	1,98	1,23	0,50	9,54	94
BLI	2,80	0,95	0,89	5,55	95
DA	4,34	1,14	2,00	7,43	85

Tab. 31: *M. nivalis:* statistische Kennzahlen der Körper- und Schädelmaße (in mm bzw. g) aller Fänge

Tab. 31: *M. nivalis:* statistical values of body and skull (in mm resp. g) of all catches

Juvenile	Mittel	SD	Min	Max	n
KR	100,8	10,38	75	129	41
S	53,7	6,32	38	65	41
HF	19,3	0,90	17	22	40
O	14,5	1,62	12	19	37
CB	25,32	1,70	22,00	29,10	19
OCCNA	26,25	1,35	23,60	29,20	17
SH	9,96	0,49	9,00	10,70	16
SB	12,33	0,53	11,40	13,00	20
ZYG	14,76	1,02	11,70	16,70	25
OZR B	6,13	0,37	5,40	7,20	38
IO	4,20	0,14	3,95	4,50	33
DIA	7,35	0,75	4,60	8,40	36
UKDIA	16,24	0,97	13,60	18,30	35
FI	4,65	0,45	3,60	5,50	35
NAS	6,94	0,53	5,80	8,00	32
G	26,0	6,16	13,9	33,7	41
LE	1,74	0,50	0,90	2,60	40
NI	0,41	0,10	0,20	0,70	41
MI	0,06	0,03	0,01	0,10	31
HE	0,18	0,05	0,09	0,30	41
LU	0,36	0,11	0,18	0,60	41
MA	1,36	0,53	0,50	3,23	40
BLI	2,14	0,80	0,89	4,10	41
DA	3,41	0,72	2,00	4,59	34

Adulte	Mittel	SD	Min	Max	n
KR	118,1	5,87	104	135	56
S	63,6	4,77	55	74	56
HF	19,7	0,81	18	21	56
O	15,9	1,00	14	18	56
CB	28,08	0,88	26,00	29,5	26
OCCNA	28,36	1,07	26,60	31,00	21
SH	10,56	0,28	9,90	11,30	37
SB	13,37	0,41	12,50	14,30	36
ZYG	16,59	0,47	15,70	17,90	41
OZR B	6,60	0,23	6,00	7,00	51
IO	4,20	0,15	3,90	4,60	44
DIA	8,64	0,39	7,70	9,60	47
UKDIA	17,87	0,60	16,40	19,10	50
FI	5,49	0,37	4,70	6,60	46
NAS	7,73	0,50	6,70	8,80	42
G	42,1	6,16	34,3	65,4	55
LE	2,94	0,59	2,20	5,39	54
NI	0,60	0,10	0,45	0,95	54
MI	0,12	0,14	0,01	0,80	45
HE	0,26	0,06	0,17	0,43	54
LU	0,53	0,13	0,25	0,90	54
MA	2,44	1,40	0,84	9,54	54
BLI	3,30	0,73	2,00	5,55	54
DA	4,96	0,93	2,40	7,43	51

Tab. 32: *M. nivalis:* statistische Kennzahlen der Körper- und Schädelmaße (in mm bzw. g) Juvenilen
Tab. 32: *M. nivalis:* Statistical values of body and skull (in mm resp.g) of juveniles

Tab. 33: *M. nivalis:* statistische Kennzahlen der Körper- und Schädelmaße (in mm bzw. g) der Adulten
Tab. 33: *M. nivalis:* Statistical values of body and skull (in mm resp. g) of adults

6.7 Feldmaus – *Microtus arvalis* PALLAS, 1779

6.7.1 Vorkommen und Verbreitung

M. arvalis ist ein europäisches Faunenelement mit einer Höhenverbreitung bis 3000 m in den französischen Alpen (LE LOUARN & SAINT GIRONS 1977, zit. in NIETHAMMER & KRAPP 1982). In Österreich sind Feldmäuse bis in 2680 m in den Hohen Tauern nachgewiesen (REITER & WINDING 1997). In Gastein lag der höchste Fangplatz in 2230 m am Stubnerkogel.

Feldmäuse weisen eine hohe Toleranz gegenüber unterschiedlichen meteorologischen Bedingungen in den verschiedenen Höhenstufen auf, die Verbreitung reicht von der planar/kollinen Stufe bis an die Obergrenze der geschlossenen Vegetation in der alpinen Höhenstufe, oberhalb der Baumgrenze ist sie als charakteristische Art der alpinen Grasheide anzusehen (STÜBER & WINDING 1982). Die Feldmaus bevorzugt primär offenes, wenig feuchtes Grasland mit nicht zu hoher Vegetation, sekundär entsprechendes Kulturland. Durch extensive Beweidung und Mahd kurz gehaltene Vegetation wird bereitwilliger genutzt als von der Erdmaus, die eine mehr Deckung bietende Krautschicht sucht (SPITZENBERGER 2001).

In vorliegender Untersuchung erreichte die Feldmaus ihre höchste Dichte mit 0,8 Ind./100 FE am dem von Almweide umgebenen Tümpel, am zweithäufigsten konnte sie im Habitattyp Zwergstrauchheide festgestellt werden (n = 12, rel. Abundanz: 0,27 Ind./100 FE), mit 0,21 Ind./100 FE war die Art im Blockfeld vertreten, mit 0,12 Ind./100 FE in den Grünerlen und mit je 0,1 Ind./100 FE auf alpinem Rasen und Skipiste. Nur ein einziges Tier fing sich in einem Waldhabitat, dem subalpinen Fichtenwald Naßfeld (siehe auch Kapitel 5 Synökologie). In den Dauerprobeflächen ging keine einzige Feldmaus in die Falle. Insgesamt wurden während des gesamten Untersuchungszeitraumes nur 23 Feldmäuse gefangen.

6.7.2 Nahrung

Feldmäuse ernähren sich vorwiegend von den grünen Teilen der Gräser und krautigen Pflanzen, wobei Gräser vor allem im Winter und Frühjahr verzehrt werden, im Sommer jedoch Samen vorherrschen.

6.7.3 Altersklassen

Bei der Unterteilung in Altersklassen übernahm ich die Klassifizierung von SCHÖN (1995, zit. in REITER 1997) nach Körpergewichtskategorien in Juvenile: G < 12 g, Subadulte: G = 12 – 20 g und Adulte: G > 20 g. Hier ist anzumerken, daß das Gewicht der Feldmäuse sehr stark variieren kann, und daß das „Gewichtsalter" oft wenig über das tatsächlich Alter aussagt (FRANK & ZIMMERMANN 1957).

Juvenile Tiere waren mit 3 Exemplaren am seltensten, Subadulte wurden 9-mal gefangen, die erwachsenen Tiere waren mit 11 Individuen die häufigste Altersgruppe. REITER (1997) fing in den Hohen Tauern im August und September am häufigsten Subadulte.

6.7.4 Geschlechterverhältnis

Bei den Gasteiner Feldmauspopulationen waren die Männchen geringfügig in der Überzahl, ähnliche Verhältnisse stellten auch REITER (1979) und LINDNER (1994) in den Hohen Tauern fest.

In den verschiedenen Probeflächen konnten meist nur je 2 Tiere unterschiedlicher Geschlechterzusammensetzung gefangen werden, nur in Kurzzeitprobefläche PF 1, wo innerhalb von 3 Wochen 9 Tiere in die Falle gingen, fiel ein starker Männchenüberschuß von 66,7 % auf.

Im Tiefland wiesen SOMSOOK & STEINER (1991) den selektiven Einfluß des Fallentyps nach, sie fingen in Klappfallen mehr Weibchen, in Barberfallen hingegen mehr Männchen. Die gegenteiligen Ergebnisse bezüglich Klappfallen in meinen Untersuchungen und in jener von REITER (1997) könnten möglicherweise an Unterschieden in der Populationsstruktur zwischen Ebene und Gebirge liegen.

Über die Präferenz bezüglich des Fallentyps ist für Gastein keine Aussage möglich, da in den Dauerprobeflächen, wo Barber- und Klappfallen zum Einsatz kamen, keine einzige Feldmaus gefangen wurde.

6.7.5 Reproduktion

Unter den heimischen Kleinsäugern weist *M. arvalis* die höchste Vermehrungsrate auf. Es wurden bis zu 13 Embryonen gezählt, im Mittel 5,5 (NIETHAMMER & KRAPP 1982).

Weibchen können bereits mit 11 – 13 Tagen fortpflanzungsfähig sein, es wurden bei nur 10 g schweren juvenilen Tieren schon Embryonen gefunden (FRANK 1956). In Gastein waren von 11 Weibchen 5 trächtig (4 adult, 1 subadult), die Embryonenzahl war mit 3 – 6 und einem Mittelwert von 4 vergleichsweise gering, was in Zusammenhang mit der geringen Produktivität im Hochgebirge stehen könnte (vergl. LINDNER 1994, HOFFMAN 1974 zit. in REITER 1997). REITER (1997) kam in den Hohen Tauern mit einem Embryonenmittel von 3,7 zu ähnlichen Ergebnissen.

Ein Tier wurde laktierend, eines mit erweitertem Uterus angetroffen, beide noch subadult. In Tabelle 34 sind alle geschlechtsaktiven Weibchen aufgelistet.

Ind. Nr.	Jahr	Datum	Höhe (msm)	PF	HT	Alter	Embryonen	Zeichen sexueller Aktivität	laktierend
5	83	20. Juli	1700	33	10	ad	6		
20	87	22.Aug.	2200	52	7	ad	4		
51	87	25.Aug.	2040	54	7	sa			x
36	81	28. Aug.	1980	1	3	ad	3		
50	81	01. Sep.	1940	6	5	sa		x	
56	81	03. Sep.	1940	6	5	ad	3		
73	83	11. Sep.	2230	29	4	sa	4		

Tab. 34: Sexuell aktive Weibchen im Jahreslauf (PF = Probefläche, HT = Habitattyp)

Tab. 34: Sexually active females in the course of the year (PF = study plot, HT = habitat type)

Männchen werden später geschlechtsreif als Weibchen, ab einer Testeslänge von 8 mm gelten sie als matur (PELIKAN 1959, zit. in DUB 1973). Von den 7 adulten Männchen lagen 5 über diesem Grenzwert, juvenile und subadulte Tiere lagen stets darunter.

Bei hoher Dichte oder anderen widrigen Umständen stagniert die Entwicklung der im Sommer geborenen Generation, die erst im folgenden Frühling sexuelle Reife erlangt.

Klima- und dichtebedingt kann die Fortpflanzungsperiode in der gleichen Gegend interannuell schwanken (REICHSTEIN 1960). Für Gastein läßt sich über die Dauer der Reproduktionsperiode keine Aussage treffen, da die Fangaktionen in den von Feldmäusen bevorzugten Habitaten nur zwischen Mitte Juli und Mitte September stattfanden, auch ein Generationswechsel ist bei einem derart geringen und auf mehrere Jahre verstreuten Stichprobenumfang nicht zu verfolgen.

6.7.6 Morphologie

Bei Feldmäusen findet Körperwachstum bis zum Alter von einem Jahr statt. FRANK & ZIMMERMANN (1957) stellten bei Laborzuchten eine hohe Korrelation zwischen Alter und Schädellänge fest, meinten jedoch, daß dies bei Freilandtieren wegen der Inkonstanz der wachstumsbeeinflussenden Außenfaktoren nicht zu erwarten sei.

Beim Gasteiner Material entsprach der Anstieg der Werte für CB, OCCNA, ZYG, UKDIA fast überschneidungslos sehr gut der Gewichtsklasseneinteilung. SB, DIA, und FI zeigten geringfügige Überschneidungen. Am stärksten streuen die Werte für OZR und IO in andere Altersgruppen ein.

Zwischen den Altersstadien juvenil und adult erfuhren die Mittelwerte von Körpergewicht und Organen die stärkste Zunahme: das Gewicht stieg um 142 %, die Niere um 147 %, die Lunge um 127%, das Herz um 116 % und die Leber um 190 %.

Von den Körpermaßen vergrößerte sich im Lebensverlauf die Kopf-Rumpf-Länge mit 31 % am meisten, die Hinterfußlänge mit 5 % am wenigsten.

Bei den Schädelmaßen zeigten FI, NAS und DIA mit 35 %, 31 % und 26 % den größten Anstieg, am wenigsten veränderten sich die IO mit nur 1,2 % und die OZR mit 10 % im Verlauf des Feldmauslebens (vom fangbaren Alter an).

Die Körper- und Schädelmaße der Gasteiner Feldmauspopulation lagen mit wenigen Ausnahmen wie ZYG, FI und IO meist leicht unter den Angaben von SPITZENBERGER (2001).

In den Tabellen 35 – 38 sind alle biometrischen Werte der Juvenilen, Subadulten, Adulten sowie der Gesamtpopulation aufgelistet.

gesamt	Mittel	SD	Min	Max	n
KR	91,5	12,80	71	113	22
S	32,8	4,51	26	43	23
HF	15,8	1,34	14	19	23
O	10,3	0,82	9	12	22
CB	22,77	1,62	19,30	25,20	15
OCCNA	22,62	1,43	20,30	24,60	15
SH	7,93	0,22	7,70	8,30	11
SB	10,79	0,60	9,40	11,50	14
ZYG	13,54	0,99	11,40	15,50	16
OZR B	5,47	0,33	5,00	6,10	23
IO	3,44	0,11	3,30	3,65	20
DIA	6,88	0,70	5,80	8,00	21
UKDIA	14,30	1,10	12,35	16,30	22
FI	4,23	0,51	3,30	5,05	21
NAS	6,11	0,70	4,80	7,30	21
G	20,3	7,47	10,4	39,6	23
LE	1,32	0,61	0,56	3,05	22
NI	0,35	0,12	0,17	0,51	19
MI	0,14	0,15	0,02	0,39	5
HE	0,15	0,05	0,07	0,22	20
LU	0,27	0,11	0,13	0,50	20
MA	0,96	0,35	0,40	1,60	20
BLI	1,67	0,51	0,95	3,05	18
DA	2,15	1,04	1,04	5,38	18

Juvenile	Mittel	SD	Min	Max	n
KR	77,7	5,69	73	84	3
S	28,0	2,00	26	30	3
HF	15,4	0,53	15	16	3
O	9,6	0,29	9	7	3
CB	19,30	-	19,30	19,30	1
OCCNA	20,30	-	20,30	20,30	1
SH	-	-	-	-	0
SB	9,40	-	9,40	9,40	1
ZYG	11,40	-	11,40	11,40	1
OZR B	5,17	0,15	5,00	5,30	3
IO	3,40	0,10	3,30	3,50	3
DIA	5,90	0,10	5,80	6,00	3
UKDIA	12,62	0,24	12,35	12,80	3
FI	3,42	0,16	3,30	3,60	3
NAS	5,13	0,29	4,80	5,30	3
G	11,0	0,69	10,4	11,8	3
LE	0,59	0,04	0,56	0,63	3
NI	0,19	0,02	0,17	0,20	3
MI	-	-	-	-	0
HE	0,08	0,01	0,07	0,09	3
LU	0,15	0,02	0,13	0,17	3
MA	0,74	0,18	0,54	0,90	3
BLI	1,11	0,14	0,95	1,22	3
DA	1,28	0,27	1,04	1,57	3

Tab. 35: *M. arvalis:* statistische Kennzahlen der Körper- und Schädelmaße (in mm bzw. g) aller Fänge

Tab. 35: *M. arvalis:* Statistical values of body and skull (in mm resp. g) of all catches

Tab. 36: *M. arvalis:* statistische Kennzahlen der Körper- und Schädelmaße (in mm bzw. g) der Juvenilen

Tab. 36: *M. arvalis:* Statistical values of body and skull (in mm resp. g) of juveniles

Semi-adulte	Mittel	SD	Min	Max	n
KR	84,4	9,58	71	101	9
S	33,0	5,22	28	43	9
HF	15,4	1,58	14	19	9
O	10,3	0,75	10	12	9
CB	21,29	0,41	20,80	21,70	4
OCCNA	21,10	0,47	20,50	21,60	4
SH	8,00	0,42	7,70	8,30	2
SB	10,27	0,31	10,00	10,60	3
ZYG	12,76	0,15	12,60	13,00	5
OZR B	5,31	0,22	5,00	5,65	9
IO	3,46	0,12	3,30	3,65	6
DIA	6,43	0,34	5,80	6,80	7
UKDIA	13,71	0,41	13,10	14,30	8
FI	4,01	0,25	3,80	4,50	7
NAS	5,74	0,37	5,10	6,20	8
G	15,7	2,23	13,40	18,80	9
LE	1,03	0,16	0,74	1,20	8
NI	0,27	0,05	0,20	0,30	7
MI	0,06	0,04	0,02	0,10	3
HE	0,14	0,05	0,10	0,22	8
LU	0,24	0,09	0,18	0,40	8
MA	0,89	0,39	0,40	1,50	8
BLI	1,51	0,27	1,10	1,87	7
DA	1,76	0,43	1,12	2,28	7

Adulte	Mittel	SD	Min	Max	n
KR	102,0	7,53	92	113	10
S	34,0	3,70	26	40	11
HF	16,1	1,25	14	18	11
O	10,6	0,91	9	12	10
CB	23,71	0,85	22,60	25,20	10
OCCNA	23,47	0,82	22,15	24,60	10
SH	7,91	0,18	7,70	8,30	9
SB	11,08	0,31	10,50	11,50	10
ZYG	14,14	0,62	13,40	15,50	10
OZR B	5,68	0,31	5,15	6,10	11
IO	3,44	0,14	3,30	3,60	11
DIA	7,43	0,39	6,90	8,00	11
UKDIA	15,18	0,66	14,25	16,30	11
FI	4,60	0,29	4,15	5,05	11
NAS	6,70	0,35	6,15	7,30	10
G	26,6	5,41	21,0	39,6	11
LE	1,73	0,60	1,07	3,05	11
NI	0,46	0,05	0,38	0,51	9
MI	0,25	0,21	0,10	0,39	2
HE	0,18	0,04	0,10	0,21	9
LU	0,34	0,11	0,15	0,50	9
MA	1,10	0,32	0,62	1,60	9
BLI	2,03	0,50	1,50	3,05	8
DA	2,81	1,22	1,84	5,38	8

Tab. 37: *M. arvalis:* statistische Kennzahlen der Körper- und Schädelmaße (in mm bzw. g) der Semiadulten
Tab. 37: *M. arvalis:* Statistical values of body and skull (in mm resp. g) of semiadults

Tab. 38: *M. arvalis:* statistische Kennzahlen der Körper- und Schädelmaße (in mm bzw. g) der Adulten
Tab. 38: *M. arvalis:* Statistical values of body and skull (in mm resp. g) of adults

6.8 Erdmaus – *Microtus agrestis* LINNAEUS, 1761

6.8.1 Vorkommen und Verbreitung

In Österreich galt die Erdmaus lange als selten (WETTSTEIN 1927), sie erwies sich jedoch bei Kenntnis ihrer ökologischen Ansprüche als sehr verbreitet, allerdings sind die Vorkommen oft sehr lokal und auf Kleinststandorte beschränkt (SPITZENBERGER 2001). Diese Wühlmausart besitzt ihren Verbreitungsschwerpunkt eher in den sub- bis mittelmontanen Lagen, stellenweise steigt sie in die subalpine Stufe auf, wird jedoch über der Baumgrenze nur sehr selten nachgewiesen. Der höchste bekannte Fundort lag in 2600 m an der Tauern-Nordseite (WINDING et al. 1990). Dabei dürfte es sich ebenso um ein wanderndes Tier gehandelt haben, wie bei jenem Individuum, das von mir im Habitattyp Blockfeld auf 2200 m (Schloßalm) gefangen wurde.

In Gastein zeigte die Erdmaus die höchste Dichte im Habitattyp Naturpiste, sowohl auf einer farnbewachsenen Waldschneise am Graukogel mit einer relativen Abundanz von 2,3 Ind./100 FE als auch auf einer von Reitgras dominierten Liftschneise im Schloßalmgebiet mit 0,8 Ind./100 FE. Mit 2 Exemplaren war die Erdmaus die einzige fangbare Kleinsäugerart im Grauerlenbestand an der Gasteiner Ache, 2 Erdmäuse fingen sich im Lärchen-Zirben-Fichtenwald am Graukogel und je eine im Blockfeld und im Garten des Forschungsinstitutes.

Insgesamt wurden im Lauf der vorliegenden Untersuchung 45 Erdmäuse gefangen.

In Dauerprobefläche „A" konnten 18 (rel. Abundanz: 0,08 Ind./100 FE) Individuen verzeichnet werden, im subalpinen Fichtenwald der Dauerprobefläche „B" hingegen nur 4 (rel. Ab. 0,02 Ind./100 FE).

Diese Vorkommen entsprechen dem von SPITZENBERGER (2001) besprochenen erdmaustypischen Habitatschema. Demnach werden dichte, relativ hohe, alte und frische Bodenvegetation mit humidem Mikroklima und meist feuchtem oder nassem Boden bevorzugt, sowie die Nähe zum Wald. Wegen des höheren Wasserrückhaltevermögens mancher Silikatböden sind für die Erdmaus geeignete Standorte in den kristallinen Zentralalpen häufiger als in den Kalkalpen Die Erdmaus gilt als unspezialisierter Opportunist, der in fast jeder terrestrischen Pflanzengesellschaft vorkommen kann, sofern der Deckungsgrad der Kraut- und Streuschicht mindestens 80 – 90 % beträgt (SPITZENBERGER 2001).

6.8.2 Nahrung

Vorwiegend werden Gräser gefressen, wobei leicht verdaulichen wie *Festuca sp.* der Vorzug vor den schwer verdaulichen wie *Dactylis sp.* gegeben wird. Des weiteren gehören Binsen, Moose und im Winter häufig Rinde zum Nahrungsspektrum der Erdmaus.

6.8.3 Altersklassen

Da auch die Erdmaus zu den zahnwurzellosen Microtinen gehört, gestaltet sich eine genaue Altersbestimmung wie bei den anderen Spezies der Gattung sehr schwierig. Die Adulten unterscheiden sich jedoch von den Juvenilen durch die Ausbildung von Parietalkanten am Schädel, die zu einer Interorbitalcrista zusammenlaufen.

Die in Gastein gefangenen Tiere wurden demnach zu 46,7% als adult eingestuft. In der Gesamtbilanz war bei den Juvenilen das Geschlechterverhältnis 2 : 1 zugunsten der Männchen, bei den Adulten überwogen mit 57,1 % die Weibchen.

6.8.4 Geschlechterverhältnis

Für die Gesamtpopulation ließ sich mit 55,6 % ein Männchenüberschuß feststellen, der in den Dauerprobeflächen mit 69,6 % noch stärker ausgeprägt war. In den Kurzzeitprobeflächen zeigte sich je nach Probefläche jeweils ein unterschiedliches Bild. Sogar in 2 Probeflächen des gleichen Habitattyps Naturpiste dominierten einmal die Männchen, einmal die Weibchen: in PF 9 fingen sich ausschließlich 4 Weibchen, in PF 22 hingegen 6 Männchen und 4 Weibchen.

6.8.5 Reproduktion

Erdmausweibchen werden früher geschlechtsreif als Männchen und werfen günstigstenfalls im Alter von 40 Tagen zum ersten Mal (MYLLYMÄKI 1977), die Tragzeit dauert 20 – 22 Tage.

In Gastein zeigten 3 der 8 juvenilen Weibchen Anzeichen sexueller Aktivität, eines durch geöffneter Vagina, 2 waren mit je 4 Embryonen trächtig. Von den 12 adulten weiblichen Tieren waren 6 trächtig, eines davon zugleich säugend. Zwei weitere Tiere zeigten deutlich ausgebildete Zitzen, bei 2 waren je 5 Uterusnarben festzustellen (siehe Tab. 39).

Ind. Nr.	Jahr	Datum	Höhe (msm)	PF	HT	Alter	Embryonen	Zeichen sexueller Aktivität	laktierend
104	86	31. Mai	900	A	10/11	ad		x	
141	86	16. Juni	900	A	10/11	ad	7		
161	86	18. Juni	900	A	10/11	ad	4		
170	86	19. Juni	900	A	10/11	ad	7		
172	86	19. Juni	900	A	10/11	ju		x	
188	86	20. Juni	900	A	10/11	ad		x	
1	84	06. Aug.	860	42	12	ad	5		
28	87	23. Aug.	2200	51	1	ju	4		
27	83	25. Aug.	1400	22	6	ad	3		x
53	83	29. Aug.	1400	22	6	ad	4		
51	83	29. Aug.	1400	22	6	ad			x
22	82	23. Sep.	1600	9	6	ju	4		
33	82	26. Sep.	940	44	8	ad			x
58	84	20. Okt.	1300	23	6	ad		x	

Tab. 39: *M. agrestis:* Sexuell aktive Weibchen im Jahreslauf (PF = Probefläche, HT = Habitattyp)

Tab. 39: *M. agrestis:* Sexually active females in the course of the year (PF = study plot, HT = habitat type)

Die Embryonenzahl lag in Gastein zwischen 3 und 7, mit einem Mittel von 5, und ist vergleichbar mit jener aus der ehemaligen CSSR (ANDERA 1981).

Die größte weibliche Reproduktionsaktivität in den Dauerprobeflächen fand im Juni statt, bei den Männchen waren die meisten maturen Individuen im Mai und August zu verzeichnen.

Die Dauer der Fortpflanzungsperiode ist in der Literatur mit Februar – November für Frankreich (LELOUARN & SAINT GIRONS 1977) und die ehemalige CSSR (ANDERA 1981) bzw. mit März – Oktober für die ehemalige DDR (KULICKE 1956) und für Finnland (MYLLYMÄKI 1977) angegeben, in Bergregionen ist sie kürzer.

Daß in Gastein erst ab Mai sexuelle Aktivität registriert wurde, dürfte nicht zuletzt auch eine Folge des geringen Fangerfolges bei dieser Art sein.

Laut ANDERA (1981) erreichen Erdmausmännchen die sexuelle Reife ab einer Hodenquerschnittsfläche von 40 mm². Von den 9 adulten Männchen des Gasteiner Materials überschritten 7 diesen Wert, sie konnten bis in die erste Augustdekade gefangen werden. Die übrigen, nicht mehr sexuell aktiven adulten Männchen, traten ab Mitte August in Erscheinung. Von den 16 juvenilen Männchen wiesen 4 gereifte Testes auf.

6.8.6 Methodischer Vergleich der Fallentypen

In den Dauerprobeflächen gingen 15 (= 62,2%) in Barberfallen und 8 in Klappfallen. In PF „B" fanden sich alle 4 juvenilen Männchen in Barberfallen.

In Probefläche „A" in 900 m fingen sich von den 19 Exemplaren 11 (= 57,9 %) in Barberfallen, 8 in Klappfallen. Die Barberfallenfänge setzten sich aus 1 adulten und 6 juvenilen Männchen sowie 3 adulten und 1 juvenilen Weibchen zusammen. Die Klappfallenfänge bestanden aus 3 adulten und 2 juvenilen Männchen bzw. 2 adulten und 1 juvenilen Weibchen.

Zwischen den Fallentypen bestand im Geschlechterverhältnis nur wenig Unterschied zum jenem des gesamten Fanges der Dauerprobefläche „A".

Bezüglich der Altersklassen zeigten die Juvenilen eine Bevorzugung der Barberfallen, die Adulten fanden sich öfter in Klappfallen. In den mit beiden Fallentypen bestückten Dauerprobeflächen ließ sich mit 60,9 % ein höherer Juvenilenanteil feststellen als in den nur mit Klappfallen befangenen Kurzzeitprobeflächen, wo nur 45,5 % Jungtiere zu verzeichnen waren. Mit Hilfe paralleler Verwendung verschiedener Fallentypen kann die Struktur von Kleinsäugerpopulationen vermutlich präziser aufgeschlüsselt werden, in vorliegendem Fall ist jedoch der geringe Stichprobenumfang zu bedenken.

6.8.7 Morphologie

Morphologisch sind die Erdmäuse Österreichs recht einheitlich und im Vergleich zu den großwüchsigen Populationen Skandinaviens, NO-Europas, bzw. den kleinen an der Atlantikküste Frankreichs mittelgroß (SPITZENBERGER 2001). In den Tabellen 40 – 42 sind alle erhobenen Werte angeführt. Verglichen mit den Daten von SPITZENBERGER (2001) liegen die Gasteiner Werte niedriger, was al lerdings in methodischen Unterschieden bei der Altersbestimmung begründet sein könnte.

Zwischen juvenilen und adulten Gasteiner Erdmäusen bestanden in den Mittelwerten der Körpermaße keine so großen Unterschiede wie bei der Feldmaus. Am stärksten vergrößerten sich Leber und Magen um je 74 %, Körpergewicht um 65 % und Blinddarmgewicht um 63 %.

Bei den Körperdaten stieg die KR mit 17 % am meisten an, die HF mit nur 0,6 % am geringsten.

Am Schädel wuchsen FI und NAS mit je 13 % und DIA mit 11 % am stärksten, die SH mit nur 2,9 % sehr wenig an, die IO blieb konstant.

gesamt	Mittel	SD	Min	Max	n
KR	101,8	10,22	80	119	43
S	38,7	4,90	25	48	42
HF	17,7	0,91	15	19	43
O	12,7	1,57	10	18	42
CB	24,08	1,35	21,30	26,20	34
OCCNA	24,54	1,09	22,00	26,60	25
SH	9,05	0,28	8,40	9,60	23
SB	11,13	0,56	10,00	12,40	30
ZYG	13,89	0,76	12,30	15,50	35
OZR B	6,05	0,28	5,50	6,60	44
IO	3,47	0,13	3,20	3,70	40
DIA	7,08	0,50	6,20	8,10	45
UKDIA	15,36	0,75	13,90	16,70	44
FI	4,60	0,39	3,90	5,30	45
NAS	6,83	0,57	5,80	7,90	36
G	28,2	8,23	16,2	47,0	45
LE	1,58	0,54	0,80	2,55	45
NI	0,37	0,11	0,15	0,57	45
MI	0,08	0,04	0,02	0,20	41
HE	0,19	0,05	0,10	0,32	45
LU	0,34	0,12	0,03	0,65	45
MA	1,24	0,88	0,33	4,12	45
BLI	2,37	0,95	0,70	5,62	45
DA	3,22	0,89	1,61	5,84	45

Tab. 40: *M. agrestis:* statistische Kennzahlen der Körper- und Schädelmaße (in mm bzw. g) aller Fänge
Tab. 40: *M. agrestis:* Statistical values of body and skull (in mm resp. g) of all catches

Juvenile	Mittel	SD	Min	Max	n
KR	94,8	7,63	80	109	24
S	36,6	4,56	25	45	24
HF	17,7	0,81	16	19	24
O	12,3	1,39	10	15	23
CB	23,28	1,11	21,30	24,85	20
OCCNA	23,86	0,82	22,00	24,90	14
SH	8,94	0,25	8,40	9,30	13
SB	10,85	0,48	10,00	11,50	17
ZYG	13,41	0,53	12,30	14,20	20
OZR B	5,90	0,28	5,50	6,45	23
IO	3,47	0,13	3,20	3,70	23
DIA	6,73	0,34	6,20	7,30	24
UKDIA	14,84	0,53	13,90	16,00	24
FI	4,33	0,25	3,90	4,80	24
NAS	6,43	0,38	5,80	7,20	18
G	21,6	3,63	16,2	28,8	24
LE	1,18	0,29	0,80	1,73	24
NI	0,29	0,08	0,15	0,50	24
MI	0,07	0,03	0,02	0,15	21
HE	0,17	0,04	0,10	0,25	24
LU	0,29	0,10	0,03	0,42	24
MA	0,92	0,29	0,33	1,40	24
BLI	1,83	0,54	0,70	2,70	24
DA	2,68	0,44	1,61	3,54	24

Adulte	Mittel	SD	Min	Max	n
KR	110,6	4,82	103	119	19
S	41,5	3,89	34	48	18
HF	17,8	1,04	15	19	19
O	13,3	1,62	11	18	19
CB	25,24	0,67	24,10	26,20	14
OCCNA	25,41	0,71	24,40	26,60	11
SH	9,19	0,26	8,90	9,60	10
SB	11,50	0,44	10,90	12,40	13
ZYG	14,53	0,50	13,60	15,50	15
OZR B	6,21	0,17	5,80	6,60	21
IO	3,46	0,13	3,30	3,70	17
DIA	7,48	0,29	6,95	8,10	21
UKDIA	15,97	0,47	14,80	16,70	20
FI	4,91	0,27	4,40	5,30	21
NAS	7,29	0,43	6,30	7,90	18
G	35,7	4,79	28,5	47,0	21
LE	2,05	0,33	1,34	2,55	21
NI	0,46	0,06	0,30	0,57	21
MI	0,09	0,05	0,03	0,20	20
HE	0,22	0,05	0,17	0,32	21
LU	0,40	0,11	0,25	0,65	21
MA	1,60	1,16	0,50	4,12	21
BLI	2,98	0,95	1,10	5,62	21
DA	3,84	0,88	1,91	5,84	21

Tab. 41: *M. agrestis:* statistische Kennzahlen der Körper- und Schädelmaße (in mm bzw. g) der Juvenilen

Tab. 41: *M. agrestis:* Statistical values of body and skull (in mm resp. g) of juveniles

Tab. 42: *M. agrestis:* statistische Kennzahlen der Körper- und Schädelmaße (in mm bzw. g) der Adulten

Tab.42 : *M. agrestis:* Statistical values of body and skull (in mm resp. g) of adults

6.9 Kurzohrmaus – *Microtus (Pitymys) subteraneus* de SELYS LONGCHAMPS, 1836

1.1.1 Vorkommen und Verbreitung

Die Kurzohrmaus ist eine Art der gemäßigten europäischen Westpaläarktis, mit einer Höhenverbreitung vom Meeresniveau bis 2300 m in den Alpen (Gschnitzer Gruppe, WETTSTEIN 1927).

In Gastein war *M. subterraneus* mit 67 Individuen ausschließlich im Bereich der Schloßalm von 1700 m bis 2200 m festzustellen. Für das weit verbreitete Vorkommen der Kurzohrmaus in den Alpen gibt es regelmäßige Nachweise in den Arbeiten verschiedener Autoren, wie bei JERABEK (1998), REITER & WINDING (1997) und WINDING et al. 1990 für die Hohen Tauern, bei HAUSSER 1995 für die Schweiz, sowie bei HUGO (1986) und JACOBS (1989) für den Nationalpark Berchtesgaden. Obwohl die Besiedlungsdichte der Kurzohrmaus allgemein eher gering scheint, war sie dennoch in Gastein nach Rötelmaus und Schneemaus die dritthäufigste Microtinen-Art.

Als ökologisch wenig anspruchsvolle Art bewohnt die Kurzohrmaus eine Vielzahl unterschiedlichster Habitate, von feuchten, offenen Landschaften im gemäßigten Klimabereich bis zu deckungsreichen, gehölzdurchsetzten Grasstandorten (NIETHAMMER & KRAPP 1982). Man findet sie auch in Wäldern, hier jedoch meist gebunden an Windbruchflächen und Kahlschläge bzw. an Bäche. Letztere dürften als Ausbreitungswege durch die Wälder zu den subalpinen Almwiesen genutzt werden (SPITZENBERGER 2001). Mit zunehmender Höhe ändern sich die ökologischen Ansprüche der Art. In Almbereichen, wo eine Deckung durch Zwergsträucher und Hochstauden fehlt, werden die Baue im Schutz von Felsen angelegt.

Die höchste relative Abundanz erreichte die Art in vorliegender Studie mit 0,89 Ind./100 FE in der verblockten Zwergstrauchheide, die niedrigste in den Grünerlen mit 0,37 Ind./100 FE. Im Blockfeld betrug die rel. Abundanz 0,42 Ind./100 FE, im Habitattyp Zwergstrauchheide 0,38 Ind./100 FE, bei anthropogenen Strukturen 0,67 Ind./100 FE.

In Dauerprobefläche „A" fehlte die Art, in Dauerprobefläche „B" war im September mit 0,39 Ind./100FE die höchste Dichte an Kurzohrmäusen zu verzeichnen, 2,7-mal so hoch wie im August bzw. Oktober. Die von den Kurzzeitprobeflächen stammenden Tiere waren ausschließlich August-Fänge, da in den Vorzugshabitaten der Spezies nur in diesem Monat Fallen gestellt wurden.

6.9.2 Nahrung

HOLISOVA (1965) fand bei Nahrungsanalysen im Tatra-Bergwald 53,5 % Samenpflanzenteile, 15,5 % Juncaceae und Poaceae, sowie 10 % Moose.

6.9.3 Altersklassen

Da die Kurzohrmaus keine Molarenwurzeln ausbildet, sind bisher kaum zuverlässige Kriterien für eine Altersschätzung bekannt (NIETHAMMER & KRAPP 1982). In vorliegender Arbeit wurde die Einteilung von KRATOCHVIL (1970 b, zit. in NIETHAMMER & KRAPP 1982) übernommen, wonach alle Tiere mit einer Kopf-Rumpf-Länge über 86 mm und einem Körpergewicht über 13,5 g als körperlich adult gelten. Davon unabhängig kann sexuelle Reife schon von kleineren Tieren erlangt werden. Als weiteres geeignetes Kriterium zur Trennung in Altersklassen wird die Zygomatikbreite angegeben, da die Jochbögen erwachsener Tiere stärker gewölbt sind.

Die Tiere aus dem Gasteiner Tal waren nach dieser Einteilung zu 82,1 % adult. Von den Weibchen waren 85,3 % adult, von den Männchen 78,8 %. Bei den Juvenilen dominierten die Männchen, bei den Adulten die Weibchen.

6.9.4 Geschlechterverhältnis

Von den im gesamten Untersuchungszeitraum gefangenen 67 Tieren waren 33 Männchen und 34 Weibchen. Betrachtet man die Habitattypen getrennt, so findet man dieses annähernd ausgeglichene Geschlechterverhältnis mit schwacher weiblicher Mehrheit nur in den Zwergstrauchheideflächen und im subalpinen Fichtenwald. Dem entsprechend fanden auch REITER & WINDING (1997) in den Hohen Tauern ein Übergewicht an Weibchen. Im Blockfeld hingegen waren alle 4 Fänge Weibchen, im Erlengebüsch und bei der Skihütte waren die Männchen stark in der Mehrheit. Solche Abweichungen sind vermutlich durch den geringen Stichprobenumgang bedingt, da in den besagten Habitattypen weniger Falleneinheiten zum Einsatz kamen. Einen Männchenüberschuß registrierten auch JERABEK (1998) und KRATOCHVIL (1969).

6.9.5 Reproduktion

Von den 29 adulten Weibchen zeigten 24 sexuelle Aktivität, 18 waren trächtig (Tab. 43). Wie bei den juvenilen Männchen konnten auch bei den 5 juvenilen Weibchen keine Anzeichen sexueller Aktivität festgestellt werden, obgleich die Teilnahme diesjähriger Tiere am Fortpflanzungsgeschehen in der Literatur dokumentiert ist (KRATOCHVIL 1969 und 1970).

Ind. Nr.	Jahr	Datum	Höhe (msm)	PF	HT	Alter	Embryonen	Zeichen sexueller Aktivität	laktierend
75	86	29. Mai	1700	B	10	ad			x
117	86	2. Juni	1700	B	10	ad	3		
153	85	10. Juli	1700	B	10	ad			x
4	87	23. Juli	2200	51	1	ad	2		
53	87	25. Juli	2040	53	2	ad	3		
55	87	25. Juli	2040	53	2	ad	2		
56	87	26. Juli	2040	53	2	ad	3		
1	82	2. Aug.	1980	1	3	ad	3		x
4	81	15. Aug.	1980	1	3	ad	2		
12	81	20. Aug.	1980	1	3	ad	3		
14	81	22. Aug.	1980	1	3	ad	2		
15	81	22. Aug.	1940	3	8	ad	2		
27	87	23. Aug.	2200	51	1	ad		x	
29	87	23. Aug.	2200	51	1	ad		x	
48	87	25. Aug.	2040	53	2	ad	4		x
52	87	25. Aug.	2040	53	2	ad	1		
308	85	26. Aug.	1700	B	10	ad		x	
333	85	27. Aug.	1700	B	10	ad	2		
461	85	13. Sep.	1700	B	10	ad	2		
526	85	16. Sep.	1700	B	10	ad	2		
532	85	16. Sep.	1700	B	10	ad	2		
630	85	1. Okt.	1700	B	10	ad	2		
652	85	2. Okt.	1700	B	10	ad	2		
754	85	19. Okt.	1700	B	10	ad		x	

Tab. 43: *M. subterraneus:* Sexuell aktive Weibchen im Jahreslauf (PF = Probefläche, HT = Habitattyp)

Tab. 43: *M. subterraneus:* Sexually active females in the course of the year (PF = study plot, HT = habitat type)

Die Anzahl der Embryonen lag zwischen 1 und 4, meist bei 2 bzw. 3, im Durchschnitt bei 2,3. Eine solch niedrige Embryonenzahl wird in der Literatur als typisch beschrieben und im Zusammenhang mit der geringen Anzahl von nur 2 Zitzenpaaren gesehen (NIETHAMMER & KRAPP 1982). Uterusnarben waren bei 2 Tieren festzustellen, Anzeichen von Laktation bei 4.

Von den 26 adulten Männchen wurden 17 mit Hodenlängen über 8 mm (KRATOCHVIL 1970 a) als sexuell aktiv eingestuft. Die maximale Hodenlänge der Adulten betrug 9,7 mm, das Mittel 8,8 mm (SD = 0,48). Bei 9 der körperlich erwachsenen Männchen zeigten sich ab der 4. Juliwoche Regressionserscheinungen der Geschlechtsorgane, mit Hodenlängen von nur mehr 5,6 – 7,8 mm (x = 7,1 mm, SD = 0,7). Alle juvenilen Männchen wiesen Hodenlängen zwischen 3,2 mm und 5,8 mm auf (x = 4,1 mm ; SD = 0,8) und waren somit sexuell inaktiv.

Bei Beginn der Fangtätigkeit in Dauerprobefläche „B" Ende Mai / Anfang Juni war die Reproduktion bereits seit mindestens 3 Wochen in Gang, da neben einem trächtigen auch schon ein laktierendes Weibchen angetroffen wurden. Die letzte Trächtigkeit wurde Anfang Oktober festgestellt, letzte weibliche sexuelle Aktivität am 19. Oktober. Sexuell aktive Männchen wurden von 29. Mai bis 1. September gefangen. Im Gebirge beschränkt sich die Reproduktionsperiode auf die Sommermonate (HAUSSER 1995), bei Tieflandpopulationen wurde auch Wintervermehrung nachgewiesen (LANGENSTEIN-ISSEL 1950, WASILEWSKI 1960).

6.9.6 Methodischer Vergleich der Fallentypen

Im Vergleich der Fangquoten beider Fallentypen in den Dauerprobeflächen erwiesen sich die Barberfallen mit 82,8% als deutlich fängiger für Kurzohrmäuse als Klappfallen. In den Barberfallen überwogen leicht die Männchen, in den Klappfallen hingegen die Weibchen.

Barberfallen (nur Dauerprobefläche „B"):
    10 adulte Männchen, 7 adulte und 2 juvenile Weibchen.
Klappfallen (alle Probeflächen):
    7 juvenile und 16 adulte Männchen, 3 juvenile und 22 adulte Weibchen.

6.9.7 Morphologie

SPITZENBERGER (2001) nahm an österreichischem Material Vergleiche bezüglich altitudinaler Variabilität verschiedener Körpermaße vor, und stellte eine Zunahme von Hinterfußlänge und Schwanzlänge mit zunehmender Höhe fest;

OZR, FI, und IO vermindern sich von der Tieflage zur Mittellage, ZYG von Höhengürtel zu Höhengürtel, CB, NAS, SB und DIA zwischen Mittel- und Hochlage.

Der Vergleich der Gasteiner Adulttiere mit jenen aus der tief- bis hochsubalpinen Stufe von SPITZENBERGER (2001) brachte folgendes Ergebnis: die Mittelwerte für KR, HF, O, G, CB, OZR, DIA, ZYG, SB, NAS und UKDIA waren in Gastein kleiner als für die entsprechende Höhenstufe angegeben, die FI - Werte waren gleich, die IO - Werte entsprachen der Mittellage. Nur die Schwanzlänge lag bei den Gasteiner Tieren über allen angegebenen Mittelwerten, was der Tendenz zum Steigen dieses Wertes mit der Seehöhe entspricht. Die verminderten Schädelwerte wiederum entsprechen gut der altitudinalen Verkleinerung im Gebirge. Die Hinterfußlänge, die laut SPITZENBERGER (2001) mit zunehmender Höhe eine Verlängerung erfährt, entsprach bei den Gasteiner Tieren nicht dem erwarteten Trend (Tab. 44 - 46).

Von den Gewichtswerten zeigten die Leber mit 70 %, die Niere mit 58 % und das Körpergewicht mit 48 % die höchsten Zunahmen von den jüngsten zu den ältesten gefangenen Gruppen.

Die Kopf-Rumpf-Länge wuchs mit 21 % am stärksten, die Hinterfußlänge blieb im Lauf der Entwicklung unverändert.

Bei den Schädeldaten erhöhten sich die DIA mit 14 %, FI mit 13 % und NAS mit 12 % am stärksten, die SH erhöhte sich nur um 1,3 5, die IO verminderte sich sogar um 3,5 %.

gesamt	Mittel	SD	Min	Max	n
KR	88,8	7,91	65	102	67
S	36,3	3,42	26	42	67
HF	14,7	0,79	13	17	67
O	9,7	1,12	8	13	63
CB	21,36	0,93	18,60	22,50	48
OCCNA	21,42	0,72	19,05	22,40	42
SH	7,31	0,21	6,70	7,70	33
SB	10,57	0,46	9,30	11,15	50
ZYG	12,76	0,54	11,30	13,80	52
OZR B	5,27	0,25	4,50	5,70	62
IO	3,63	0,17	3,20	4,00	58
DIA	6,34	0,40	5,40	6,90	61
UKDIA	13,49	0,56	12,00	14,60	62
FI	3,65	0,27	2,80	4,20	58
NAS	5,65	0,34	4,80	6,30	55
G	16,3	2,81	8,3	21,2	67
LE	1,13	0,28	0,44	1,84	67
NI	0,30	0,07	0,10	0,50	64
MI	0,03	0,02	0,01	0,10	32
HE	0,13	0,04	0,08	0,32	64
LU	0,25	0,07	0,10	0,49	63
MA	0,95	0,71	0,38	4,60	67
BLI	1,54	0,66	0,80	5,00	59
DA	1,94	0,39	1,03	3,06	39

Tab. 44: *M. subterraneus:* statistische Kennzahlen der Körper- und Schädelmaße (in mm bzw. g) aller Fänge

Tab. 44: *M. subterraneus:* Statistical values of body and skull (in mm resp. g) of all catches

Juvenile	Mittel	SD	Min	Max	n
KR	75,6	4,16	65	83	12
S	31,7	3,22	26	37	12
HF	14,7	0,78	13	16	12
O	8,7	0,63	8	10	11
CB	19,61	0,69	18,60	20,30	7
OCCNA	19,91	0,59	19,05	20,50	5
SH	7,23	0,32	6,70	7,50	5
SB	9,82	0,35	9,30	10,30	9
ZYG	11,91	0,31	11,30	12,20	9
OZR B	4,94	0,21	4,50	5,25	12
IO	3,73	0,13	3,50	3,90	11
DIA	5,70	0,21	5,40	5,90	11
UKDIA	12,64	0,34	12,00	13,10	12
FI	3,30	0,25	2,80	3,65	11
NAS	5,14	0,31	4,80	5,70	9
G	11,7	1,65	8,3	13,4	12
LE	0,72	0,15	0,44	1,05	12
NI	0,20	0,05	0,10	0,29	11
MI	0,03	0,01	0,02	0,03	2
HE	0,09	0,01	0,08	0,11	11
LU	0,19	0,04	0,11	0,23	10
MA	0,82	0,71	0,40	2,90	12
BLI	1,09	0,24	0,80	1,46	9
DA	1,40	0,52	1,03	1,77	2

Adulte	Mittel	SD	Min	Max	n
KR	91,7	5,06	77	102	55
S	37,3	2,58	30	42	55
HF	14,7	0,80	13	17	55
O	9,9	1,09	8	13	52
CB	21,65	0,57	20,10	22,50	41
OCCNA	21,63	0,44	20,40	22,40	37
SH	7,32	0,19	7,00	7,70	28
SB	10,73	0,28	10,00	11,15	41
ZYG	12,94	0,38	12,00	13,80	43
OZR B	5,35	0,19	4,90	5,70	50
IO	3,60	0,17	3,20	4,00	47
DIA	6,48	0,27	5,80	6,90	50
UKDIA	13,70	0,38	13,00	14,60	50
FI	3,73	0,19	3,40	4,20	47
NAS	5,75	0,23	5,20	6,30	46
G	17,3	1,84	14,0	21,2	55
LE	1,22	0,21	0,90	1,84	55
NI	0,32	0,06	0,20	0,50	53
MI	0,03	0,02	0,01	0,10	30
HE	0,13	0,04	0,09	0,32	53
LU	0,26	0,07	0,10	0,49	53
MA	0,98	0,71	0,38	4,60	55
BLI	1,62	0,68	0,88	5,00	50
DA	1,97	0,36	1,35	3,06	37

Tab. 45: *M. subterraneus:* statistische Kennzahlen der Körper- und Schädelmaße (in mm bzw. g) der Juvenilen
Tab. 45: *M. subterraneus:* Statistical values of body and skull (in mm resp. g) of juveniles

Tab. 46 *M. subterraneus:* statistische Kennzahlen der Körper- und Schädelmaße (in mm bzw. g) der Adulten
Tab. 46: *M. subterraneus:* Statistical values of body and skull (in mm resp. g) of adults

6.10 Maulwurf – *Talpa europaea* LINNAEUS, 1759

Die Art ist österreichweit sehr verbreitet. Maulwürfe bevorzugen feuchte Standorte, wie Überschwemmungsbereiche von Bächen, Mähwiesen, Viehweiden, Gärten, sowie feuchte Laub- und Laubmischwälder. In letzteren besiedeln sie besonders Schläge, Lichtungen und Aufforstungen, sind aber auch in und am Rand von Nadelwäldern zu finden. Im Bereich der Baumgrenze kommt der Maulwurf auf Almwiesen und natürlichen Matten vor, ja sogar aus Moränen und Blockhalden sind Beobachtungen bekannt, wie der Fund eines Exemplars am Weg vom Stubnerkogel zur Miesbühelscharte in 2220 m bestätigt. Die Höhenverbreitung der Art reicht von der planar-kollinen bis zur alpinen Stufe, der höchste Fundort lag mit 2400 m am Berg Kirchdach in Tirol (WETTSTEIN 1926).

In Gastein waren insgesamt 4 Maulwürfe zu verzeichnen, je 1 fand sich in Dauerprobefläche „A" und „B" in Barberfallen, bei den beiden anderen handelte es sich um Funde. Einer war das bereits erwähnte Tier vom Stubnerkogel, der andere fand sich am Talboden auf einem Feldweg.

Die Größe des Maulwurfs schwankt populationsweise in Abhängigkeit von den ökologischen Bedingungen stark, es ist auch ein Kleinerwerden mit zunehmender Seehöhe zu bemerken. Die Hintergründe dieser Variabilität sind noch nicht restlos geklärt (SPITZENBERGER 2001). Zwischen den Altersklassen bestehen nur geringe Größenunterschiede. Drei der Individuen waren Weibchen, das 4. zu sehr verwest für eine Geschlechtsbestimmung.

Körpermaße von 3 der 4 Maulwürfe:

KR	S	HF	G
95,2	23,5	19,3	35,300
105,0	27,7	16,9	47,730
111,6	29,8	16,7	44,920

6.11 Zwergspitzmaus – *Sorex minutus* LINNAEUS, 1766

6.11.1 Vorkommen und Verbreitung

Diese Art kommt syntop mit der Waldspitzmaus in ganz Österreich vor, wenn auch in geringerer Zahl. Die Aussagen über ihre Biotopansprüche variieren. Während sie etwa nach DEHNEL (1949) feuchtere Biotope bevorzugt als die Waldspitzmaus, vertreten andere Autoren die gegenteilige Auffassung, daß es gerade trockenere und offenere Bereiche seien, welche von den Zwergspitzmäusen bewohnt würden (NIETHAMMER 1960, SPITZENBERGER 1964). CROIN MICHIELSEN (1966) stellte eine vollständige Überlappung der Territorien beider Arten fest. Da die Arten sich in verschiedenen Strata aufhalten ist dieses Nebeneinander möglich: die Zwergspitzmaus verkehrt meist an der Oberfläche, wo sie zur Nahrungssuche die oberste Streu- und Bodenschicht durchstöbert („furrowing"), während sich die Waldspitzmaus in tieferen Schichten bewegt und ihre Beute durch oberflächliches Graben („surface digging") aufstöbert (DICKMAN 1988).

Das Zahlenverhältnis der beiden Arten zueinander schwankt lokal beträchtlich, SPITZENBERGER (1964) gibt ein durchschnittliches Verhältnis von 1:20 an, in meinen Versuchsflächen lag *S. minutus* : *S. araneus* bei 1:1,4 !

In Gastein lebten beide Arten auf den Dauerprobeflächen nebeneinander, wobei *S. araneus* in 900 m (n = 88) und in 1700 m mit n = 84 etwa gleich stark vertreten war, wohingegen *S. minutus* in der unteren Fläche mit 0,44 Ind./100 FE (n = 98) abundanter war gegenüber 0,34 Ind./100 FE (n = 61) in 1700 m. Bezüglich der 40600 Falleneinheiten beider Dauerprobeflächen betrug ihre relative Abundanz 0,41 %. In beiden Dauerprobeflächen zeigte *S. minutus* wie *S. araneus* die höchste relative Dichte im September.

Im Saisonverlauf schwankten die Anteile der Art in den beiden Dauerprobeflächen. Außer im Juni, Anfang Juli und im September gerieten Zwergspitzmäuse in 900 m häufiger in die Fallen als in 1700 m (siehe Abb. 39).

Auf offenen Almbiotopen war die Zwergspitzmaus nie anzutreffen - das einzige außerhalb der Dauerprobeflächen erbeutete Tier stammte aus dem Mischwald. Das höchste bekannte Vorkommen Gasteins liegt somit in 1700 – 1800 m.

Insgesamt konnte ich während meiner Untersuchungen 165 Tiere fangen, damit ist die Art mit 36,1 % die zweithäufigste der 5 in Gastein festgestellten Spitzmausarten. Nach Rötelmaus und Waldspitzmaus nimmt sie möglicherweise sogar den 3. Gesamtrang ein, durch die unbefriedigende Situation bezüglich der

Arttrennung innerhalb der Gattung *Apodemus* kann dies jedoch leider nicht mit Sicherheit behauptet werden.

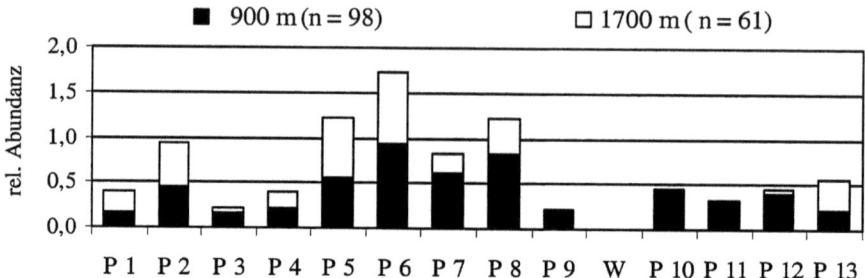

Abb. 39: *S. minutus:* Relative Abundanzen in den Fangperioden P1 - P13 der Dauerprobeflächen - Aufteilung nach Höhenstufen PF "A" = 900 m und PF "B" = 1700 m

Fig. 39: *S. minutus:* Relative densities in the trapping periods P1 - P13 of the permanent study plots - distribution in the different altitudes PF "A" = 900 m und PF "B" = 1700 m

6.11.2 Nahrung

Gegenüber der Waldspitzmaus fehlen bei der kleineren Art Regenwürmer und Schnecken im Nahrungsspektrum weitgehend, sie ernährt sich hauptsächlich von Spinnen, Weberknechten, Käfern und Insektenlarven.

6.11.3 Altersklassen

Bei den Zwergspitzmäusen lassen sich die Altersklassen nach dem Grad der Zahnabkauung einteilen. Der zur Altersbestimmung herangezogene M1 übt eine sehr klare Trennfunktion zur Unterscheidung der Altersklassen aus, wobei die Grenze bei 0,85 mm liegt (ju >0,85 mm, ad < 0,85 mm). Für finnische Tiere liegt laut PANKAKOSKI (1989) diese Grenze bei 0,8 mm. Die Werte können sich allerdings je nach Futterangebot von Jahr zu Jahr ändern.

Das Verhältnis der Juvenilen (n = 97) zu den Adulten (n = 68) beträgt 58,8 % : 41,2 %, womit bei den Zwergspitzmäusen ein größerer Prozentsatz an Adulten in die Falle gingen als bei den Waldspitzmäusen (nur 21,9 %).

In den Dauerprobeflächen kann man den Generationswechsel gut verfolgen – Ende April bis Anfang Juni fängt man nur adulte Tiere, ab Mitte Juni treten die ersten Jungtiere in Erscheinung und ihre Zahl steigt im Lauf der Brutsaison stark an, wodurch sie nun in den Fallen häufiger zu finden sind als die Überwinterten, da letztere im 2. Lebenssommer bzw. –herbst allmählich wegsterben (Abb. 40).

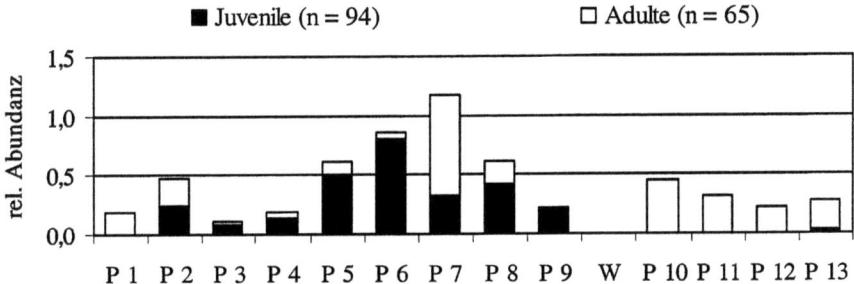

Abb. 40: *S. minutus:* Relative Abundanzen in den Fangperioden P1 - P13 beider Dauerprobeflächen - Aufteilung nach Altersklassen

Fig. 40: *S. minutus:* Relative densities in the trapping periods P1 - P13 of both permanent study plots - distribution of the age groups

Während sich das Gesamtverhältnis juvenil : adult mit 51,6 % : 48,4 % bei den Männchen als einigermaßen ausgewogen darstellt, ist es bei den Weibchen zugunsten der Juvenilen (68,3 %) verschoben. In beiden Altersklassen überwiegen die männlichen Individuen, bei den Adulten beträgt ihr Anteil sogar 70,8 %, bei den Juvenilen 54,4 %.

Juvenile sind in beiden Höhenstufen häufiger, besonders in der oberen Fläche, wo es beinahe mit 65,6 % doppelt so viele Jungtiere wie Alttiere gab, in 900 m waren 55 % Juvenile zu verzeichnen.

Ein direkter Vergleich der Dauerprobeflächen bezüglich des saisonalen Fangerfolges ist nur von Ende Mai bis Ende Oktober möglich, da nur in diesem Zeitraum in beiden Flächen Fallen eingesetzt waren. Ende Mai fanden sich in PF „A" noch 7-mal mehr Adulte als in PF „B", Mitte Juni und Anfang August sind dann in PF „B" die Adulten häufiger, treten danach aber nur mehr im August / September mit einigen Individuen auf. Das erste juvenile Individuum des Jahres wurde in 900 m Mitte Juni gefangen, in 1700 m das erste Anfang Juli (Abb. 41).

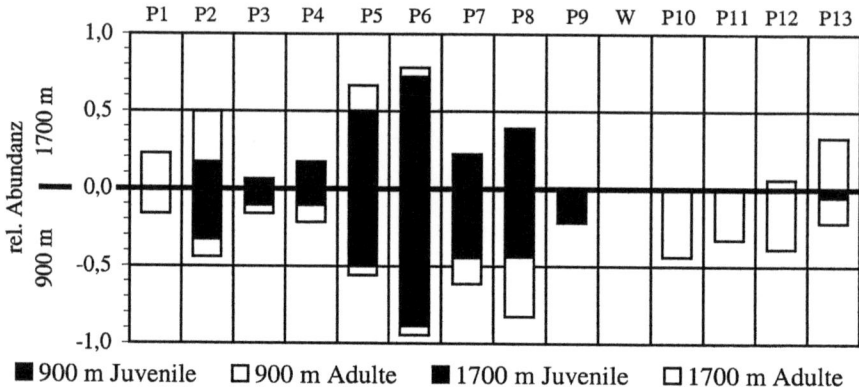

Abb. 41: *S. minutus:* Relative Abundanzen für Höhenstufen und Altersklassen in den Fangperioden P1 - P13 der Dauerprobeflächen "A" = 900 m und "B" = 1700 m

Fig. 41: *S. minutus:* Relative densities for altitude and age groups in the trapping periods P1- P13 of both permanent study plots "A" = 900 m und "B" =1700 m

6.11.4 Geschlechterverhältnis

In der talnahen Dauerprobefläche überwogen die Männchen mit 64,1 % stärker als in jener an der oberen Waldgrenze mit 53,4 % (siehe Tab. 48).

		Männchen	Weibchen		Männchen	Weibchen
n		59	33		31	27
rel. Abund.	„A" 900 m	0,26	0,15	„B" 1700 m	0,17	0,15
%		64,1 %	35,9 %		53,4 %	46,6 %

Tab. 47: *S. minutus:* Verteilung von Männchen und Weibchen in den Höhenstufen der Dauerprobeflächen (Berechnungsgrundlage für die rel. Abundanz: 900 m = 22500 FE, 1700 m = 18100 FE)

Tab. 47: *S. minutus:* Distribution of males and females in the permanent study plots (calculation basis for relative density: 900 m = 22500 FE, 1700 m = 18100 FE)

Von sämtlichen gefangenen Zwergspitzmäusen waren 95 Männchen, 60 Weibchen und 10 geschlechtlich unbestimmbar. Mit 61,3 % zu 38,7 % war die männliche Dominanz somit noch stärker als bei *S. araneus*.

Im Saisonverlauf beider Dauerprobeflächen dominierten die Männchen bis Juni sehr stark, danach stieg der Weibchen-Anteil etwas an, mehr Weibchen als Männchen gab es nur im August (siehe Abb. 42).

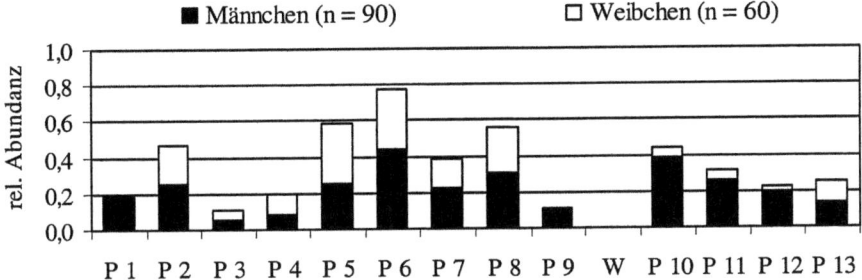

Abb. 42: *S. minutus:* Relative Abundanzen in den Fangperioden P1 - P13 beider Dauerprobeflächen - Aufteilung nach Geschlecht

Fig. 42: *S. minutus:* Relative densities in the trapping periods P1 - P13 of both permanent study plots - distribution of the sexes

Betrachtet man die beiden Dauerprobeflächen gesondert, so zeigt sich für PF „A" bei den Männchen ein starkes Überwiegen bis Juni, die Weibchen dominierten hier Anfang Juli und Ende August. In 1700 m waren Weibchen von Ende Juli bis Mitte August geringfügig öfter im Plus. An den beiden Juniterminen der aufeinanderfolgenden Jahre dominierten 1985 die Männchen, 1986 die Weibchen (siehe Abb. 43). Bei den Männchen trat das erste Jungtier Mitte Juli in Erscheinung, bei den Weibchen Anfang Juli. Danach überwogen bei beiden Geschlechtern die Juvenilen (siehe Abb. 44). Bei diesen ins Detail gehenden Aufgliederungen muß man allerdings bedenken, daß es sich meist um sehr geringe Individuenzahlen handelt.

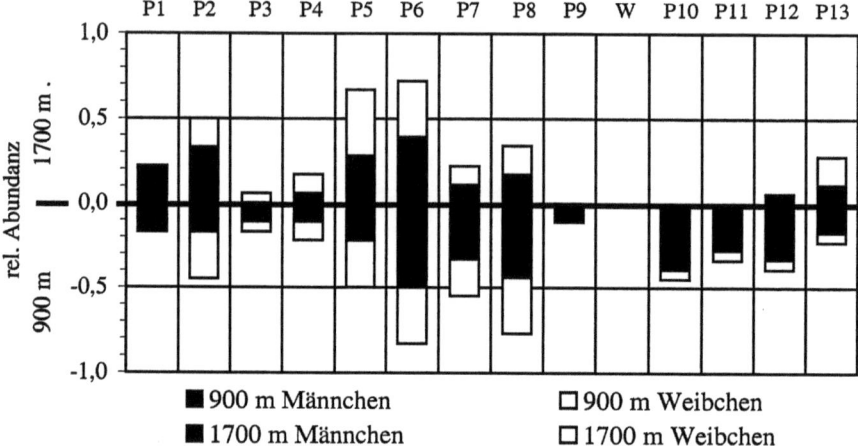

Abb. 43: *S. minutus:* Relative Abundanzen für Höhenstufen und Geschlecht in den Fangperioden P1 - P13 der Dauerprobeflächen "A" = 900 m und "B" = 1700 m

Fig. 43: *S. minutus:* Relative densities for altitude and sex in the trapping periods P1 – P13 of the permanent study plots "A" = 900 m and "B" = 1700 m

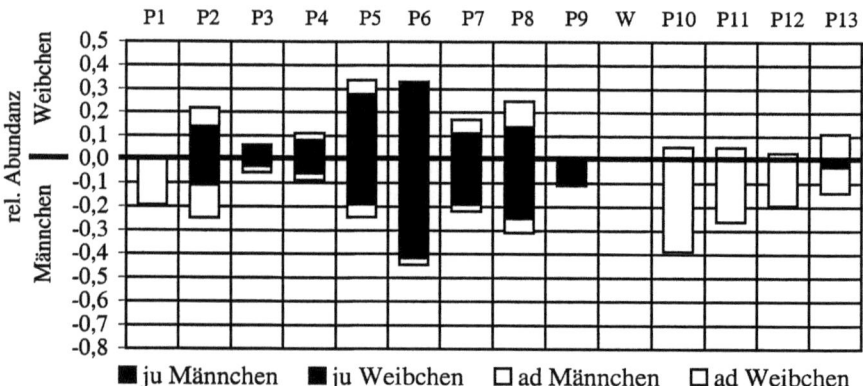

Abb. 44: *S. minutus:* Relative Abundanzen für Altersklassen und Geschlecht in den Fangperioden P1 - P13 beider Dauerprobeflächen

Fig. 44: *S. minutus:* Relative densities for age group and sex in the trapping periods P1- P13 of both permanent study plots

6.11.5 Reproduktion

Auch bei *S.minutus* sind sexuell aktive Juvenile bekannt (PUCEK, 1960). In Gastein trat keine Trächtigkeit auf, nur 3 der juvenilen Weibchen zeigten einen erweiterten Uterus (Tab. 47).

Ind. Nr.	Jahr	Datum	Höhe (msm)	PF	HT	Alter	Embry-onen	vergr. Uterus	laktie-rend
28	86	29. Apr.	900	A	10	ad		X	
53	86	13. Mai	900	A	10	ad	5		
131	86	15. Juni	900	A	10	ad	7		
148	86	17. Juni	1700	B	10	ad			X
149	86	17. Juni	1700	B	10	ad			X
189	86	20. Juni	1700	B	10	ad			X
76	85	4. Juli	1700	B	10	ad	7		X
108	85	7. Juli	900	A	10	ad		X	X
109	85	7. Juli	900	A	10	ju		X	
110	85	7. Juli	900	A	10	ju		X	
135	85	9. Juli	1700	B	10	ad	7		X
167	85	22. Juli	1700	B	10	ju		X	
246	85	9. Aug.	900	A	10	ad			X
410	85	31. Aug.	1700	B	10	ad			X
424	85	1. Sep.	900	A	10	ad	6		
741	85	6. Okt.	900	A	10	ad	4		
750	85	7. Okt.	900	A	10	ad			X
785	85	20. Okt.	900	A	10	ad			X
823	85	21. Okt.	900	A	10	ad			X

Tab. 48: *S. minutus:* Sexuell aktive Zwergspitzmausweibchen in saisonaler Abfolge

Tab. 48: *S. minutus:* Sexually active females of the lesser shrew in the course of the year

Alle der 6 trächtigen Tiere (= 10 % aller 60 Weibchen und 36,6 % aller 19 adulten Weibchen) waren auf Grund der Zahnabnutzung als vorjährig eingestuft worden. Die erste Gravidität der Dauerprobefläche „A" in 900 m war am 13. Mai zu verzeichnen, die letzte am 6. Oktober, in 1700 m fand ich nur zweimal Embryonen am 4. und 9. Juli vor. Erweiterte Uteri fand sich 5-mal, Hinweise auf Laktation 11-mal (siehe Tab. 47).

Die Mehrheit der Zwergspitzmäuse produziert wenigstens 2, möglicherweise mehr Würfe in einer Brutsaison. In Nord-Wales beginnt die Fortpflanzungssaison bei *S. minutus* einen Monat früher als bei *S.araneus* (BRAMBELL & HALL 1936), in Gastein traten zur selben Zeit trächtige Weibchen beider Arten auf.

Bei den Gasteiner Zwergspitzmausmännchen waren keine Anzeichen einer sexuellen Reifung im 1. Lebensjahr festzustellen. Zum frühesten Fangtermin im Jahr (letzte Aprilwoche) wiesen die adulten Männchen der Dauerprobefläche „A" in 900 m Hodenflächenwerte zwischen 19,2 und 23,4 mm² auf (x = 20,9 mm²). Im Mai (11,8 – 19,1 mm², x = 21 mm²) und Juni (16,3 – 25,3 mm², x = 21 mm²) traten die höchsten Hodenflächenwerte auf, im Lauf des Jahres sanken sie bis auf x = 15 mm² im Oktober ab.

Für das gesamte Material ergab sich kein signifikanter Unterschied bei den Hodenflächenwerten zwischen den Höhenstufen. Die geringe Individuenzahl und der unterschiedliche Beginn der Fangaktionen in beiden Flächen läßt keine lückenlose Differenzierung zwischen den Monatswerten der Höhenstufen zu, nur für den Juni konnten für die Tiere der unteren Dauerprobefläche signifikant höhere Mittelwerte errechnet werden (Whitney-Mann-U-Test: $p = 0,05$).

6.11.6 Methodischer Vergleich der Fallentypen

Auch bei der Zwergspitzmaus zeigt sich deutlich die höhere Fängigkeit von Barberfallen für Insectivoren, 81,8 % der Tiere waren darin zu finden.

49 Klappfallenfänge = 0,18 rel. Abundanz (bei 27100 FE der Dauerprobefläche)
110 Barberfallenfänge = 0,81 rel. Abundanz (bei 13500 FE der Dauerprobeflächen)

Umgekehrt wie bei den Waldspitzmäusen gingen hier doppelt so viele von den adulten Männchen in die Klappfallen wie von den adulten Weibchen. Im Allgemeinen frequentierten Männchen Barberfallen 3,9- mal häufiger als Klappfallen, Weibchen 5,3-mal häufiger.

Bei den Juvenilen stand das Verhältnis Barberfallen zu Klappfallen bei 3,2 : 1, bei den Adulten sogar bei 8 : 1 !

Wie bei den Waldspitzmäusen ist auch bei dieser Art ein Ansteigen der Fangrate für Klappfallen ab September zu beobachten (siehe Abb. 45).

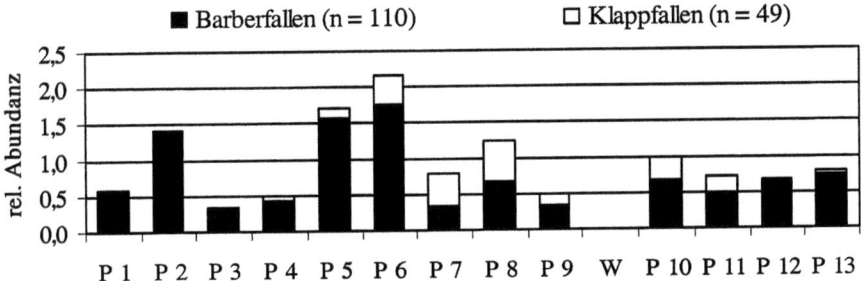

Abb. 45: *S. minutus:* Relative Abundanzen in den Fangperioden P1 - P13 beider Dauerprobeflächen - Aufteilung nach Fallentyp

Fig. 45: *S. minutus:* Relative densities in the trapping periods P1 - P13 of both permanent study plots - distribution of the trap types

Altersklassen: In den Barberfallen dominierten ab Anfang Juli die Juvenilen, mit Ausnahme der Fangperiode Anfang Oktober. Adulte fingen sich außer im November die gesamte Fangsaison über in Barberfallen. In den Klappfallen waren die ersten Juvenilen ab Anfang August zu finden, ab Ende August waren in diesem Fallentyp keine Adulten mehr zu finden (Ausnahme: Ende Oktober), diese hatten in den Klappfallen im April und Mai ihre höchste Abundanz (Abb. 46).

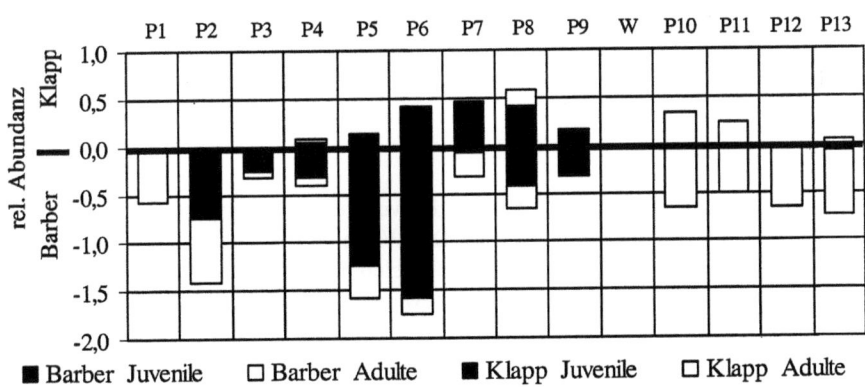

Abb. 46: *S. minutus:* Relative Abundanzen für Fallentyp und Altersklassen in den Fangperioden P1 - P13 der Dauerprobeflächen "A" und "B"

Fig. 46: *S. minutus:* Relative densities for trap type and age groups in the trapping periods P1- P13 of both permanent study plots

Geschlechter: In den Barberfallen dominierten im Frühjahr stark die Männchen, ab Juli zeigte sich das Verhältnis ausgeglichener und nur im August waren die Weibchen etwas abundanter. In den Klappfallen dominierten bis auf einen Gleichstand Anfang August stets die Männchen (siehe Abb. 47).

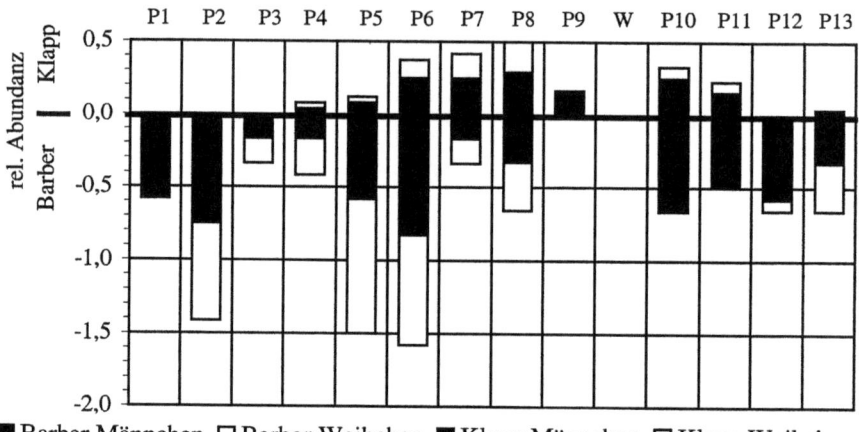

■ Barber Männchen   □ Barber Weibchen   ■ Klapp Männchen   □ Klapp Weibchen

Abb. 47: *S. minutus:* Relative Abundanzen für Fallentyp und Geschlecht in den Fangperioden P1 - P13 der Dauerprobeflächen "A" und "B"

Fig. 47: *S. minutus:* Relative densities for trap type and sex in the trapping periods P1- P13 of both permanent study plots

6.11.7 Morphologie

Alle Werte (Mittelwert, Standardabweichung, Minimum und Maximum sind in Tab. 49 - 51 zusammengefaßt). Die Werte wurden nur nach Altersklassen, nicht jedoch nach Geschlecht getrennt, obgleich SPITZENBERGER (2001) eine stärker ausgeprägte Größenzunahme bei den Männchen beschreibt, wobei einige Unterschiede Signifikanzniveau erreichen: S, CB und SB bei den Juvenilen, KR, SB, SH und IO bei den Adulten.

6.11.7.1 Körpermaße

Körpergewicht: Die Monatsmittelwertskurve der Juvenilen verläuft relativ gleichmäßig, die ab April gefangenen Adulten beginnen bei einem Mittelwert von

4,64 g, erreichen im Juni mit x = 5,65 g ihr Maximum, um gegen Oktober unter den Aprilwert abzusinken. In NIETHAMMER & KRAPP (1990) ist die Gewichtsspanne mit 2,1 – 6,0 g angegeben, bei SPITZENBERGER (2001) mit 1 – 6,4 g. Die schwerste Gasteiner Zwergspitzmaus, ein Männchen, wog 6,72 g (siehe Abb. 48).

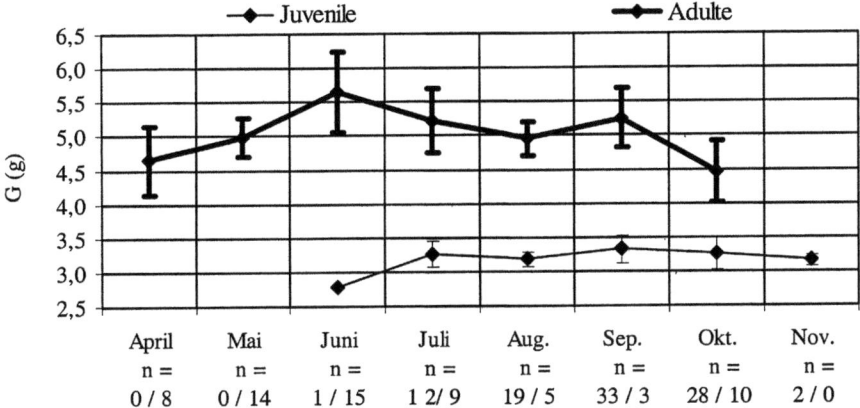

Abb. 48: *S. minutus:* Mittelwerte und Standardabweichungen des Körpergewichtes (G) für die Altersklassen im Jahresverlauf (mit n für ju/ad)

Fig. 48: *S. minutus:* Mean values and standard deviations of body weight (G) for the age groups in the course of the year (with n for ju/ad)

Kopf-Rumpf-Länge: Die Zwergspitzmaus ist Österreichs kleinste Vertreterin der Soriciden. Die Art variiert stark innerhalb Europas, wobei die kleinsten Exemplare in Finnland leben, gegen Südosten zu läßt sich eine Vergrößerung erkennen. Die KR nimmt mit zunehmender Höhe ab (SPITZENBERGER 2001). In NIETHAMMER & KRAPP (1990) ist eine Spanne von 42 – 68,5 mm vermerkt, für österreichisches Material gibt SPITZENBERGER (2001) Werte zwischen 43 und 74 mm an, in Gastein betrug sie 47 - 67 mm, die Mittelwerte lagen bei den Gasteiner Tieren höher.

Die KR-Mittelwerte der Diesjährigen steigen von Juli bis Oktober leicht auf x = 57,7 mm. Ab April sind Daten der Adulten verfügbar, ihre KR-Mittelwerte steigen bis September auf x = 64,1 mm an um im Oktober wieder leicht zu fallen (siehe Abb. 49).

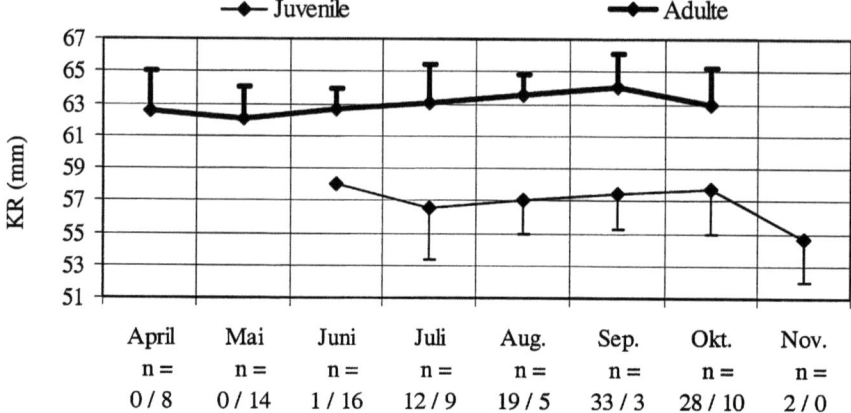

Abb. 49: *S. minutus*: Mittelwerte und Standardabweichung der Kopf-Rumpf-Länge (KR) der Altersklassen im Jahresverlauf (mit n für ju/ad)

Fig. 49: *S. minutus*: Mean values and standard deviations of body length (KR) of age groups in the course of the year (with n for ju / ad)

Schwanzlänge: Dieses Maß schwankt auch bei der Zwergspitzmaus sehr heftig und läßt keine Unterschiede zwischen Mittelwerten der Altersklassen erkennen, die in Gastein bei 45,2 mm lagen. Das Ergebnis von CLAUDE (1968), demzufolge alpine Tiere längere Schwänze aufweisen, scheint sich am Gasteiner Material zu bestätigen – die Schwanzmittelwerte für Zürich liegen bei 42 mm, jene eines subalpinen Fichtenwaldes in der Schweiz (1700 m) bei 46,6 mm. Nach SPITZENBERGER (1964) beträgt die mittlere Schwanzlänge in den Donauauen gar nur 39,3 mm, allerdings muß man wie im Falle der Waldspitzmaus auch Mikroklima und Mikrohabitatbedingungen als Ursachen für Schwanzlängendifferenzen in Betracht ziehen. (siehe Abb. 50).

Hinterfußlänge: NIETHAMMER & KRAPP (1990) geben Werte von 9,5 – 12,1 mm an, SPITZENBERGER (2001) für österreichische Tiere 9,3 - 12,3 mm, womit die Gasteiner Population diese Spanne sowohl nach unten wie auch nach oben überschreitet. Im ersten Lebensjahr bleiben die Mittelwerte konstanter als im zweiten, in dem sie in allen Monaten etwas höher liegen (siehe Abb. 51).

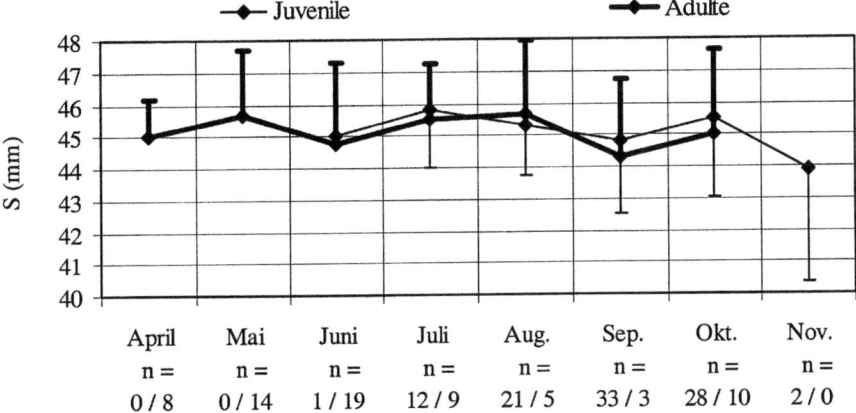

Abb. 50: *S. minutus:* Mittelwerte und Standardabweichung der Schwanzlänge (S) der Altersklassen im Jahresverlauf (mit n für ju/ad)

Fig. 50: *S. minutus:* Mean values and standard deviations of tail length (S) of age groups in the course of the year (with n for ju/ad)

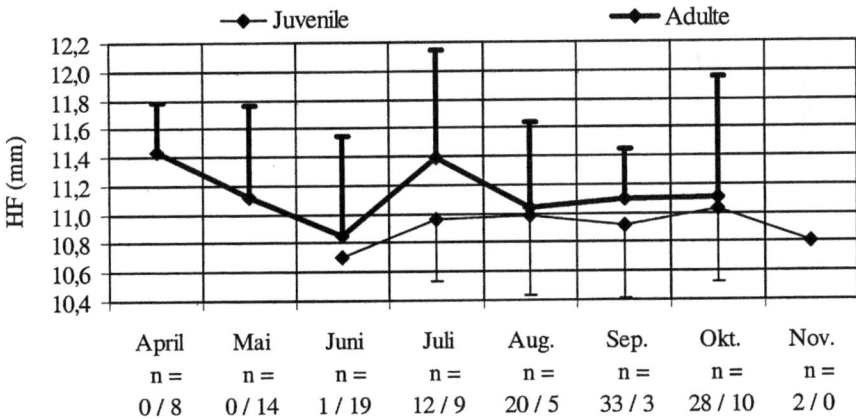

Abb. 51: *S. minutus:* Mittelwerte und Standardabweichung der Hinterfußlänge (HF) der Altersklassen im Jahresverlauf (mit n für ju/ad)

Fig. 51: *S. minutus:* Mean values and standard deviations of hind foot length (HF) of age groups in the course of the year (with n for ju/ad)

Ohrlänge: Vergleichswerte für dieses Körpermaß sind in der Literatur kaum zu finden. Dieses Maß zeigt generell große Spannweiten zwischen Minimum und Maximum.

6.11.7.2 Schädelmaße

Condylobasallänge: Da diese Schädel an sich kleiner sind, tritt der Altersunterschied nicht so stark in Erscheinung wie bei der Waldspitzmaus. Wie *S. araneus* zeigt auch *S. minutus* eine geographische Schädelvergrößerung, in diesem Fall von Nord nach Süd, so liegen in Polen die meisten CB-Längen in der Größenklasse 15,2 – 15,4 mm (DEHNEL, 1949). Laut SPITZENBERGER (2001) wird die CB im alpinen Raum graduell kleiner, im pannonischen Flachland sogar höchst signifikant. Die Werte lagen in Gastein höher als bei dem von SPITZENBERGER (2001) untersuchten Material.

Größte Schädellänge: Wie bei der Waldspitzmaus geringe Unterschiede zwischen den Altersgruppen, dennoch tritt der Unterschied zwischen Adulten und Juvenilen durch die Abnutzungsprozesse der Incisiven deutlicher hervor als bei den CB – Werten.

Schädelhöhe: Zwergspitzmäuse unterliegen wie die Waldspitzmäuse der winterlichen Schädeldepression, die Vorjährigen erreichen im 2. Lebensjahr wieder die Werte der Juvenilen. Bei SPITZENBERGER (2001) ist eine Spanne von 4,0 – 5,1 mm angeführt, in Gastein lag sie zwischen 3,8 und 4,9 mm.

Schädelbreite: Im Gegensatz zu den Waldspitzmäusen nimmt die Schädelbreite der Gasteiner Tiere im Laufe des Lebens ab. Die Gasteiner Mittelwerte liegen über jenen bei SPITZENBERGER (2001) angeführten.

Folgende Schädelmittelwerte (siehe Tab. 49 - 50) sind bei Adulten niedriger: CB, GrSL, SH, SB, OZR, INCUK, M 1.

Folgende Schädelmittelwerte steigen im Alter etwas an: ZYG, IO, PGL, AOB, UZR, UKDIA, CORH.

Die Mittelwerte für die Palatallänge PALL und die SH bleiben sehr konstant im Verlauf der Entwicklung.

6.11.7.3 Innere Organe

Leber: Das Organ vergrößert sich von juvenil zu adult um 73 %.

Nieren: Die Zunahme zwischen den Altersklassen betrug 39 %.

Milz: Auch bei den Zwergspitzmäusen gab es bei den Adulten Exemplare mit stark vergrößerter Milz (0,07 – 0,1 g) im April, Mai und besonders Juni. Dieses Organ erfuhr dadurch um 105 % die stärkste Gewichtszunahme von allen Organen.

Herz: Die Gewichtszunahme betrug 60 %, die **Lunge** legte mit 52 % weniger zu als das Herz.

Bei **Magen** und **Darm** erhöhen sich die Mittelwerte zwischen den Altersgruppen um 87 % bzw. 29 %.

gesamt	Mittel	SD	Min	Max	n
KR	59,5	3,53	47	67	160
S	45,2	2,14	41	51	165
HF	11,0	0,58	9	13	164
O	5,7	0,88	4	8	162
CB	15,71	0,28	14,90	16,30	96
GrSL	16,10	0,27	15,45	16,70	94
SH	4,44	0,26	3,80	4,90	87
SB	7,44	0,17	7,00	7,80	85
ZYG	3,95	0,12	3,30	4,20	132
IO	2,82	0,10	2,50	3,10	158
PGL	4,20	0,11	3,90	4,55	156
AOB	2,02	0,07	1,80	2,20	160
PALL	6,26	0,15	5,90	6,65	160
OZR	6,58	0,18	6,00	7,00	155
UZR	4,25	0,09	3,90	4,60	162
UKDIA	7,67	0,15	7,15	8,00	162
CORH	3,09	0,70	2,90	3,30	162
INCUK	2,66	0,13	1,95	2,90	160
M 1 H	0,84	0,10	0,60	1,00	163
G	4,0	1,00	2,8	6,7	159
LE	0,24	0,09	0,07	0,54	157
NI	0,07	0,02	0,04	0,11	158
MI	0,02	0,01	0,01	0,10	148
HE	0,06	0,02	0,02	0,11	157
LU	0,06	0,02	0,02	0,10	157
MA	0,13	0,08	0,03	0,53	156
DA	0,42	0,10	0,23	0,88	156

Tab. 49: *S. minutus:* statistische Kennzahlen der Körper- und Schädelmaße (in mm bzw. g) aller Fänge
Tab. 49: *S. minutus:* Statistical values of body and skull (in mm resp. g) of all catches

Juvenile	Mittel	SD	Min	Max	n
KR	57,2	2,46	47	64	95
S	45,2	2,15	41	51	97
HF	11,0	0,50	9	12	98
O	5,6	0,83	4	8	95
CB	15,74	0,28	14,90	16,20	38
GrSL	16,21	0,20	15,90	16,60	36
SH	4,44	0,31	3,80	4,90	36
SB	7,51	0,19	7,00	7,80	34
ZYG	3,93	0,10	3,65	4,15	82
IO	2,79	0,10	2,50	3,00	93
PGL	4,18	0,11	3,90	4,45	91
AOB	2,00	0,07	1,80	2,10	96
PALL	6,26	0,14	5,95	6,50	95
OZR	6,63	0,15	6,10	6,90	91
UZR	4,24	0,08	4,05	4,45	96
UKDIA	7,65	0,15	7,15	8,00	96
CORH	3,07	0,05	2,90	3,20	96
INCUK	2,72	0,08	2,50	2,90	96
M 1 H	0,92	0,04	0,85	1,00	96
G	3,3	0,20	2,8	3,8	95
LE	0,19	0,04	0,07	0,29	93
NI	0,06	0,01	0,04	0,09	94
MI	0,01	0,01	0,01	0,03	86
HE	0,05	0,01	0,02	0,07	93
LU	0,05	0,01	0,02	0,09	93
MA	0,09	0,05	0,03	0,33	93
DA	0,37	0,05	0,25	0,46	93

Adulte	Mittel	SD	Min	Max	n
KR	62,8	1,93	58	67	65
S	45,2	2,15	41	51	68
HF	11,1	0,67	10	13	68
O	6,0	0,87	4	8	67
CB	15,69	0,28	15,10	16,30	58
GrSL	16,02	0,28	15,40	16,70	58
SH	4,44	0,22	3,90	4,90	51
SB	7,40	0,15	7,10	7,80	51
ZYG	3,97	0,14	3,30	4,20	50
IO	2,86	0,09	2,65	3,10	65
PGL	4,23	0,10	4,05	4,55	65
AOB	2,05	0,06	1,90	2,20	65
PALL	6,25	0,16	5,90	6,65	65
OZR	6,52	0,19	6,00	7,00	64
UZR	4,26	0,11	3,90	4,60	66
UKDIA	7,70	0,15	7,40	8,00	66
CORH	3,13	0,08	2,95	3,30	66
INCUK	2,57	0,14	1,95	2,80	64
M 1 H	0,73	0,06	0,60	0,90	66
G	5,1	0,60	3,8	6,7	64
LE	0,32	0,08	0,19	0,54	64
NI	0,09	0,01	0,05	0,11	64
MI	0,03	0,02	0,01	0,10	62
HE	0,07	0,02	0,03	0,11	64
LU	0,07	0,02	0,03	0,10	64
MA	0,18	0,10	0,04	0,53	63
DA	0,48	0,11	0,23	0,84	63

Tab. 50: *S. minutus:* statistische Kenn-Kennzahlen der Körper- und Schädelmaße (in mm bzw. g) d. Juvenilen

Tab. 50: *S. minutus:* Statistical values of body and skull (in mm resp. g) of juveniles

Tab. 51: *S. minutus:* statistische Kennzahlen der Körper- und Schädelmaße (in mm bzw. g) der Adulten

Tab. 51 : *S. minutus:* Statistical values of body and skull (in mm resp. g) of adults

6.12 Waldspitzmaus - *Sorex araneus* LINNAEUS, 1758

6.12.1 Vorkommen und Verbreitung

Die Waldspitzmaus ist in Österreich bzw. in weiten Teilen Mitteleuropas die häufigste Spitzmausart. Dies bestätigte sich auch durch die Gasteiner Fangergebnisse: 233 *S. araneus*, gegenüber 165 *S. minutus*, 52 *S. alpinus*, 3 *N. fodiens* und 4 *N. anomalus*.

Waldspitzmäuse bevorzugen feuchte, kühle Lebensräume mit deckungsreicher Vegetation und ausreichendem Nahrungsangebot, ihr Verbreitungsschwerpunkt liegt im Wald. Laut SPITZENBERGER (1964) hat die Art ihr ökologisches Optimum in der „Weichen Au", allgemein in humiden Laubwäldern, in trockenen Großklimata weicht sie in Sumpf- und Moorgebiete aus. Als sehr anpassungsfähige Art findet man sie in Ufernähe, im Ried, auf Ödland und Wiesen, in nicht zu trockenen Wäldern, in Windbrüchen, Schonungen und an Waldrändern. Über der Waldgrenze besiedelt sie die Zwergstrauchheide und lebt unter Felsen (SPITZENBERGER 2001).

Da Waldspitzmäuse ihre Gänge nicht selbst graben, sind sie auf das Vorhandensein eines Lückensystems im A-Horizont und/oder die Vergesellschaftung mit Prolaboranten wie Wühlmäusen angewiesen (BÄUMLER 1986). Oberirdisch werden Laufgänge in Laub und Gras benutzt, allgemein lebt sie unterirdischer als die Zwergspitzmaus.

Die Höhenverbreitung der Waldspitzmaus reicht von Meeresniveau bis über die Baumgrenze im Hochgebirge mit dem bisher gesichert festgestellten Maximum von 2590 m im Piffkar (SLOTTA-BACHMAYR et al. 1998), in Gastein lag der höchste Fangort auf 2050 m (Schloßalm).

Im Gasteiner Tal fehlte die Waldspitzmaus nur in den Habitattypen Blockfeld, alpiner Rasen und Latschen. In den Kurzzeitprobeflächen war ihre Abundanz in den Grünerlen mit 0,99 Ind./100 FE am größten, es folgten die Randzone des Schloßalmtümpels und die anthropogenen Strukturen mit je 0,4 Ind./100 FE, die verblockte Zwergstrauchheide mit 0,24, die weniger strukturierte Zwergstrauchheide mit 0,22 Ind./100 FE, Nadel-Laubwald mit 0,18 Ind./100 FE, Laubwald mit 0,15 Ind./100 FE, Naturpiste mit 0,13 Ind./100 FE und Nadelwald mit 0,12 Ind./100 FE. Die geringste Abundanz erzielte die Art mit 0,025 Ind/100 FE im Randbereich einer geschobenen Skipiste.

In den Dauerprobeflächen zeigte sich eine leicht erhöhte relative Abundanz von 0,39 Ind./100 FE zu 0,46 Ind./100 FE (Verhältnis 1 : 1,2) zugunsten der höhergelegenen subalpinen Fläche „B" in 1700 -1800 m. In 900 m wurden zwar 88 und in 1700 m 84 Tiere gefangen, im Vergleich der relativen Abundanzen zeigt sich jedoch eine umgekehrte Situation. Bedingt durch die Schneelage fielen die ersten bzw. die letzte Fangperiode der Saison in Probefläche „B" aus, d. h. es kamen hier nur 18100 Falleneinheiten zum Einsatz, in 900 m hingegen 22500.

Den zahlenmäßigen Höhepunkt erreichten die Populationen beider Dauerprobeflächen in der Fangperiode 6 (12. – 19. September), wobei in der oberen Versuchsfläche in 1700 m auch zu den Fangterminen der 3. Juniwoche 1985 und 1986 gleich bzw. fast gleich viele Tiere (12 und 11) in die Falle gingen (Abb. 52).

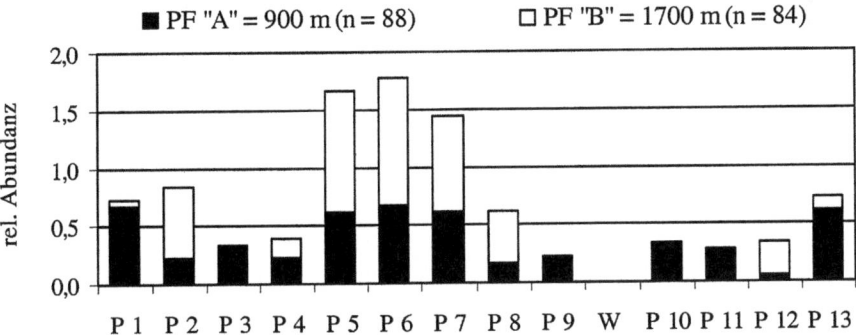

Abb: 52: *S. araneus:* relative Abundanzen in den Fangperioden P1 - P13 der Dauerprobeflächen - Aufteilung nach den Höhenstufen PF "A" = 900 m und "B" = 1700 m

Fig. 52: *S. araneus:* relative densities in the trapping periods P1 - P13 of the permanent study plots, distribution in the different altitudes PF "A" = 900 m and "B" = 1700 m

6.12.2   Nahrung

Sorex araneus kann nicht als Nahrungsspezialist bezeichnet werden, sie richtet sich nach dem Angebot, wobei Arthropoden, Lumbriciden und Gastropoden den Hauptanteil stellen. Die Zusammensetzung variiert geographisch und saisonal (CHURCHFIELD 1990).

6.12.3 Altersklassen

Die Einteilung in zwei Altersklassen erfolgte nach dem Abkauungsgrad der Zähne, deren Höhe im Lauf eines Spitzmauslebens beständiger Abnutzung unterliegt. Bei den adulten Tieren beschleunigt sich dieser Prozeß auf Grund der gesteigerten körperlichen Aktivität (Reproduktion) und somit erhöhten Nahrungsaufnahme. Unterschiedliche Abnutzung ergibt sich auch aus der Art der Beutetiere (weiche Regenwürmer bzw. härtere Chitinpanzer der Insekten), demgemäß sind regionale Unterschiede festzustellen.

Vermessen wurde hierfür die Höhe des 1. Molaren im Unterkiefer. Bei PANKAKOSKI (1989) liegt die Grenze zwischen Diesjährigen und Überwinterern bei etwa 1 mm Molarenhöhe, dies trifft auch auf meine eigenen Daten zu. In der Folge werde ich die im ersten Lebenssommer befindlichen, diesjährigen Tiere als Juvenile bezeichnen, die bereits überwinterten Vorjährigen als Adulte, ungeachtet ihrer sexuellen Reife.

Von den 233 Waldspitzmäusen waren 51 adult (= 21,9%) und 182 juvenil (= 78,1%). Von den Adulten wiederum waren 27 Männchen (= 55,1%) und 22 Weibchen (= 44,9%), womit die männliche Überzahl noch jene der Gesamtpopulation übertraf. Bei den Juvenilen gab es 93 Männchen (= 53,4%) und 81 Weibchen (= 46,6%).

Für 900 m ergab sich ein geringerer Anteil von Juvenilen (78,5 %) als für 1700 m (82,1 %), Adulte waren in beiden Höhenstufen relativ gleich häufig (siehe Tab. 52).

		Juvenile	Adulte		Juvenile	Adulte
n	„A" 900 m	69	19	„B" 1700 m	69	15
rel. Abund.		0,31	0,08		0,38	0,08
% (rel. Ab.)		78,5 %	21,5 %		82,1 %	17,9 %

Tab. 52: *S. araneus:* Verteilung der relativen Abundanz nach Alter und Höhenstufe in den beiden Dauerprobeflächen (Berechnungsgrundlage: „A" = 22500 FE, „B" = 18100 FE)

Tab. 52: *S. araneus:* Distribution of age groups in the two permanent study plots (calculation basis for relative density: PF „A" – 22500 FE, PF „B" – 18100 FE)

Am Anfang der Fortpflanzungsperiode besteht die Population nur aus Vorjährigen bis die ersten Jungen geboren werden. Diese treten bei den Fängen erst etwa ein Monat später, nach dem Verlassen des Nestes in Erscheinung. SPITZENBERGER (1964) fing das erste selbständige Jungtier am 21. Mai in den Donauauen, für Polen ist der Termin Ende Mai / Anfang Juni bekannt (PUCEK 1960). Das Auftreten der Jungen kann regional sowie von Jahr zu Jahr variieren. In der Folge nimmt der Anteil der Diesjährigen zu, während die Vorjährigen im Herbst sterben. Nur selten überlebt ein Tier einen zweiten Winter.

In Gastein erschienen die ersten Juvenilen Ende Mai / Anfang Juni und erreichten im September ihre höchste Dichte. Die Adulten wurden am häufigsten in den ersten 3 Fangperioden von Ende April bis Ende Mai gefangen, danach dominierten die Juvenilen (siehe Abb. 53).

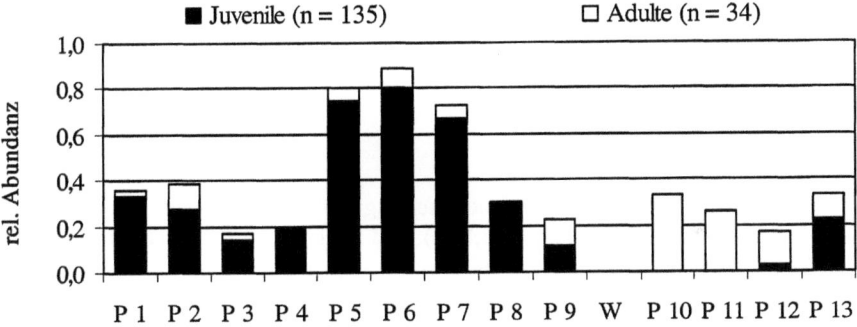

Abb: 53: *S. araneus:* relative Abundanzen in den Fangperioden P1 - P13 beider Dauerprobeflächen - Aufteilung nach Altersklassen
Fig. 53: *S. araneus:* relative densities in the trapping periods P1 - P13 of both permanent study plots - distribution of the age groups

Bei getrennter Betrachtung der beiden Dauerprobeflächen fanden sich in 900 m die ersten Juvenilen ab Ende Mai, wonach sie im Juni ihre höchste Dichte erreichten. Anschließend nahm die Dichte für 3 Fangperioden ab, um im August und September wieder Abundanzen um die 0,6 Ind./100 FE zu erreichen. Die Adulten waren im April und Mai am abundantesten, danach waren sie nur mehr in geringerer Anzahl bis November fangbar (siehe Abb. 54).

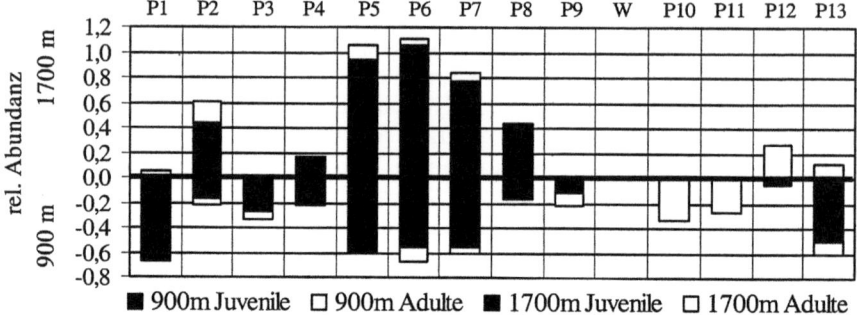

Abb. 54: *S. araneus:* Relative Abundanzen für Höhenstufen und Altersklassen in den Fangperioden P1 - P13 der Dauerprobeflächen „A" = 900 m und „B" = 1700 m

Fig. 54: *S. araneus:* Relative densities for altitude and age groups in the trapping periods P1 – 13 of the permanent study plots "A" = 900 m und "B" = 1700 m

6.12.4 Geschlechterverhältnis

Im gesamten Zeitraum der Untersuchung (1981 – 1987) waren von den 233 Waldspitzmäusen 120 männlich (53,8 %), 103 weiblich, bei 10 Exemplaren, meist Juvenilen, blieb das Geschlecht unbestimmt. Die männlichen Tiere überwogen sowohl bei Juvenilen mit 53,4 % wie bei Adulten mit 55,1 %. Bei den Männchen war der Juvenilen-Anteil mit 77,5 % etwas geringer als bei den Weibchen mit 78,6 %.

RÖBEN (1969), KUBIK (1951) und auch CROIN MICHIELSEN (1966) sprechen von einem insgesamt ausgewogenen Geschlechterverhältnis. PUCEK (1959) stellte in Bialowieza bei 9241 Fängen einen Anteil von 51,9 % Männchen fest, in Gastein lag deren Anteil noch um 1,9 % höher. Eine besonders starke männliche Dominanz von 23 (= 78,9 %) zu nur 9 Weibchen wurde von JERABEK (1998) in den Hohen Tauern festgestellt.

Es zeigte sich während der Langzeitbeobachtung, daß die Geschlechterzahlen in der höher gelegenen Fläche ausgeglichen waren, jedoch ein Überschuß bei den männlichen Tieren in 900 m zu verzeichnen war. Die Art ist in PF „B" etwas stärker vertreten, bei den Weibchen ausgeprägter als bei den Männchen (siehe Tab. 53).

		Männchen	Weibchen		Männchen	Weibchen
n		48	38		42	41
rel. Abund.	„A" 900 m	0,21	0,16	„B" 1700 m	0,23	0,22
%		55,8 %	44,3%		50,5 %	49,5 %

Tab. 53: *S. araneus:* Verteilung der relativen Abundanz nach Geschlecht und Höhenstufe in den beiden Dauerprobeflächen (Berechnungsgrundlage: „A" = 22500 FE, „B" = 18100 FE)

Tab. 53: *S. araneus:* Distribution of the sexes in the two permanent study plots (calculation basis for relative density: „A" = 22500 FE, „B" = 18100 FE)

In den Dauerprobeflächen zeigte sich im April ein Männchenüberschuß von 2 : 1, der in der Folge im Mai und Juni einem Geschlechterausgleich zustrebte, in der letzten Juliwoche aber auf 5 : 1 anstieg und von da an gegen den Herbst absank – in der 2. Oktoberhälfte kamen 2,7 Weibchen auf ein Männchen, die beiden im November erbeuteten Tiere waren beide weiblich. Diese Ergebnisse decken sich mit den Angaben von DEHNEL (1949), wonach sich im Frühjahr mehr Männchen und im Herbst mehr Weibchen fangen lassen (siehe Abb. 55).

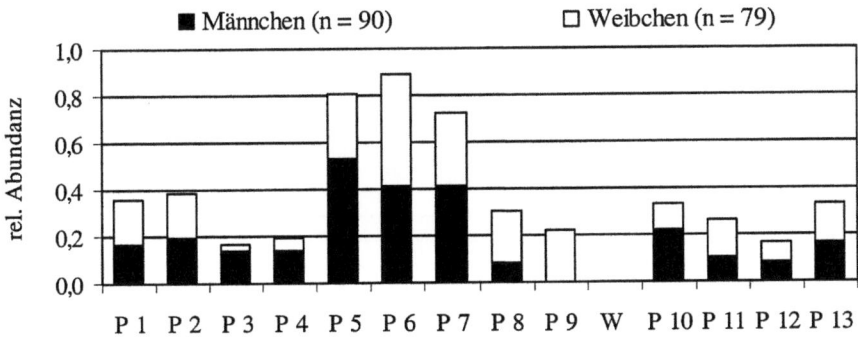

Abb. 55: *S. araneus:* relative Abundanzen in den Fangperioden P1 - P13 beider Dauerprobeflächen - Aufteilung nach Geschlecht

Fig. 55: *S. araneus:* relative densities in the trapping periods P1 - P13 of both permanent study plots - distribution of the sexes

Bei getrennter Betrachtung der beiden Dauerprobeflächen überwogen in 900 m die Weibchen im Mai, Ende Oktober und im November, in 1700 m dominierten sie häufiger: Anfang Juli, Anfang August, im September und Anfang Oktober (siehe Abb. 56).

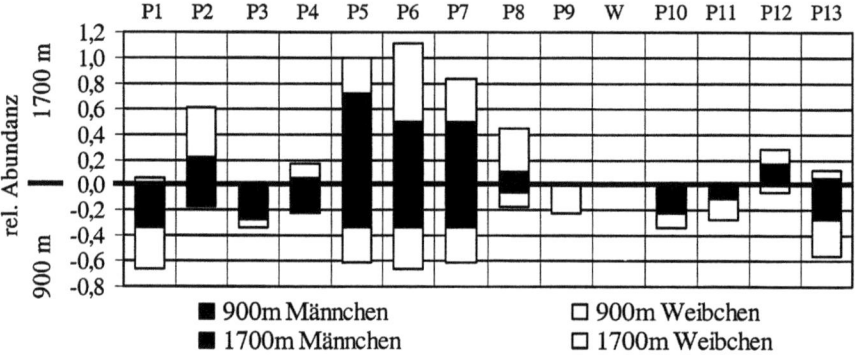

Abb. 56: *S. araneus:* Relative Abundanzen für Höhenstufen und Geschlecht in den Fangperioden P1 - P13 beider Dauerprobeflächen "A" und "B"

Fig. 56: *S. araneus:* Relative densities for altitude and sex in the trapping periods P1 - 13 of both permanent study plots "A" and "B"

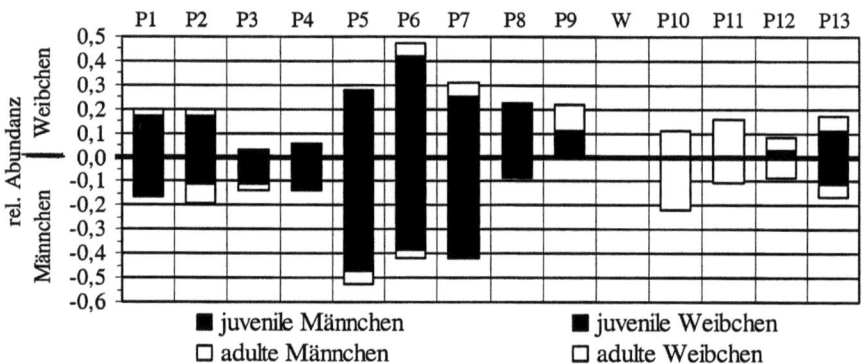

Abb. 57: *S.araneus:* Relative Abundanzen für Geschlecht und Altersklasse in den Fangperioden P1 - P13 der Dauerprobeflächen "A" und "B"

Fig. 57: *S. araneus:* Relative densities for sex and age groups in the trapping periods P1 - 13 of both permanent study plots "A" and "B"

Juvenile Weibchen wurden in Gastein von 30. Mai bis 8. November gefangen, adulte von 27. April bis 6. November, juvenile Männchen von 11. Juni bis 23.Oktober, adulte von 24. April bis 22. September, eine detailliertere Aufteilung in Alter und Geschlecht zeigt Abb. 57.

6.12.5 Reproduktion

Früher nahm man an, daß Spitzmäuse erst im zweiten Jahr ihres Lebens am Fortpflanzungsgeschehen teilnehmen, doch es werden immer wieder Ausnahmen gefunden: bei Weibchen und wenigen Männchen kann die Geschlechtsreife noch im Jahr ihrer Geburt eintreten, vorausgesetzt es herrschen optimale Bedingungen, wie etwa milde Winter und niedrige Bestandesdichte (KAIKUSALO & HANSKI 1985). Alle Spitzmausarten können je nach Länge der Saison mehrere Würfe im Jahr austragen. PUCEK (1959) meint, daß nur Junge des ersten Wurfes noch im selben Jahr Maturität erlangen können. Er registrierte in Polen das erste gravide diesjährige Tier am 5. Juni. Bei meinen Untersuchungen traten 5 juvenile gravide Weibchen mit 2 – 5 Embryonen auf, das sind 6,2 % der 81 juvenilen Weibchen bzw. 4,9 % aller 103 Weibchen. Vier dieser trächtigen Juvenilen gingen in dem kurzen Zeitraum vom 24. – 26. August 1981 auf der Schloßalm rund um das Hamburger Skiheim (n = 2) und in der verblockten Zwergstrauchheide (n = 2) in die Falle. Einen erweiterten Uterus zeigten 8 Juvenile, das erste am 19. Juni auf der Dauerprobefläche „A" in 900 m. In Tabelle 54 sind alle Weibchen mit Fortpflanzungsaktivitäten aufgelistet.

Im Freiland reift der Großteil der Tiere erst nach der Überwinterung ab Februar / März heran, der genaue Zeitpunkt variiert nach geographischer Breite und örtlichen Klimaverhältnissen. Die Tragzeit beträgt 20 Tage, danach werden die Jungtiere noch 4 Wochen lang von der Mutter betreut. Für die Donauauen gibt SPITZENBERGER (1964) das erste gravide Adulttier für den 29.März an. In Gastein trat der erste Fall am 12. Mai auf, der letzte am 5. Oktober (Dauerprobefläche „A" = 900 m). In der oberen Dauerprobefläche in 1700 m fing ich gravide Vorjährige von 29. Mai – 14. September. Durch den späten Beginn der Fangsaison ab 23. April in 900 m und ab 27. Mai in 1700 m (bedingt durch die Schneelage), könnte ich die ersten Anzeichen des Fortpflanzungsgeschehens „verpaßt" haben. Die 9 Adulten trugen mit 6 – 9 Embryonen (x = 7,1) deutlich mehr als die Diesjährigen mit 2 – 5 (x = 3,6).

Insgesamt gab es 14 trächtige Tiere, davon waren 9 adult (= 64,3% der Trächtigen; 40,9% der 22 adulten Weibchen; 8,7% aller 103 Weibchen) und 5 juvenil (= 35,7% der Trächtigen, 6,2 % der 81 juvenilen Weibchen und 4,9 % aller Weibchen).

Ind. Nr.	Jahr	Datum	Höhe (msm)	PF	HT	Alter	Embryonen	vergr. Uterus	laktierend
21	86	27. Apr.	900	A	10/11	ad		X	
25	86	28. Apr.	900	A	10/11	ad		X	
45	86	12. Mai	900	A	10/11	ad	7		
54	86	14. Mai	900	A	10/11	ad	8		
56	86	14. Mai	900	A	10/11	ad	7		
86	86	29. Mai	1700	B	10	ad	6		
119	86	02. Juni	1700	B	10	ad	9		
163	86	18. Juni	900	A	10/11	ad	6		
29	85	19. Juni	900	A	10/11	ju		X	
30	85	19. Juni	1700	B	10	ad			X
106	85	07. Juli	1700	B	10	ju		X	
140	85	09. Juli	1700	B	10	ad	7		
155	85	10. Juli	1700	B	10	ju		X	
156	85	10. Juli	1700	B	10	ju		X	
39	82	06. Aug.	1980	1	3	ad	7		
11	82	15. Aug.	1980	7	3	ad			X
21	81	24. Aug.	1990	Fund	2	ju	2		
23	81	26. Aug.	1940	3	8	ju	5		
24	81	26. Aug.	1940	3	8	ju	4		
27	81	26. Aug.	1990	4	2	ju	2		
315	85	26. Aug.	1700	B	10	ju		X	
319	85	26. Aug.	1700	B	10	ju		X	
322	85	26. Aug.	1700	B	10	ju		X	
323	85	26. Aug.	1700	B	10	ju		X	
472	85	14. Sep.	1700	B	10	ad			X
484	85	14. Sep.	1700	B	10	ju	5		
734	85	05. Okt.	900	A	10	ad	7		

Tab.54: Sexuell aktive Waldspitzmausweibchen in saisonaler Abfolge
Tab. 54: Sexually active females of the common shrew in the course of the year

Die Männchen werden etwa 3 Wochen vor den Weibchen sexuell aktiv. In den Stockerauer Donauauen registrierte SPITZENBERGER (1964) bereits Anfang Februar beginnendes Hodenwachstum der Überwinterten.

Von den 93 diesjährigen Gasteiner Waldspitzmausmännchen zeigte kein einziges sexuell reife Geschlechtsorgane, ihre Hodenlänge betrug maximal 2,5 mm. Ab ca. 5 mm Länge gelten Hoden als matur (SULA 1973, zit. in HURKA 1986). Bei den 22 vermessenen Hoden adulter Männchen lagen die Hodenlängen zwischen 6,2 – 7,9 mm. Am 24. April (Beginn der Fangsaison 1986) fing sich das erste adulte Männchen in der Dauerprobefläche „A", das letzte am 22. September in 1850 m. Zwischen den Höhenstufen ergaben sich bezüglich der Hodenmaße keine signifikanten Differenzen (Whitney-Mann-U-Test), für die Monatsberechnungen mangelte es an Datenmaterial.

6.12.6 Methodischer Vergleich der Fallentypen

Für die Untersuchungen in den Dauerprobeflächen setzte ich zusätzlich zu den Klappfallen auch Barberfallen im Verhältnis 2 : 1 ein, da bekanntermaßen Insektivoren in diesem Fallentyp leichter zu fangen sind, was sich in den Ergebnissen bestätigte.

Insgesamt gab es 1985 – 1986 in den Dauerprobeflächen 13500 Falleneinheiten (1 FE = 1 Falle pro 24 h) Barberfallen und 27100 FE Klappfallen als Grundlage der Abundanzberechnung. Für die Vergleiche wurden nur die Ergebnisse aus den Dauerprobeflächen herangezogen.

Die relative Abundanz der Waldspitzmaus in den Barberfallen betrug 0,81 Ind./100 FE, in den Klappfallen nur 0,2 Ind./100 FE, womit sich ein Verhältnis von BF : KF = 4,05 : 1 ergab.

In den Dauerprobeflächen konnte ich feststellen, daß in der 2. Jahreshälfte der Anteil der Klappfallenfänge zunahm, und zwar hauptsächlich von Ende August bis Ende Oktober (siehe Abb. 58).

Die Klappfallen wurden in den meisten dieser Fangperioden hauptsächlich von juvenilen Tieren frequentiert, nur im April, Mai und November fingen sich mehr Adulte. In den Barberfallen dominierten ab Mitte Juni die Juvenilen (siehe Abb. 59).

Bei beiden Altersklassen überwogen die Barberfallenfänge, bei Adulten in wesentlich stärkerem Maße (5,6 : 1). In den Klappfallen fingen sich ca. 6 mal mehr Juvenile als Adulte, in den Barberfallen nur 3,4 mal mehr.

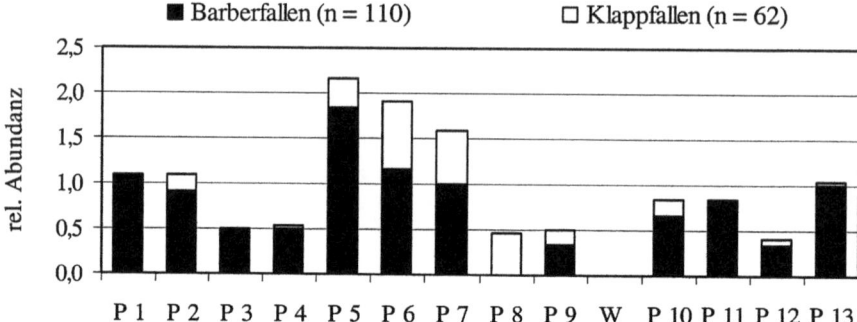

Abb. 58: *S. araneus:* relative Abundanzen in den Fangperioden P1 - P13 beider Dauerprobeflächen - Aufteilung nach Fallentyp

Fig. 58: *S. araneus:* relative densities in the trapping periods P1 - P13 of both permanent study plots – distribution in the trap types

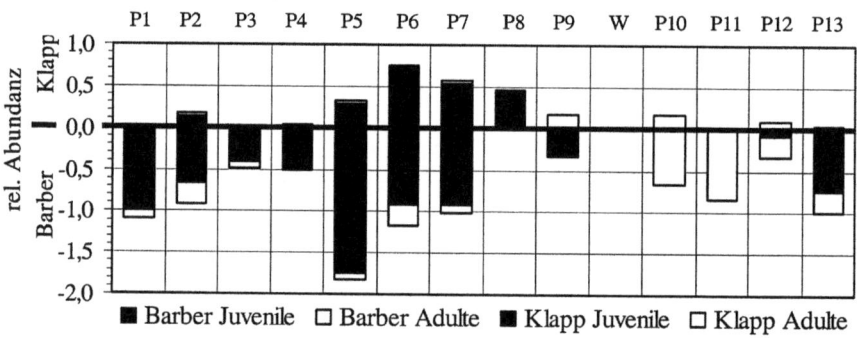

Abb. 59: *S.araneus:* Relative Abundanzen für Fallentyp und Altersklassen in den Fangperioden P1 - P13 der Dauerprobeflächen „A" und „B"

Fig. 59: *S. araneus:* Relative densities for trap type and age groups in the trapping periods P1 – 13 of both permanent study plots "A" and "B"

Die für den gesamten Untersuchungszeitraum berechneten Unterschiede in der Fallenabundanz der Geschlechter brachten folgendes Ergebnis: Bei beiden Geschlechtern erwiesen sich die Barberfallen als fängiger, für Männchen mit 80,9 % etwas stärker als für Weibchen mit 74,7 %. Im Saisonverlauf zeigte sich die

Geschlechterverteilung sehr wechselhaft. In den Klappfallen gab es geringfügig mehr Weibchen (siehe Abb. 60).

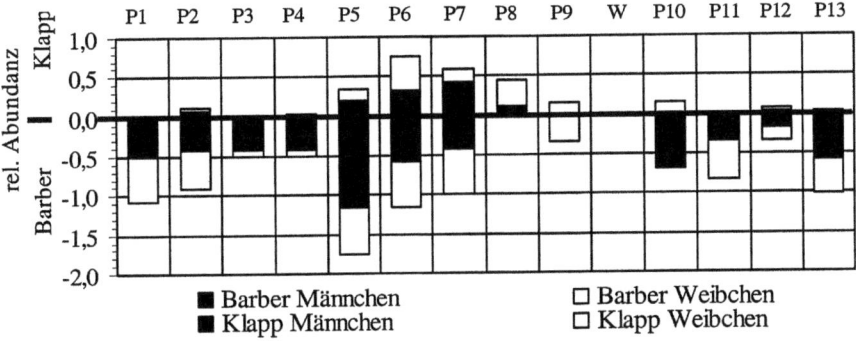

Abb. 60: *S.araneus:* Relative Abundanzen für Fallentyp und Geschlecht in den Fangperioden P1 - P13 der Dauerprobeflächen "A" und "B"

Fig. 60: *S. araneus:* Relative densities for trap type and sex in the trapping periods P1 - 13 of both permanent study plots "A" and "B"

In den Klappfallen weicht das Verhältnis adulte Männchen : adulte Weibchen von 1 : 1,7 von der – allerdings auf die Alpenspitzmaus bezogenen - Annahme SPITZENBERGERS (1978) ab, wonach gerade adulte Weibchen wegen der Brutpflege schlechter von Klappfallen erfaßt würden als Männchen. Allerdings stützen sich meine Ergebnisse nur auf 16 Tiere (6 : 10). Bei den Juvenilen waren die Fangzahlen beider Geschlechter für die Klappfallen ident.

6.12.7 Morphologie

Männchen und Weibchen wurden nicht getrennt beurteilt, da man wiederholt festgestellt hatte, daß sich der Geschlechtsdimorphismus bei *S. araneus* in den meisten morphologischen Merkmalen nicht äußert und daher viele Autoren auf eine Trennung verzichten (u.a. DEHNEL 1949, HOMOLKA 1980). SPITZENBERGER (1964, 2001) fand bei den Adulten in der Stockerauer Au einen Geschlechtsdimorphismus für KR, HF und SH. Eine Ausnahme stellt naturgemäß auch das Gewicht der trächtigen Weibchen dar (siehe Abb. 61).

SPITZENBERGER (2001) merkt an, daß die geographische Variabilität der Körper- und Schädelmaße in Österreich ungewöhnlich groß ist.

Ansonsten wurden nur die Altersklassen wurden getrennt behandelt. Für die Jahreskurven wurden alle aus demselben Monat stammenden Tiere des gesamten Untersuchungszeitraumes ungeachtet der Probefläche zusammengefaßt. In den Tabellen 55 - 57 sind die statistischen Kennzahlen aller Meßwerte zusammengefaßt.

6.12.7.1 Körpermaße

Körpergewicht: Abgesehen von den Abweichungen durch trächtige Weibchen von April – August (Abb. 62) verlaufen die Gewichtskurven männlicher und weiblicher Waldspitzmäuse durchaus parallel (SPITZENBERGER 1964) und es wird als vertretbar angesehen, die Durchschnittswerte der beiden Geschlechter zu vereinen.

In Gastein zeigt das Gewicht der Juvenilen leicht steigende Tendenz mit Höhepunkt im Oktober, wo der kurze Gewichtsanstieg nach STEIN (1954) durch das hohe Hautgewicht der haarwechselnden Tiere bedingt ist. Nach dem aus der Literatur bekannten rapiden Gewichtsverlust im Winter steigt es in Gastein von April bis Juni sprunghaft an, im Juli und August geht es leicht zurück, um im September (x = 12,6 g) den Höchststand zu erreichen (in den Donauauen bereits im Juli). Die monatlichen Gewichtsmittelwerte aus Gastein liegen zwischen jenen aus Stockerau und Bonn (SPITZENBERGER 1964). NIETHAMMER (1956) fand heraus, daß hauptsächlich die regionalen Temperaturverhältnisse und das mit ihnen gekoppelte Nahrungsangebot das Körpergewicht beeinflussen. Im kontinentaleren Klima Polens beheimatete Tiere sind tatsächlich leichter und ihre saisonalen Schwankungen sind stärker ausgeprägt als bei westlicheren Populationen. Der Autor merkt auch an, daß Kleinsäuger der Bergmann-Klimaregel nicht folgen, da eine Vergrößerung offenbar keinen Auslesevorteil bringt. Für Spitzmäuse scheint es bei der Besiedelung nördlicher Areale günstiger zu sein, hohe Gewichtseinbußen schadlos überstehen zu können.

Alle Soriciden verfügen über eine hohe Metabolismusrate und hohen Nahrungsbedarf, abhängig von ihrer Körpergröße. Kleinere Arten haben kleinere Körperenergiereserven und höhere massenspezifische Metabolismuswerte, wodurch sie eher in Gefahr sind zu verhungern als die größeren.

Im Frühjahr des 2. Lebensjahres findet mit Beginn der Reproduktionsperiode ein starker Wachstumsschub statt. Weibchen, die schon im ersten Lebensjahr sexuell aktiv werden, bleiben in diesem ersten Jahr in den Körperdimensionen der Juvenilen (siehe Abb. 61 und 62).

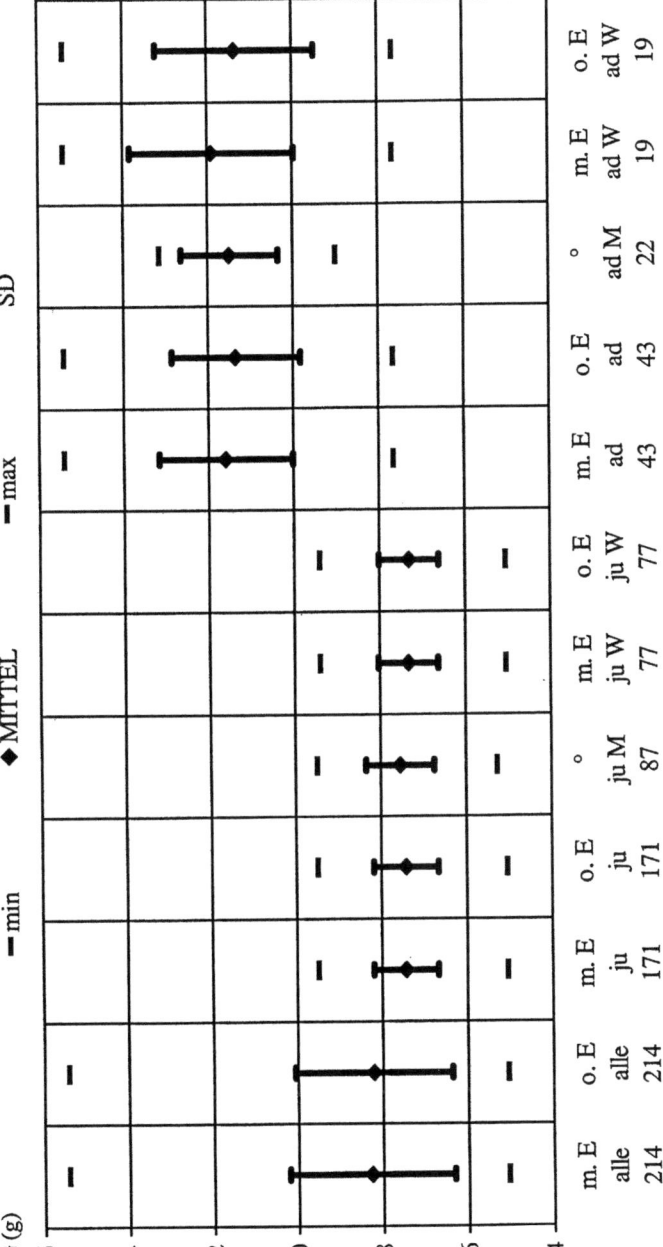

Abb. 61: *S. araneus*: statistische Werte des Körpergewichtes (G) der Juvenilen (ju) und Adulten (ad) mit Embryonen (m. E.) und ohne Embryonen (o. E). Unterste Zahlenreihe = n. M = Männchen, W = Weibchen

Fig. 61: *S. araneus*: statistical values for body weight (G) of juveniles (ju) and adults (ad) with embryos (m. E.) and without embryos (o. E). Lowest row of numbers = n. M = males, W = females

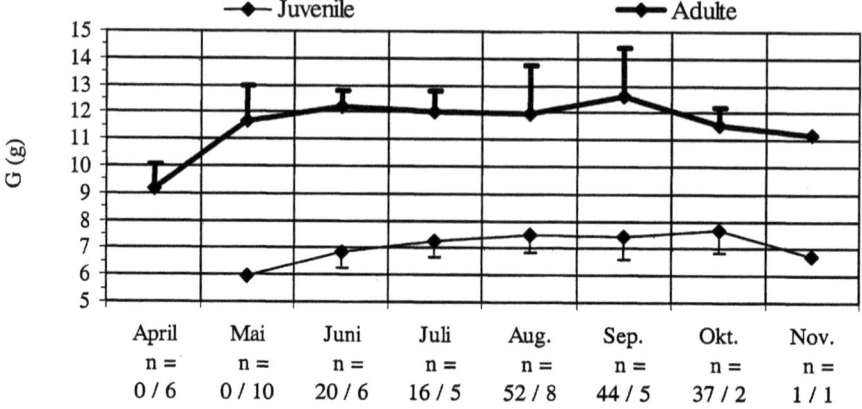

Abb. 62: *S. araneus:* Mittelwerte und Standardabweichungen des Körpergewichtes (G) der Altersklassen im Jahresverlauf (mit n für ju/ad)
Fig. 62: *S. araneus:* Mean values and standard deviations of body weight (G) in the course of the year (with n for ju/ad)

Kopf-Rumpf-Länge: Vergleicht man mit anderen Populationen, so sind die Waldspitzmäuse der österreichischen Donauauen beider Altersklassen am größten (SPITZENBERGER, 1964), während an polnischen (DEHNEL 1949) und an finnischen (SIIVONEN 1954, zit. SPITZENBERGER 1964) wesentlich niedrigere Werte festgestellt wurden. Die Gasteiner Population liegt größenmäßig zwischen jener der Donauauen und der polnischen. ZALESKY (1948) stellte fest, daß diese Art großräumig von Süd nach Nord und von West nach Ost kleiner wird. Allerdings waren auch die Tiere anderer Arbeiten aus den Hohen Tauern (JERABEK 1997, REITER 1997) mit Adult-Mittelwerten von 72 mm kleiner als jene der Gasteiner Population. Im Jahresablauf stagnierten die Mittelwerte der Juvenilen etwas über 70 mm, sie streuen erwartungsgemäß stärker als bei den Erwachsenen. Nach der Fangpause im Winter lag der Mittelwert der Adulten für den April bei 76,9 mm und stieg bis in den Herbst kontinuierlich an (letztes Tier vom November: 83,7 mm). Bei den finnischen und polnischen Untersuchungen zeigte sich im 2. Lebensherbst ein erneutes Kleinerwerden, das ich in Gastein nicht bemerken konnte – allerdings war die Individuenzahl der Überwinterten gegen Jahresende nicht unbedingt sehr aussagekräftig (2 im Okt. und 1 im Nov. - siehe Abb. 63).

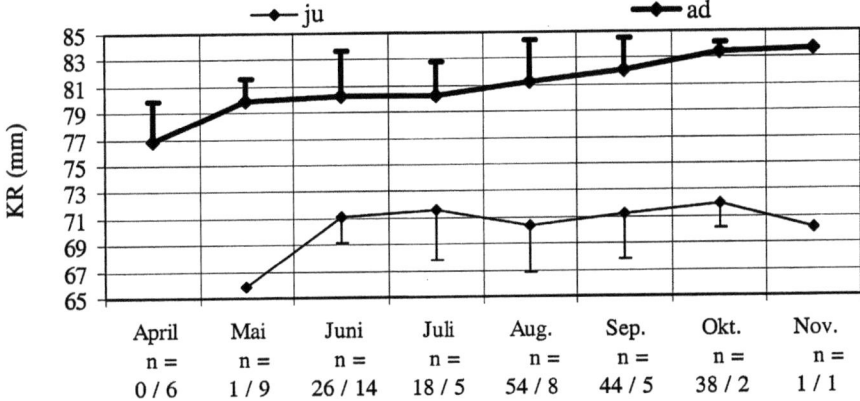

Abb. 63: *S. araneus:* Mittelwerte und Standardabweichungen der Kopf-Rumpf-Länge (KR) der Altersklassen im Jahresverlauf (mit n für ju/ad)

Fig. 63: *S. araneus:* Mean values and standard deviations of body length (KR) in the age groups in the course of the year (with n for ju/ad)

Schwanzlänge: Abb. 64 zeigt den saisonalen Verlauf der Schwanzlängenmittelwerte und verdeutlicht die Abnahme dieses Maßes bei den Adulten.

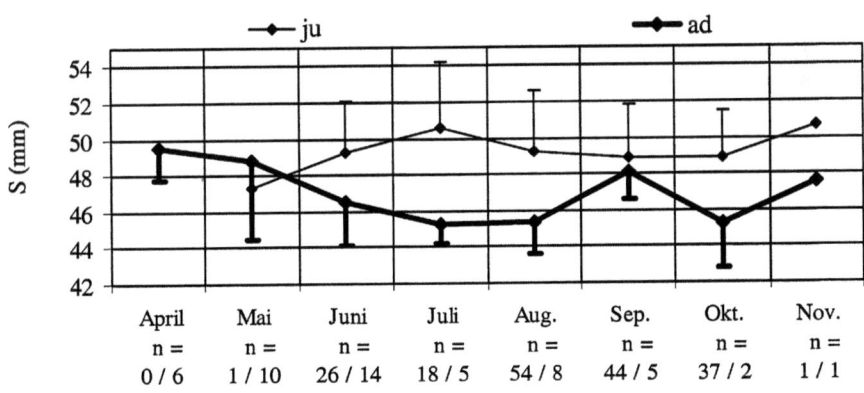

Abb. 64: *S. araneus:* Mittelwerte und Standardabweichungen der Schwanzlänge (S) der Altersklassen im Jahresverlauf (mit n für ju/ad)

Fig. 64: *S. araneus:* Mean values and standard deviations of tail length (S) in the age groups in the course of the year (with n for ju/ad)

Auch hier zeigt sich eine größere Streuung bei den Juvenilen. HURKA (1986) stellte Unterschiede zwischen verschiedenen Meereshöhen fest. In Gastein ließ sich zwischen den Höhenstufen 900 m und 1700 m in den Dauerprobeflächen kein Unterschied erkennen.

CLAUDE (1968) fand in der Schweiz auf der Götschneralpe (1700 m) langschwänzigere Tiere (49,3 – 51,1 mm Mittelwerte für Tiere verschiedener KR-Längen), als in der Züricher Gegend (620 m: 40,7 – 43,3 mm). Für die Gesamtpopulation Gasteins, deren Mittelwert bei 48,8 mm liegt (900 m – 2050 m), ist dieses Phänomen nicht so stark ausgeprägt wie in der Schweiz, wenn man sie mit den Tieren der Stockerauer Au (SPITZENBERGER 1964) vergleicht, für die Schwanzmonatsmittelwerte von 44,4 mm bis 47,5 mm angegeben sind. Allerdings stellte SPITZENBERGER (1964) auffällige Unterschiede zu den Schwanzlängen der gleich hoch gelegenen Lobau fest. Die Ursachen für Variationen der Schwanzlänge dürften eher im Mikrohabitat- und Mikroklimabereich zu suchen sein. Ein langer Schwanz ist als Balancierhilfe beim Klettern in strukturreichen Lebensräumen von Vorteil, in Gangsystemen jedoch nur von untergeordneter Bedeutung (HUTTERER 1989). Andere Untersuchungen in den Hohen Tauern (JERABEK 1998 und REITER 1997) zeigten zumindest für die Adulten niedrigere Schwanzmittelwerte als in Gastein (44 bzw. 45 mm).

Hinterfußlänge: Sie gilt als ein von Alter und Geschlecht unabhängiger Wert, der laut HURKA (1986) allerdings ebenfalls mit der Meereshöhe variieren soll, was auf die Höhenstufen in Gastein nicht zutraf. Die Daten von JERABEK (1997) und REITER (1997) mit einem Mittelwert von 13 mm entsprechen meinen Ergebnissen. Die Jahreskurven der Gasteiner Tiere sind in Abb.65 dargestellt.

Trotz der Lage in geringer Seehöhe weisen die von SPITZENBERGER (1964) in den Donauauen untersuchten Tiere relativ große Fußsohlen auf – alle Monatsmittel über 13,4 mm, zudem fand die Autorin bei den adulten Weibchen geringere HF-Längen als bei den gleichaltrigen Männchen

Ohrlänge: In der Literatur gibt es über dieses Maß nur wenig Angaben, aus den Hohen Tauern sind Adult-Mittelwerte von 7 mm bekannt (REITER 1997; JERABEK 1998).

In meinen Untersuchungen zeigte sich eine enorme Streuung dieses Wertes – vielleicht nicht zuletzt deshalb, weil sich schon der exakte Ansatz des Meßinstrumentes an der weichen Ohrmuschel als diffizil erweist.

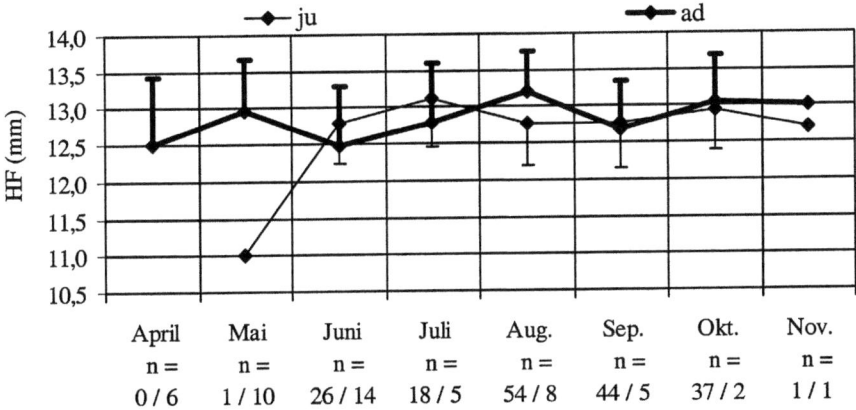

Abb. 65: *S. araneus:* Mittelwerte und Standardabweichungen der Hinterfußlänge (HF) der Altersklassen im Jahresverlauf (mit n für ju/ad)

Fig. 65: *S. araneus:* Mean values and standard deviations of body length (KR) in the age groups in the course of the year (with n for ju/ad)

6.12.7.2 Schädelmaße

Die Schädelwerte der Gasteiner Waldspitzmäuse liegen unter den bei SPITZENBERGER (2001). Bei den kleinen Dimensionen der Meßstrecken an Spitzmausschädeln ist der Faktor der Meßungenauigkeit zu bedenken, ein Umstand, der auch einen Vergleich mit den Ergebnissen anderer Autoren problematisch macht, da bei diesen auch noch unterschiedliche Meßmethoden (Binokular oder Schublehre) zum Einsatz kommen. Ein weiteres Problem stellen geringe Fangquoten dar, da sie die Mittelwerte weniger repräsentativ machen. Die Schädelwerte sind in den Tabellen 55 – 57 zusammengefaßt.

Condylobasallänge: Die CB der Gasteiner Waldspitzmäuse zeigte im Verlauf des Lebens eine leicht sinkende Tendenz, wie sie auch von SPITZENBERGER (1964) festgestellt wurde. Die Autorin weist auch auf die große Variationsbreite dieses Maßes in Österreich hin, welche nicht klinal, sondern ohne erkennbaren geographischen Gesetzmäßigkeiten verläuft.

Größte Schädellänge: Dieses Maß weist im Vergleich zu CB eine größere Differenz zwischen Juvenilen und Adulten auf, da sich im Alter die Größenabnahme der CB und die abkauungsbedingte Verringerung des I1 addieren.

Schädelhöhe: An diesem Maß entdeckte DEHNEL (1949) die winterliche Schädeldepression der Spitzmäuse, deren Ausmaß offenbar dem Wetter unterliegt (PUCEK 1955).

Da ich in den Wintermonaten keine Fallen stellte, fehlen diese extremen Tiefwerte in meinen Daten.

Schädelbreite: Dieser Wert zeigt im Laufe der Entwicklung eine Steigerung, was den Angaben verschiedener Autoren entspricht (DEHNEL 1949; PUCEK 1960; SPITZENBERGER 1964; SCHUBARTH 1958).

Zygomatische Breite: Dieser Wert schwankt zwischen Dies- und Vorjährigen weniger als die SB.

Interorbitalbreite: Die IO erfährt während des Spitzmauslebens nur eine leichte Größenzunahme, wie dies schon DEHNEL (1949) und SPITZENBERGER (1964) anmerkten.

Postglenoidbreite: Mit dem Abstand der Keilbeinaußenränder verhält es sich ähnlich wie mit der IO, die Mittelwerte der Juvenilen liegen nur geringfügig unter jenen der Adulten

Die **Coronoidhöhe** gilt als wichtiger Wert zur Trennung der *Sorex*- und *Neomys*-Arten. Es gibt geringe Unterschiede zwischen den Altersklassen. SCHMIDT (1972) erwähnt geographische Unterschiede für Ungarn und Österreich, wo 4,6 mm das Mittel ist, im polnischen Material sind die meisten Coronoidhöhen in der Größenklasse von 5 mm zu finden. SPITZENBERGER (1964) gibt für Stockerau nur Monatsmittelwerte über 4,9 mm an.

Folgende Schädelmittelwerte zeigten sich bei Adulten in Gastein niedriger als bei den Juvenilen: CB, GrSL, SH, OZR, UZR, INCUK (Abkauung) und natürlich die Höhe des M1 im Unterkiefer.

Folgende Schädelmittelwerte stiegen im Alter etwas an: SB, ZYG, IO, PGL, AOB und CORH. PALL und UKDIA zeigen kaum Unterschiede.

6.12.7.3 Innere Organe

Ebenso wie das Körpergewicht sind auch die inneren Organe einer ontogenetischen Veränderung unterworfen, die durch Gewebedehydration während des Herbstes und Winters erklärlich sind (PUCEK 1965 und 1970).

Leber: Die saisonalen Veränderungen korrespondieren mit jenen des Körpergewichtes. Im Lauf des Spitzmauslebens steigert sich der wert um 74 %.

Nieren: Das Nierengewicht gilt als guter Indikator für metabolische Veränderungen in den Organismen und reagiert sensibel auf Habitatfaktoren, die ein Steigen oder Sinken in den grundlegenden physiologischen Prozessen verursachen. Gewichtszunahme: 35 %.

Milz: Die Milz gilt als ein individuell sehr variables Organ bezüglich Größe und Gewicht. Bei den Juvenilen fielen 2 Exemplare mit stark vergrößerter Milz auf (0,33 g und 0,36 g). Aus Gastein gibt es keine Daten zu den in der Literatur beschriebenen reduzierten Winterwerten. Die Mittelwerte erfahren insgesamt eine Steigerung von 40 %.

Herz: Auch hier liegen keine Gasteiner Winterdaten vor, doch PUCEK (1965) merkte an, daß das Herz die radikale Winterdepression nicht mitmacht. Insgesamt steigt der Wert um 57 %.

Lunge: Das Lungengewicht nimmt mit 50 % etwas weniger zu als das des Herzen.

Magen: Das absolute Magengewicht unterliegt laut MYRCHA (1967) im Winter keinen Änderungen, das bedeutet, daß die tägliche Futtermenge gleich bleibt, sich aber in Relation zum verringerten Körpergewicht erhöht. Bei den Gasteiner Tieren kam es von juvenil zu adult zu einer Zunahme des absoluten Magengewichtes um 143 %.

Darm: Der Mittelwert des Darmgewichtes nahm zwischen Juvenilen und Adulten mit 29 % in wesentlich geringerem Maße an Gewicht zu als der Magen.

gesamt	Mittel	SD	Min	Max	n
KR	73,1	4,88	58	86	232
S	48,8	3,13	40	59	232
HF	12,8	0,64	11	15	233
O	6,9	1,06	4	10	214
CB	19,57	0,34	18,70	20,70	160
GrSL	20,20	0,39	19,30	21,20	155
SH	5,90	0,27	5,00	6,50	150
SB	9,55	0,23	8,70	10,20	144
ZYG	5,10	1,17	4,00	5,40	189
IO	3,68	0,14	3,30	4,20	214
PGL	5,40	0,16	4,90	5,80	210
AOB	2,58	0,10	2,15	2,90	216
PALL	8,02	0,25	7,00	8,90	216
OZR	8,63	0,26	7,80	9,40	212
UZR	5,48	0,13	5,10	5,90	220
UKDIA	9,91	0,20	9,30	10,45	219
CORH	4,69	0,13	4,40	5,00	221
INCUK	3,82	0,23	3,10	4,30	218
M 1 H	1,08	0,16	0,50	1,30	221
G	8,3	1,94	5,1	15,4	214
LE	0,58	0,20	0,25	1,67	231
NI	0,14	0,03	0,07	0,22	211
MI	0,08	0,05	0,01	0,36	190
HE	0,10	0,03	0,03	0,20	213
LU	0,11	0,03	0,05	0,22	212
MA	0,30	0,28	0,08	1,83	208
DA	1,09	0,28	0,13	2,54	202

Tab. 55: *S. araneus:* statistische Kennzahlen der Körper- und Schädelmaße (in mm bzw. g) aller Fänge
Tab. 55: *S. araneus:* Statistical values of body and skull (in mm resp. g) of all catches

Juvenile	Mittel	SD	Min	Max	n
KR	71,1	3,06	58	80	182
S	49,2	3,05	40	59	181
HF	12,8	0,61	11	15	182
O	6,8	1,07	4	9	171
CB	19,61	0,34	18,70	20,70	116
GrSL	20,31	0,35	19,30	21,20	111
SH	5,95	0,27	5,00	6,50	106
SB	9,50	0,22	8,70	10,10	103
ZYG	5,08	0,18	4,00	5,40	150
IO	3,67	0,14	3,30	4,00	167
PGL	5,38	0,15	4,90	5,80	163
AOB	2,57	0,10	2,15	2,90	168
PALL	8,02	0,25	7,00	8,90	168
OZR	8,69	0,23	8,00	9,40	164
UZR	5,48	0,13	5,10	5,90	171
UKDIA	9,90	0,20	9,30	10,45	170
CORH	4,68	0,12	4,40	5,00	172
INCUK	3,91	0,14	3,50	4,30	169
M 1 H	1,16	0,06	1,00	1,30	172
G	7,4	0,76	9,5	5,1	171
LE	0,51	0,08	0,85	0,25	172
NI	0,13	0,02	0,21	0,07	170
MI	0,07	0,05	0,01	0,36	150
HE	0,09	0,02	0,03	0,17	171
LU	0,10	0,02	0,16	0,05	171
MA	0,24	0,14	1,25	0,08	168
DA	0,24	0,14	1,25	0,08	168

Adulte	Mittel	SD	Min	Max	n
KR	80,3	3,13	71	86	50
S	47,2	2,91	42	58	51
HF	12,8	0,75	11	14	51
O	7,4	0,92	5	10	43
CB	19,47	0,30	18,80	20,10	44
GrSL	19,92	0,32	19,30	20,50	44
SH	5,77	0,21	5,40	6,20	44
SB	9,67	0,21	9,25	10,20	41
ZYG	5,18	0,10	5,00	5,35	39
IO	3,75	0,15	3,50	4,20	47
PGL	5,48	0,16	5,20	5,80	47
AOB	2,62	0,08	2,40	2,80	48
PALL	8,03	0,25	7,30	8,50	48
OZR	8,43	0,24	7,80	8,80	48
UZR	5,47	0,14	5,10	5,70	49
UKDIA	9,94	0,17	9,60	10,30	49
CORH	4,73	0,15	4,40	5,00	49
INCUK	3,51	0,19	3,10	3,80	49
M 1 H	0,80	0,10	0,50	1,10	49
G	11,6	1,58	7,7	15,4	43
LE	0,89	0,23	0,57	1,67	41
NI	0,17	0,02	0,13	0,22	41
MI	0,10	0,05	0,02	0,24	40
HE	0,14	0,03	0,06	0,20	42
LU	0,15	0,03	0,10	0,22	41
MA	0,57	0,49	0,15	1,83	40
DA	0,57	0,49	0,15	1,83	40

Tab. 56: *S. araneus*: statistische Kennzahlen der Körper- und Schädelmaße (in mm bzw. g) der Juvenilen

Tab. 56: *S. araneus*: Statistical values of body and skull (in mm resp. g) of juveniles

Tab. 57: *S. araneus*: statistische Kennzahlen der Körper- und Schädelmaße (in mm bzw. g) der Adulten

Tab.57: *S. araneus*: Statistical values of body and skull (in mm resp. g) of adults

6.13 Alpenspitzmaus – *Sorex alpinus* SCHINZ, 1837

6.13.1 Vorkommen und Verbreitung

Die Alpenspitzmaus ist fast zur Gänze auf Mitteleuropa beschränkt. Die Art gilt als präglaziales, montanes Element, das gegenwärtig Reliktareale in den Gebirgsregionen bewohnt. Die Höhenverbreitung ist in NIETHAMMER & KRAPP (1990) mit 160 m (Friaul) bis 2550 m (Großglockner) angegeben.

Als Habitate bevorzugt die Art die submontane, montane und subalpine Höhenstufe, steigt jedoch besonders an Schluchtwaldstandorten tief in die colline Stufe ab, wo sie eine Vorliebe für sickerndes, rieselndes Wasser zeigt. Oberhalb der Baumgrenze findet man die Alpenspitzmaus in Latschengebüsch und Zwergstrauchheiden, Blockhalden und Legsteinmauern, hier gilt ihre Bindung an Oberflächenwasser als geringer, das Mikroklima sollte jedenfalls feucht-kühl sein. (SPITZENBERGER 1978)

In Gastein fingen sich außerhalb der Dauerprobeflächen des subalpinen bzw. montanen Fichtenwaldes nur 4 der insgesamt 52 Individuen: eine im subalpinen Fichtenwald im Naßfeld und zwei in einem montanen Grauerlen-Fichtenwald. Nur eine einzige stammte von oberhalb der Waldgrenze (Hamburger Skiheim in 1940 m). In der tiefer gelegenen Dauerprobefläche „A" ergab sich durch den Laidalmbach ein Schluchtwaldaspekt, die Abundanz betrug hier 0,08 Ind./100 FE. In der oberen Fläche (1700 – 1800 m) fehlte jegliches Gewässer, dort standen jedoch mehr spaltige Strukturen zur Verfügung, wie z.B. bemoostes Blockwerk und ausladende Wurzelsysteme, die relative Dichte war mit 0,15 Ind./100 FE höher als in PF „A".

Allgemein wird die Dichte dieser Spezies als sehr gering angesehen. In Gastein war sie jedoch mit 11,4% die dritthäufigste Spitzmaus.

Die meisten Tiere, jeweils 9, in der 2. August- und 1. Oktoberwoche gefangen.

6.13.2 Nahrung

In den Mägen der Alpenspitzmäuse fanden sich Gastropoda, Lumbricidae, Araneae, Isopoda, Chilopoda und Diptera (KUVIKOVA 1986, SPITZENBERGER 1978).

6.13.3 Altersklassen

SPITZENBERGER (1978) unterteilte die Alpenspitzmäuse in 5 Altersklassen, während ich auch bei dieser Soriciden-Art nur die Diesjährigen von den Vorjährigen trennte. Einen brauchbaren Grenzwert zwischen Juvenilen und Adulten fand ich bei 0,85 mm Höhe des 1. Molaren des Unterkiefers.

In 900 m zeigte sich mit 8 : 1 eine leicht stärkere Überzahl an juvenilen, als dies in 1700 m der Fall war, siehe Tab. 58.

		Juvenile	Adulte		Juvenile	Adulte
n	„A" 900 m	16	2	„B" 1700 m	23	4
rel. Abund.		0,07	0,09		0,13	0,02
% (rel. Ab.)		88,9 %	11,1 %		85,2 %	14,8 %

Tab. 58: *S. alpinus:* Verteilung der Altersklassen in den beiden Höhenstufen der Dauerprobeflächen
Tab. 58: *S. alpinus:* Distribution of age groups over different altitudes in the permanent study plots

Juvenile Tiere wurden von Mitte Juni bis in die letzte Oktoberwoche gefangen, die Adulten traten ab Ende Mai in Erscheinung.

6.13.4 Geschlechterverhältnis

Von den 52 Tieren waren 24 Männchen (= 47,1 %) und 27 Weibchen (= 52,9 %) und eines undefinierbaren Geschlechts.

Die Population setzte sich bezüglich Geschlecht und Alter wie folgt zusammen:
ju W = 43,1 % / ju M = 39,2 %
ad W = 9,8 % / ad M = 7,8 %
Bei beiden Altersklassen überwogen die Weibchen (siehe Tab. 59).

Allgemein war bei beiden Geschlechtern der Anteil der Juvenilen sehr hoch, bei den Männchen mit 83,3% etwas mehr als bei den Weibchen mit 81,5 %.

Laut SPITZENBERGER (1978) ist bei den Juvenilen das Geschlechterverhältnis ausgeglichen, bei sexuell aktiven Tieren jedoch stark zugunsten der Männchen verschoben, brutpflegende Weibchen werden von den (Klapp-) Fallen kaum erreicht, da sie den unmittelbaren Nestbereich kaum verlassen. Daß diese Beobachtungen nicht mit meinen eigenen übereinstimmen, mag möglicherweise an den wenigen adulten Fängen (n = 6) in Gastein liegen, es gab hier doppelt so viele Weibchen bei den Adulten.

		Männchen	Weibchen		Männchen	Weibchen
n	Juvenile	20	22	Adulte	4	5
%		47,6 %	52,4 %		44,4 %	55,6 %

Tab. 59: *S. alpinus:* Verteilung von Männchen und Weibchen auf die Altersklassen (alle Probeflächen)
Tab. 59: *S. alpinus:* Distribution of males and females in the age groups (all study plots)

Während sich die Männchen relativ gleichmäßig auf die Höhenstufen verteilten, wurden die Weibchen häufiger in 1700 m gefangen, d.h. auf der unteren Fläche gab es einen Männchenüberschuß, auf der oberen einen noch stärkeren der Weibchen (siehe Tab. 60).

		Männchen	Weibchen		Männchen	Weibchen
n	„A" 900 m	11	7	„B" 1700.m	8	18
rel. Abund.		0,05	0,03		0,04	0,1
%		61,3 %	38,7%		30,8 %	69,2 %

Tab. 60: *S. alpinus:* Verteilung der Geschlechter auf die Höhenstufen der Dauerprobeflächen (rel. Abundanz)
Tab .60: *S. alpinus:* Distribution of males and females over the different altitudes (relative density)

6.13.5 Reproduktion

Von den 52 *S. alpinus* waren 27 Weibchen, davon nur 2 (= 7,4 %) trächtig mit 3 bzw. 5 Embryonen. Eines der beiden war noch juvenil – auch bei dieser Art nehmen schon diesjährige Tiere an der Fortpflanzung teil. Zwei Juvenile zeigten eine Vergrößerung des Uterus, zwei Adulte Anzeichen für Laktation (siehe Tab. 61). Das erste gravide Weibchen (juvenil, 5 Embr.) fing sich am 22. August auf der Schloßalm (Hamburger Skiheim), das andere (adult, 3 Embr.) am 22. Oktober in der Dauerprobefläche „A" (900 m).

Ind. Nr.	Jahr	Datum	Höhe (msm)	PF	HT	Alter	Embryonen	vergr. Uterus	laktierend
88	86	29. Mai	1700	B	10	ad			X
119	85	8. Juli	1700	B	10	ju		X	
120	85	8. Juli	1700	B	10	ju		X	
20	81	22. Aug.	1940	3	8	ju	5		
777	85	20. Okt.	1700	B	10	ad			X
834	85	22. Okt.	900	A	10	ad	3		

Tab: 61 : Sexuell aktive Alpenspitzmausweibchen in saisonaler Abfolge (Beschreibung der Probeflächen PF und der Habitattypen siehe Tab.5)
Tab: 61: Sexually active females of the alpine shrew in the course of the year (description of the study plots PF and habitat types HT see Tab. 5)

Aus der Literatur sind geschlechtsaktive juvenile Weibchen von 12. Mai bis 4. Oktober bekannt. Das Material aus Österreich läßt auf bis 3 Würfe im Jahr schließen. Die Dauer der Fortpflanzungsperiode kann jährlich differieren, das Eintreten der Geschlechtsreife wird Anfang Februar vermutet. (SPITZENBERGER 1978). Das erste sexuell aktive schon laktierende Tier wurde in Gastein am 29. Mai angetroffen, das erste reife Männchen am 23. Juli.

Männchen wurden 24 gefangen, 4 adulte mit Hodenlängen zwischen 8,3 - 9,7 mm, und 20 juvenile mit Hodenlängen 1,2 – 2,4 mm.

6.13.6 Methodischer Vergleich der Fallentypen

Bei der Verteilung der Geschlechter auf die Fallentypen der Dauerprobeflächen läßt sich bei den Männchen eine Präferenz zugunsten der Barberfallen von 2,7 : 1 erkennen, bei den Weibchen ist das Verhältnis ausgeglichen mit BF : KF = 1 : 1,07. In Klappfallen fangen sich doppelt so viele Weibchen als Männchen (siehe Tab. 62).

Von den Juvenilen wurden die Barberfallen „bevorzugt", von den Adulten hingegen die Klappfallen. Das Verhältnis Juvenile : Adulte in den Barberfallen betrug gar 18 : 1, in den Klappfallen „nur" 4,2 : 1 (siehe Tab. 63)

		Männ-chen	Weib-chen		Männ-chen	Weib-chen
n	Barber-falle	11	8	Klapp-falle	8	17
rel. Abund.		0,08	0,06		0,03	0,06
% (r. Ab.)		57,9 %	42,1 %		32,4 %	67,6 %

Tab. 62: *S. alpinus*: Anteile von Männchen und Weibchen an den verschiedenen Fallentypen (Berechnungsgrundlage: Barberfallen = 22500 FE, Klappfallen = 18100 FE)

Tab. 62: *S. alpinus*: Percentage of males and females in the different trap types (calculation basis for relative density: pitfall traps = 22500 FE, snap traps = 18100 FE)

		Juvenile	Adulte		Juvenile	Adulte
n	Barber-falle	18	1	Klapp-falle	21	5
rel. Abund.		0,13	0,007		0,08	0,02
% (r. Ab.)		94,7 %	5,3 %		80,7 %	19,3 %

Tab. 63: *S. alpinus*: Anteile von Juvenilen und Adulten an den Fallentypen (Berechnungsgrundlage: Barberf. = 22500 FE, Klappfallen = 18100 FE)

Tab. 63: *S. alpinus*: Percentage of juveniles and adults in the different trap types (calculation basis for rel. density: pitfall = 22500 FE, snap = 18100 FE)

6.13.7 Morphologie

Wegen der geringen Zahl der Tiere wurde kein Jahreslauf der Mittelwerte durchgeführt. Alle Körper- und Schädelmaße für Gesamtpopulation, Juvenile und Adulte sind in den Tabellen 64 – 66 wiedergegeben. Die Daten von Männchen und Weibchen wurden nicht getrennt, SPITZENBERGER (2001) vermerkte Sexualdimorphismus bei Adulten nur für die Maße HF, CB und SH. Die Werte für KR, S, und CB waren bei den Gasteiner Alpenspitzmäusen höher als bei den bei SPITZENBERGER (2001) aufgelisteten Tieren, die Werte für HF, ZYG, AOB, IO, PGL und CORH waren niedriger.

6.13.7.1 *Körpermaße*

Körpergewicht: Wie schon von SPITZENBERGER (1978) angemerkt, hat eine frühe sexuelle Reife keinen Einfluß auf das Gewicht, das trächtige juvenile

Weibchen blieb im Gewichtsrahmen der übrigen Juvenilen. Erst überwinterte Individuen zeigen wie bei den beiden anderen *Sorex*-Arten einen rapiden Gewichtssprung nach oben, bei den Gasteiner Tieren um 44 %.

Kopf-Rumpf-Länge: *S. alpinus* wird ein wenig größer als *S. araneus*. Laut SPITZENBERGER (1978) variiert die KR nicht klinal, sondern mosaikartig, wobei die Tiere des Alpenostrandes hohe Werte aufweisen.

Schwanzlänge: Die Schwanzlänge zeigt im Bereich der Alpen eine klare klinale Variation: hohe Werte im Westen (Italien: 75,2 mm), niedere am Alpenostrand (62,8 mm). Die Gasteiner Werte liegen dazwischen.

Hinterfußlänge: Im Vergleich mit anderen österreichischen Populationen erwies sich die Gasteiner Kolonie als kleinfüßig.

Ohrlänge: Die Literatur bot keine Vergleichswerte, nur die Erwähnung, daß die Ohrlänge größer sei als bei den Waldspitzmäusen (SPITZENBERGER 1978).

6.13.7.2 Schädelmaße

Im Vergleich zum Waldspitzmausschädel ist jener der Alpenspitzmaus flacher und im hinteren Rostralbereich relativ breiter.

Condylobasallänge: Bezüglich der Schädelgröße gruppieren sich in Österreich langschädelige Randpopulationen (x : 19,1 – 20,5 mm) konzentrisch um die kurzschädelige zentrale Ostalpen-Population (x : 18,6 – 18,9 mm) (SPITZENBERGER 1978), wobei die Gasteiner Tiere eine Zwischenstellung einnehmen.

Für folgende Mittelwerte gilt Adulte > Juvenile: ZYG, IO, PGL, AOB, CORH
Juvenile > Adulte: CB, GrSL, SH, SB, PALL, OZR, UZR, INCUK, M1

6.13.7.3 Innere Organe

Die Organgewichte erfahren zwischen Juvenilen und Adulten unterschiedlich hohen Gewichtszuwachs: Leber 54 %, Nieren 36 %, Milz 40 %, Herz 37 %, Lunge 21 %, Magen 83 %, Darm 48 %, während die Mittelwerte der gesamten Körpergewichtes um 44 % zunehmen.

Die Zusammenfassung aller morphologischen Werte ist in den Tab. 64 – 66 zu finden.

gesamt	Mittel	SD	Min	Max	n
KR	70,4	4,77	62	88	51
S	69,7	2,62	64	75	51
HF	14,1	0,71	12	16	50
O	7,3	0,80	6	9	48
CB	19,30	0,27	18,50	19,90	35
GrSL	19,80	0,34	18,80	20,50	33
SH	5,62	0,26	4,90	6,10	33
SB	9,40	0,21	8,90	9,90	34
ZYG	5,10	0,14	4,80	5,40	49
IO	3,88	0,14	3,50	4,20	50
PGL	5,13	0,11	4,90	5,35	50
AOB	2,67	0,09	2,40	2,80	50
PALL	7,59	0,23	7,00	8,00	51
OZR	8,25	0,19	7,70	8,80	47
UZR	5,38	0,11	5,00	5,55	52
UKDIA	9,70	0,29	8,80	10,20	52
CORH	3,94	0,07	3,80	4,10	51
INCUK	3,37	0,19	2,60	3,70	51
M 1 H	0,95	0,19	0,20	1,15	52
G	7,5	1,25	6,1	10,9	49
LE	0,53	0,13	0,30	1,07	49
NI	0,12	0,02	0,10	0,18	49
MI	0,04	0,02	0,01	0,10	46
HE	0,08	0,02	0,05	0,13	48
LU	0,09	0,02	0,05	0,13	48
MA	0,30	0,22	0,08	1,24	49
DA	1,06	0,30	0,56	2,19	48

Tab. 64: *S. alpinus:* statistische Kennzahlen der Körper- und Schädelmaße (in mm bzw. g) aller Fänge

Tab. 64: *S. alpinus:* Statistical values of body and skull (in mm resp. g) of all catches

Juvenile	Mittel	SD	Min	Max	n	Adulte	Mittel	SD	Min	Max	n
KR	68,7	2,43	62	75	42	KR	78,5	4,73	72	88	9
S	69,9	2,52	65	75	42	S	68,5	2,94	64	73	9
HF	14,2	0,75	12	16	41	HF	13,9	0,44	13	14	9
O	7,4	0,81	6	9	40	O	7,2	0,73	7	9	8
CB	19,37	0,23	18,80	19,90	28	CB	19,06	0,26	18,50	19,30	7
GrSL	19,89	0,27	19,30	20,50	28	GrSL	19,30	0,29	18,80	19,50	5
SH	5,69	0,22	5,10	6,10	27	SH	5,30	0,22	4,90	5,50	6
SB	9,41	0,22	8,90	9,90	28	SB	9,32	0,18	9,10	9,50	6
ZYG	5,09	0,14	4,80	5,40	42	ZYG	5,18	0,11	5,00	5,30	7
IO	3,87	0,14	3,50	4,20	42	IO	3,93	0,12	3,70	4,10	8
PGL	5,12	0,12	4,90	5,35	41	PGL	5,13	0,07	5,00	5,20	9
AOB	2,66	0,09	2,40	2,80	42	AOB	2,71	0,07	2,60	2,80	8
PALL	7,60	0,19	7,10	8,00	42	PALL	7,53	0,36	7,00	8,00	9
OZR	8,29	0,15	8,00	8,80	41	OZR	7,92	0,12	7,70	8,00	6
UZR	5,40	0,10	5,00	5,55	43	UZR	5,30	0,10	5,10	5,40	9
UKDIA	9,70	0,30	8,80	10,20	43	UKDIA	9,70	0,26	9,20	10,00	9
CORH	3,94	0,07	3,80	4,10	43	CORH	3,96	0,10	3,80	4,10	8
INCUK	3,44	0,08	3,30	3,70	42	INCUK	3,07	0,26	2,60	3,30	9
M 1 H	1,02	0,06	0,85	1,15	43	M 1 H	0,58	0,19	0,85	0,20	9
G	7,0	0,47	6,1	8,4	41	G	10,1	0,58	9,1	10,9	8
LE	0,48	0,07	0,30	0,60	41	LE	0,75	0,16	0,56	1,07	8
NI	0,11	0,01	0,10	0,13	41	NI	0,15	0,27	0,10	0,18	8
MI	0,04	0,02	0,01	0,10	39	MI	0,06	0,03	0,01	0,09	7
HE	0,08	0,01	0,05	0,11	40	HE	0,11	0,02	0,08	0,13	8
LU	0,08	0,02	0,05	0,12	40	LU	0,10	0,02	0,07	0,13	8
MA	0,27	0,21	0,08	1,24	41	MA	0,49	0,23	0,23	0,77	8
DA	0,98	0,16	0,56	1,30	40	DA	1,46	0,48	0,88	2,19	8

Tab. 65: *S. alpinus:* statistische Kennzahlen der Körper- und Schädelmaße (in mm bzw. g) der Juvenilen
Tab. 65: *S. alpinus:* Statistical values of body and skull (in mm resp. g) of juveniles

Tab. 66: *S. alpinus:* statistische Kennzahlen der Körper- u. Schädelmaße (in mm bzw. g) der Adulten
Tab.66: *S. alpinus:* Statistical values of body and skull (in mm resp. g) of adults

Gattung *Neomys* KAUP, 1829

Wasser- und Sumpfspitzmaus stellen ein mehr oder weniger aquatisches Zwillingsartenpaar dar, wobei die Sumpfspitzmaus *Neomys anomalus* die stammesgeschichtlich ältere Spezies ist, von der sich, vermutlich ausgelöst durch glaziale Klimaverhältnisse, die robustere und schwimmfähigere Wasserspitzmaus *N. fodiens* abgespalten hat. Letztere eroberte sich ein großes transpaläarktisches Areal und ist vom Meeresniveau bis über die Baumgrenze zu finden (SPITZENBERGER 1980). *N. anomalus* ist in Österreich lokaler verbreitet und seltener als *N. fodiens* – in Gastein allerdings wurden 4 *N. anomalus* und 3 *N. fodiens* gefangen.

Wasserspitzmäuse unterliegen starker, Sumpfspitzmäuse schwächerer ökologischer Variabilität, was zu metrischer Ähnlichkeit mit zunehmender Höhenlage führt.

Österreichische *Neomys* lassen sich an Hand von Bälgen und Schädeln fast stets gut differenzieren. Am besten für eine Arttrennung geeignet scheint die Coronoidhöhe (Mandibelhöhe), wobei CORH < 4,6 mm = *N. anomalus* und CORH > 4,6 mm = *N. fodiens* entspricht. Allerdings nehmen die Werte für *N. fodiens* mit steigender Meereshöhe ab, während sie bei *N. anomalus* konstant bleiben, wodurch es montan und subalpin zu Überschneidungen kommt.

Die Schädellängen der beiden Arten zeigen bezüglich Höhenstufen ebenfalls gegenläufige Größenentwicklung: abnehmend bei *N. fodiens* mit zunehmender Höhe, zunehmend bei *N. anomalus*, d.h., je höher gelegen der Fundort, desto schwerer unterscheidet man die Arten mittels Condylobasallänge. Im Allgemeinen zeigt sich der Schädel von *N. anomalus* zarter, gerundeter und niedriger als jener von *N. fodiens* (SPITZENBERGER 1980).

Zur Absicherung der Trennung wurde zusätzlich die Diskriminanz-Analyseformel von REMPE & BÜHLER (1968) angewendet:
x = - UKDIA + 2,58 . CORH + 2,78 . UZR,
wobei der kritische Trennwert bei x = 18,43 liegt (*N. fodiens* > 18,43 > *N. anomalus*).

Beide Arten weisen in Österreich deutliche Variationen der Körpergröße auf, ein geographischer Trend ist dabei nicht zu beobachten, was zur Annahme führt, daß diese Variabilität auf ökologischen Ursachen wie z.B. Nahrungskapazität fußt. Es zeigt sich eine höhenbezogene Größenabnahme von der planaren hin zur subalpinen Stufe (SPITZENBERGER 1980).

6.14 Sumpfspitzmaus - *Neomys anomalus* CABRERA, 1907

In Gastein konnten von dieser Art 4 Exemplare gefangen werden, drei davon in Barberfallen der Dauerprobefläche „A" = 900 m, wo durch die Nähe zum Laidalmbach ein aquatisches Element gegeben ist, die vierte Sumpfspitzmaus stammt aus dem Garten des Forschungsinstitutes.

Die Bindung dieser Spezies an Gewässer ist nicht so intensiv wie die der Zwillingsart, der Körper ist an ein aquatisches Leben weniger gut angepaßt (geringere Behaarung an Schwanz und Füßen). In Zeiten knapper Nahrungsresourcen wird *N. anomalus* in wasserfernere Biotope abgedrängt (NIETHAMMER 1978) und dringt in den Alpen auch in die Nähe menschlicher Besiedlungsräume vor (BAUER, 1951 – zit. in NIETHAMMER & KRAPP 1990; KAHMANN 1952), womit sich das Auftreten im Institutsgarten erklären läßt.

Von den 4 Sumpfspitzmäusen waren 2 Männchen und 2 Weibchen, nach der Zahnabnutzung konnten alle Tiere als juvenil eingestuft werden

Auch bei der Gattung *Neomys* nehmen diesjährige Individuen an der Reproduktion teil, eines der juvenilen Weibchen zeigte einen stark verdickten Uterus.

Die Körpergröße ist von Alter, Jahreszeit und Geschlechtsreife abhängig, Größe und Gewicht steigen mit Erreichen der Geschlechtsreife abrupt an, unabhängig davon, ob dies im 1. oder 2. Lebensjahr geschieht (NIETHAMMER & KRAPP 1990). Bei der Kopf-Rumpf-Länge lagen die Maße der reifen Gasteiner Tiere tatsächlich über jenen der unreifen, in puncto Gewicht jedoch war das immature Weibchen schwerer als jenes mit erweitertem Uterus.

Dasselbe schwerere Weibchen hatte auch einen für die Art sehr langen Schwanz von 60 mm, was SPITZENBERGER (1980) als Maximum für die Sumpfspitzmäuse der hoch- und tiefsubalpinen Stufe angibt. Ein anderes Tier wiederum zeigte eine Schwanzlänge von nur 38 mm. In Tabelle 67 sind die Mittelwerte der 4 Sumpfspitzmäuse zusammengefaßt.

6.15 Wasserspitzmaus - *Neomys fodiens* PENNANT, 1771

Die Wasserspitzmaus ist von den beiden Arten die ökologisch spezialisiertere, sie ist größer und kräftiger und dank ihres Schwanzkiels und der Schwimmborsten an den Füßen ausgezeichnet an das Wasserleben angepaßt. Sie jagt dort hauptsächlich Käfer und Insektenlarven, ebenso gehören kleine Fische in ihr Nahrungsspektrum. *N. fodiens* richtet ihre Wohnhöhlen direkt am Ufer ein.

Zwei der drei in Gastein in Barberfallen erbeuteten Wasserspitzmäuse (juvenile Weibchen) stammen aus der Dauerprobefläche „A" = 900 m, wo der Laidalmbach ihren Biotopansprüchen bezüglich Gewässernähe entspricht. Das dritte Individuum, ein sehr altes, sexuell aktives Männchen, fing sich in Dauerprobefläche „B" = 1700 m, ohne Gewässer in der näheren Umgebung, eine Bachquelle, liegt ca. 400 m entfernt. Als Erklärung für die gelegentlich in untypischen Habitaten vorgefundenen Wasserspitzmäuse gilt ihre Neigung zur Emigration in Zeiten hoher Populationsdichten, bzw. sich verschlechternden Umweltbedingungen (SHILLITO 1963, zit. in NIETHAMMER & KRAPP 1990) Zudem berichten einige Autoren für nördliche Regionen (Großbritannien, Schlesien, Polen, Sibirien) ebenfalls von wasserfernen *N. fodiens* – Fundorten.

Eines der juvenile Weibchen war mit 7 Embryonen trächtig (7. August), wie bei anderen Soricidae nehmen auch bei der Wasserspitzmaus schon juvenile Tiere an der Reproduktion teil.

Tabelle 68 listet die statistischen Werte der 3 Wasserspitzmäuse auf.

gesamt	Mittel	SD	Min	Max	n
KR	75,7	5,88	67	80	4
S	48,1	8,86	38	60	4
HF	15,1	0,63	15	16	4
O	7,1	0,31	7	7	4
CB	20,05	0,24	19,70	20,20	4
GrSL	20,85	0,31	20,40	21,10	4
SH	6,16	0,14	6,00	6,30	4
SB	9,93	0,10	9,80	10,00	4
ZYG	5,68	0,25	5,40	6,00	4
IO	4,03	0,13	3,90	4,20	4
PGL	5,68	0,21	5,40	5,90	4
AOB	3,05	0,10	2,90	3,10	4
PALL	8,85	0,31	8,40	9,10	4
OZR	9,48	0,30	9,10	9,80	4
UZR	5,85	0,06	5,80	5,90	4
UKDIA	10,35	0,31	9,90	10,60	4
CORH	4,10	0,08	4,00	4,20	4
INCUK	4,28	0,10	4,20	4,40	4
M 1 H	1,36	0,05	1,30	1,40	4
G	10,2	1,25	8,9	11,8	4
LE	0,81	0,10	0,70	0,90	4
NI	0,19	0,03	0,16	0,23	4
MI	0,10	0,01	0,09	0,12	4
HE	0,13	0,03	0,09	0,15	4
LU	0,17	0,04	0,11	0,20	4
MA	0,31	0,27	0,12	0,70	4
DA	1,64	0,34	1,17	1,95	4

Tab. 67: *N. anomalus:* statistische Kennzahlen der Körper- und Schädelmaße (in mm bzw. g) aller Fänge
Tab. 67: *N. anomalus:* Statistical values of body and skull (in mm resp. g) of all catches

gesamt	Mittel	SD	Min	Max	n
KR	81,5	1,47	80	83	3
S	69,0	1,34	68	70	2
HF	18,8	0,20	19	19	3
O	6,6	0,91	6	7	3
CB	21,27	0,38	21,00	21,70	3
GrSL	21,83	0,75	21,10	22,60	3
SH	6,37	0,06	6,30	6,40	3
SB	10,53	0,38	10,10	10,80	3
ZYG	6,33	0,06	6,30	6,40	3
IO	4,43	0,06	4,40	4,50	3
PGL	5,97	0,25	5,70	6,20	3
AOB	3,30	0,10	3,20	3,40	3
PALL	9,70	0,30	9,40	10,00	3
OZR	9,97	0,59	9,30	10,40	3
UZR	6,33	0,12	6,20	6,40	3
UKDIA	10,97	0,21	10,80	11,20	3
CORH	4,67	0,06	4,60	4,70	3
INCUK	4,25	0,93	3,20	4,90	3
M 1 H	1,22	0,37	0,80	1,50	3
G	14,3	-	-	-	1
LE	1,04	-	-	-	1
NI	0,24	-	-	-	1
MI	0,05	-	-	-	1
HE	0,17	-	-	-	1
LU	0,35	-	-	-	1
MA	0,61	-	-	-	1
DA	1,82	-	-	-	1

Tab. 68: *N. fodiens:* statistische Kennzahlen der Körper- u. Schädelmaße (in mm bzw. g) aller Fänge
Tab. 68: *N. fodiens:* Statistical values of body and skull (in mm resp. g) of all catches

7 SCHWERMETALLANALYSE

7.1 Methodik

Die Bestimmung des Schwermetallgehaltes der Lebern von 179 Kleinsäugern der Arten *S. minutus, S. araneus, S. alpinus, M. agrestis, C. glareolus* sowie der Gattung *Apodemus sp.* erfolgte am Forschungsinstitut für Wildtierkunde der Veterinärmedizinischen Universität Wien durch Frau Univ. Doz. Dr. Frieda Tataruch.

Im Atomabsorptionsspektralphotometer AAS Perkin-Elmer HG 500 (Graphitrohrkuvette, flammenlose AAS) wurde die Anreicherung von Blei und Cadmium ermittelt, der Quecksilbergehalt wurde mittels Mercury-Hydrid-System MHS-1 mit Natriumborhydrid als Reduktionsmittel gemessen. Die Werte sind in ppm (mg/kg) Frischgewicht angegeben. In der Literatur findet man den Schwermetallgehalt oft in ppm Trockensubstanz, wobei das Trockengewicht der Leber etwa 25 – 30 % ihres Frischgewichtes beträgt, was bei einem Vergleich zu berücksichtigen ist.

Die für die Analyse verwendeten Tiere stammen alle aus den beiden Dauerprobeflächen „A" in 900 m und „B" in 1700 m, und wurden im Zeitraum von Mitte Juni bis Anfang November gefangen.

Die statistischen Vergleiche erfolgten mittels zweiseitigem Whitney-Mann-U-Test und sind in Tab. 69 zusammengefaßt.

Freilebende Wildtiere, insbesondere Kleinsäuger, erweisen sich als gute Bioindikatoren für die Schwermetallbelastung der Umwelt, da sie durch ihre kleinräumigen Reviere die Qualität ihres unmittelbaren Lebensraumes reflektieren. Für eine diesbezügliche Indikatorfunktion sind weiters niedere Pflanzen, wie Moose, Pilze und Flechten bekannt.

Der Stoffwechsel von Schwermetallen wie Pb, Cd und Hg, die keine physiologischen Funktionen im Körper haben, unterliegt keinen homöostatischen Kontrollmechanismen. Daher kann es bei Überangebot in der Umwelt zur Akkumulation dieser Metalle im Organismus kommen. Solche Anreicherungen können toxische Wirkungen nach sich ziehen, wobei Faktoren wie Geschlecht, Alter, Gewicht, Schwangerschaft und Laktation, Krankheit, Streß, jahreszeitliche und klimatische Einflüsse, sowie das Nahrungsspektrum von Bedeutung sein können.

Emittierte Schwermetalle erreichen als kleine Partikel bzw. Gase große Höhen, werden über weite Strecken verfrachtet und gehen als trockene oder nasse Deposition nieder. Auf Waldstandorten ist der Eintrag wegen der Interception der Bäume, vor allem der Coniferen, höher als auf Freiflächen (JURITSCH & WIENER 1992).

7.2 Charakterisierung der Schwermetalle

7.2.1 Blei

Blei gelangt hauptsächlich durch Kraftfahrzeugabgase in die Atmosphäre, da den Treibstoffen Bleiverbindungen zur Verbesserung der Klopffestigkeit beigesetzt werden. Diese lagern sich in Form von Bleioxid, -chlorid und –bromid auf der Vegetation neben den Straßen ab, zuweilen ergibt sich dadurch mehr als der hundertfache Wert normaler Bleikonzentration in Pflanzen (TATARUCH et al. 1978).

Verfrachtet durch Wind und Niederschläge gelangt bleihaltiger Staub auch in straßenfernere Gebiete, und via Nahrung und Atemluft in den Tierkörper. Mit der Nahrung aufgenommen wird Blei zu 5 – 10 % resorbiert, über die Lunge, je nach Korngröße der Staubpartikel, zu über 50 %, in manchen Fällen bis zu 100 % (TATARUCH 1978).

CHMIEL & HARRISON (1981, zit. in KAZERANI 1984) untersuchten die Pb-Konzentrationen in *S. araneus*, *C. glareolus* und *A. sylvaticus* neben einer stark frequentierten Straße und in 1 km Entfernung, und stellten bei einer Gegenüberstellung des Bleigehaltes in Luft und Futter fest, daß der Hauptlieferant für die Belastung in den Organismen die Nahrung ist.

Übersteigt die aufgenommene Menge die durch Kot und Harn ausscheidbare Menge in stärkerem Maß, so erfolgt eine Ablagerung von Blei in Leber und Niere, bei weiterer Zunahme auch in den Knochen. Dort wird es statt Calcium eingebaut und in allen Fällen, wo der Organismus einen gesteigerten Calciumbedarf hat, wieder freigesetzt, z. B bei Anstrengung, in Hungerperioden oder während der Gravidität. Die Folge längerer Bleiaufnahme können Schwächegefühl, Übelkeit, Kolikneigung sein. Bei akuten Vergiftungen kommt es zu Nierenversagen, Kreislaufkollaps und in schweren Fällen zum Tod.

Der Großteil des von Pflanzen aufgenommenen Bleis findet sich in den Wurzeln (JURITSCH & WIENER 1992). Von den Böden weisen Rendsina, Braunlehm, Braunerde und Pseudogley die höheren Bleiwerte auf. Die Verfügbarkeit mancher Schwermetalle für Pflanzen steigt mit sinkendem pH-Wert, wie er in Waldböden zu finden ist.

SCHINNER (1978) führte in Bad Gastein eine Untersuchung über die Belastung von Fichten mit Blei und Cadmium durch, und fand an den Hängen des Stubnerkogels eine höhere Belastung als am gegenüberliegenden Graukogel. Einerseits wird dies auf das höhere Verkehrsaufkommen an der westlichen Talseite zurückgeführt, andererseits auf die vom „Lufthygienischen Gutachten Bad Gastein" (BENGER 1977, zit. in SCHINNER 1978) bestätigte, erhöhte Schwefeldioxidbelastung entlang des Stubnerkogels bis in eine Höhe von 2000 m. Meine Versuchsflächen an den Hängen der nahe gelegenen Schloßalm liegen ebenfalls ostexponiert und dürften davon gleichfalls betroffen sein.

7.2.2 Cadmium

Cadmium kommt in der Natur stets zusammen mit dem ihm chemisch verwandten Zink vor. Als Quelle der Belastung freilebender Tiere gelten speziell Verbrennungsprozesse fossiler Brennstoffe wie Diesel und Kohle, Industrieabgase der zinkverarbeitenden Industrie, Müllverbrennung, sowie Klärschlamm und Düngemittel wie Thomasmehl. Letzteres war u. a. ein Bestandteil der Saatmischung zur Begrünung von Skipisten, die von den Gasteiner Bergbahnen verwendet wurde (SCHIECHTL 1972, zit. in SCHROLL 1985).

Die Resorptionsrate bei oraler Aufnahme von Cadmium beträgt 3 – 6 %, pulmonal aufgenommenes Cadmium wird zu 40 – 70 % resorbiert (STOEPPLER 1984, zit. in TRAMBERGER 1995).

Wie alle Schwermetalle ist Cadmium ein starkes Enzymgift, das Erscheinungsbild einer chronischen Cadmium-Vergiftung ist je nach Tierart verschieden. Allgemein sind Wachstumsverminderung, Gewichtsverlust und Nierenfunktionsstörungen festzustellen, denn Cadmium wird hauptsächlich in den Nieren gespeichert. Nur bei der Gattung *Sorex* wurden in der Leber höhere Werte festgestellt (TATARUCH, mündl. Mitt.). Verglichen mit Blei hat es eine erheblich längere Halbwertszeit, was zu einer altersabhängigen Anreicherung führen kann. Dies war bei allen in Gastein untersuchten Kleinsäugern der Fall.

7.2.3 Quecksilber

Die Emissionen stammen aus der Industrie, wo durch Verbrennung von Kohle und Erdöl erhebliche Mengen freigesetzt werden. Weiters aus der Landwirtschaft, wo quecksilberhaltige Saatgutbeizmittel wegen ihrer fungi- und bakteriziden Eigenschaften zum Einsatz kommen (heute in vielen Ländern verboten).

wirtschaft, wo quecksilberhaltige Saatgutbeizmittel wegen ihrer fungi- und bakteriziden Eigenschaften zum Einsatz kommen (heute in vielen Ländern verboten). Anreicherungen von Quecksilber finden sich im Pflanzenreich vor allem in Pilzen und Algen (GREENWOOD & BURG 1984, zit. in TRAMBERGER 1995).

Wie Blei ist auch Quecksilber ein Enzymblocker. Organische Quecksilberverbindungen werden vorzugsweise in Leber, Niere und Gehirn gespeichert und sind vor allem chronisch toxisch, was sich in motorischen und neurologischen Störungen, sowie in Nierenschädigungen äußert.

7.3 Schwermetallbelastung der Gasteiner Kleinsäuger

Bei *C. glareolus, S. minutus, S. araneus* und *Apodemus sp.* wurden die Belastungswerte in den Altersklassen und in den Höhenstufen verglichen. Die Gattung *Apodemus* wurde wegen der schon erläuterten Schwierigkeiten bei der Artbestimmung nicht unterteilt. Von *S. alpinus* stand nur 1 Exemplar zur Verfügung, von *M. agrestis* 2 Tiere.

In den Diagrammen 66 - 74 werden die Schwermetallwerte der Leber für *C. glareolus, S. minutus* und *S. araneus* bezüglich Alter und Höhenstufe aufgegliedert: ju = juvenil, sa = semiadult, ad = adult; Dauerprobefläche "A" = 900 m, "B" = 1700 m;

7.3.1 Apodemus sp.

Von der Gattung Apodemus wurden 23 bzw. 24 Lebern von Tieren aus 900 m untersucht. Diese wiesen bei allen 3 Schwermetallen, verglichen mit den anderen Arten, die niedrigsten Mittelwerte auf: Pb = 0,11 ppm, Cd = 0,023 ppm und Hg = 0,021 ppm (siehe Abb. 75, 77, 79).

7.3.2 C. glareolus

Blei: Die Bleikonzentration in den Lebern der Rötelmäuse betrug im Mittel 0,301 ppm FG. Es zeigten sich signifikante Unterschiede zwischen den Höhenstufen bei allen Altersklassen, bei den Adulten war die Signifikanz wegen des geringen Stichprobenumfangs von 1 bzw. 3 nicht errechenbar - die Werte lagen in 1700 m stets höher als in 900 m (siehe Abb. 66 und Tab. 69)..

Ein Vergleich der Bleibelastung der Altersklassen ergab steigende Werte mit fortschreitendem Alter, errechnen ließ sich nur eine Signifikanz von $p < 0,05$ nur zwischen Juvenilen und Subadulten in 1700 m (Abb. 66 und Tab. 69)

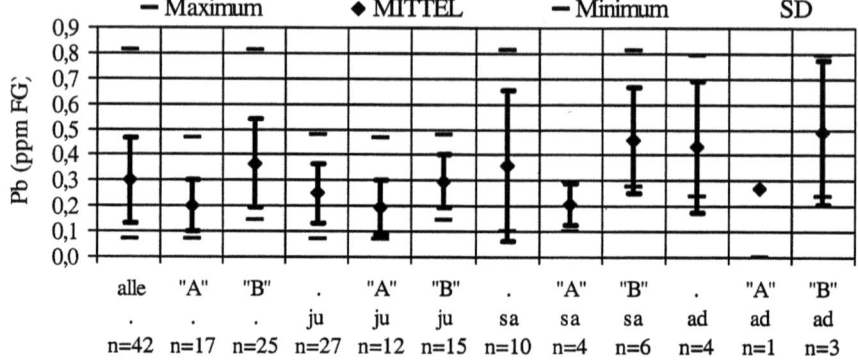

Abb. 66 : *C. glareolus:* Bleiwerte der Leber in ppm (mg/kg Frischgewicht)
Fig. 66 : *C. glareolus:* Lead concentrations in the liver (mg/kg wet weight)

Cadmium: Der Mittelwert für die Gesamtpopulation lag bei 0,046 ppm FG. Die Cadmiumwerte zeigten keine errechenbaren Signifikanzen, man erkennt jedoch gegenläufige Differenzen bei Subadulten und Adulten zwischen den Höhenstufen, und einen Anstieg nach den Altersklassen (siehe Abb. 67 und Tab. 69).

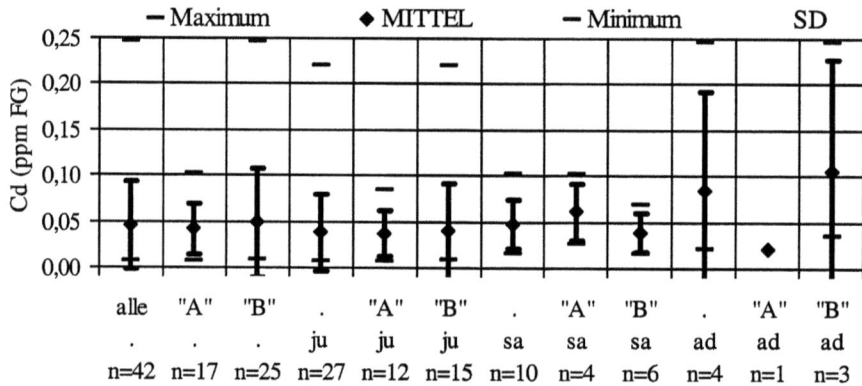

Abb. 67 : *C. glareolus:* Cadmiumwerte der Leber in ppm (mg/kg Frischgewicht)
Fig. 67: *C. glareolus:* Cadmium concentrations in the liver (mg/kg wet weight)

Quecksilber: Gesamtmittelwert: 0,027 ppm. Trotz der augenfällig höheren Mittelwerte bei den 3 Adulten aus der oberen Versuchsfläche auch hier keine per Whitney-Mann-U-Test eruierbaren signifikanten Unterschiede zwischen den beiden Höhenstufen bzw. den Altersklassen (siehe Abb. 68 und Tab. 69), das singuläre Adulttier aus 900 m ist nicht repräsentativ.

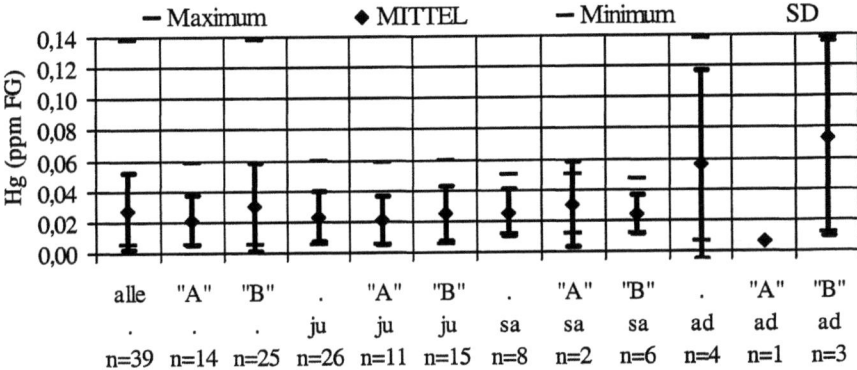

Abb. 68 : *C. glareolus:* Quecksilberwerte der Leber in ppm (mg/kg Frischgewicht)
Fig. 68 : *C. glareolus:* Mercury concentrations in the liver (mg/kg wet weight)

7.3.3 M. agrestis

Nur 2 Individuen wurden auf ihren Schwermetallgehalt untersucht, beide waren juvenile Männchen.

Das Tier aus 900 m zeigte folgende Werte: Pb = 0,206 ppm, Cd = 0,008 ppm, Hg = 0,02 ppm, jenes aus 1700 m: Pb = 0,118 ppm, Cd = 0,014 ppm, Hg = 0,018 ppm

7.3.4 S. minutus

Blei: Die Werte rangierten zwischen 0,019 ppm FG und 1,341 ppm FG. Vom Gesamtmittelwert 0,38 ppm FG gab es nur geringe Abweichungen, nur in 1700 m zeigten sich geringfügig niedrigere Werte als in 900 m, jedoch nicht signifikant (Abb. 69 und Tab. 69).

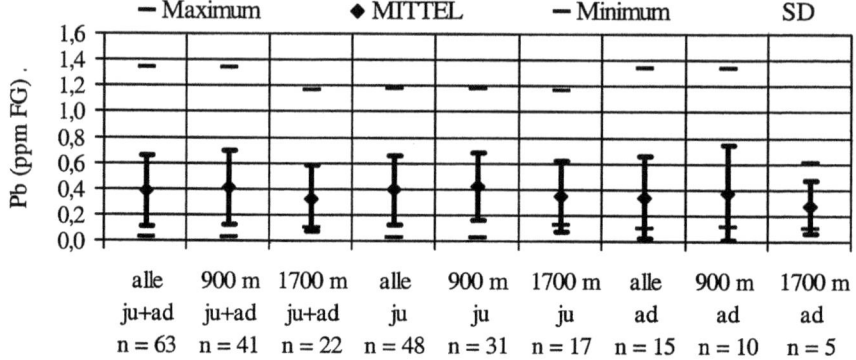

Abb. 69 : *S. minutus:* Bleiwerte der Leber in ppm (= mg/kg Frischgewicht)
Fig. 69: *S. minutus:* Lead concentrations in the liver (mg/kg wet weight)

Cadmium: Die Werte lagen zwischen 0,017 – 1,043 ppm FG, der Mittelwert bei 0,282 ppm FG. Beim Vergleich der Höhenstufen ergaben sich keine signifikanten Abweichungen.

Die Werte der Adulten lagen in beiden Höhenstufen hochsignifikant ($p<0,01$) über jenen der Juvenilen. (siehe Abb. 70 und Tab. 69).

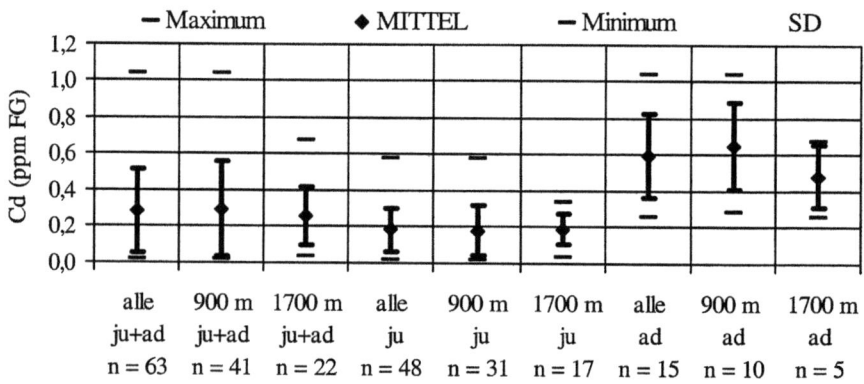

Abb. 70 : *S. minutus:* Cadmiumwerte der Leber in ppm (= mg/kg Frischgewicht)
Fig. 70 : *S. minutus:* Cadmium concentrations in the liver (mg/kg wet weight)

Quecksilber: 0,034 – 0,285 ppm, x = 0,1 ppm. Bei den Hg-Werten zeigte sich im Vergleich zum Blei ein gegenläufiges Bild bezüglich der Höhenstufen, sie waren in 1700 m stets deutlich höher, jedoch nie errechenbar signifikant (siehe Abb. 71 und Tab. 69).

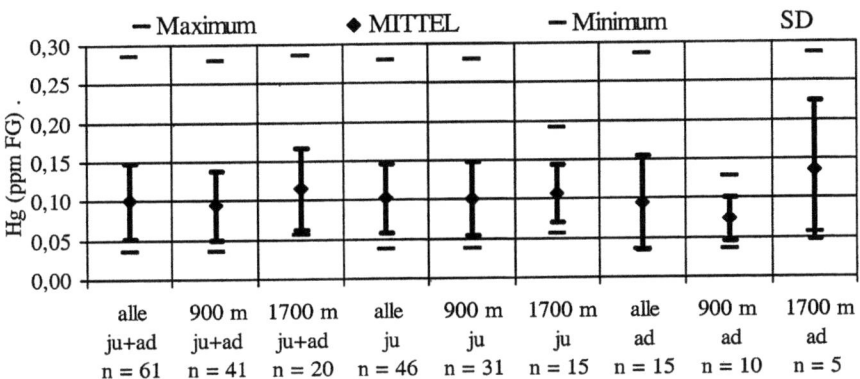

Abb. 71: *S. minutus:* Quecksilberwerte der Leber in ppm (= mg/kg Frischgewicht)

Fig. 71: *S. minutus:* Mercury concentrations in the liver (mg/kg wet weight)

7.3.5 S. araneus

Blei: 0,064 – 1,125 ppm, x = 0,278 ppm. Bei den Bleiwerten zeigten die Adulten einen großen Unterschied zwischen den Höhenstufen, es standen allerdings nur je 2 Stichproben zur Verfügung. Bei den Juvenilen war kaum ein Unterschied zu registrieren.

Zwischen den Altersklassen gab es eine hochsignifikant höhere Belastung der Adulten nur in 1700 m. (siehe Abb. 72 und Tab. 69).

Cadmium: 0,012 – 2,359, x = 0,625 ppm. Wegen zu geringem Stichprobenumfangs nicht rechnerisch abzusichernde Unterschiede zwischen den Höhenstufen (1700 m > 900 m) waren besonders bei den Adulten festzustellen.

Beim Vergleich der Altersklassen lagen die Werte der Adulten in beiden Höhenstufen signifikant über jenen der Juvenilen (siehe Abb. 73 und Tab. 69).

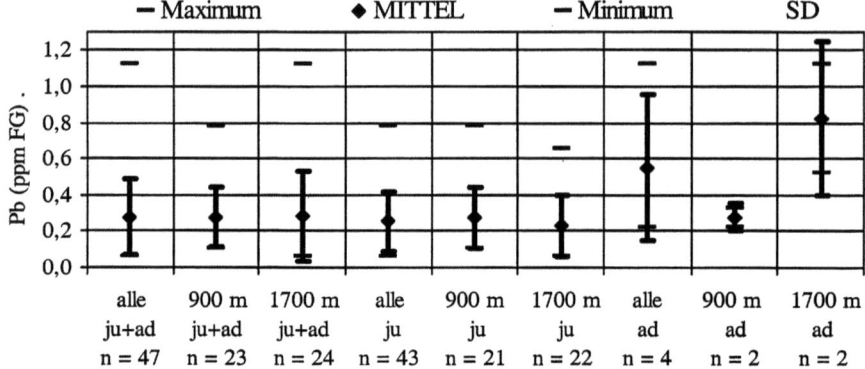

Abb. 72: *S.araneus:* Bleiwerte der Leber in ppm (= mg/kg Frischgewicht)
Fig. 72: *S.araneus:* Lead concentrations in the liver (mg/kg wet weight)

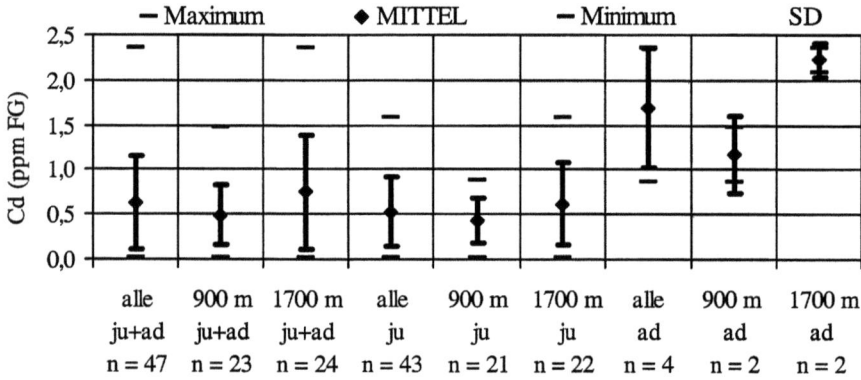

Abb. 73: *S.araneus:* Cadmiumwerte der Leber in ppm (= mg/kg Frischgewicht)
Fig. 73: *S.araneus:* Cadmium concentrations in the liver (mg/kg wet weight)

Quecksilber: 0,012 – 0,191 ppm, x = 0,053 ppm. Die Unterschiede zwischen den Höhenstufen waren bei den Juvenilen signifikant (1700 m > 900 m). Bei den Adulten zeigte das Mittelwertdiagramm eine stärkere Differenz als bei den Juvenilen (vergl. PANKAKOSKI et al. 1994), mit allerdings nur je 2 Proben nicht per U-Test absicherbar. Zwischen den Altersklassen gab es nur in 1700 m eine hohe Signifikanz (siehe Abb. 74 und Tab. 69).

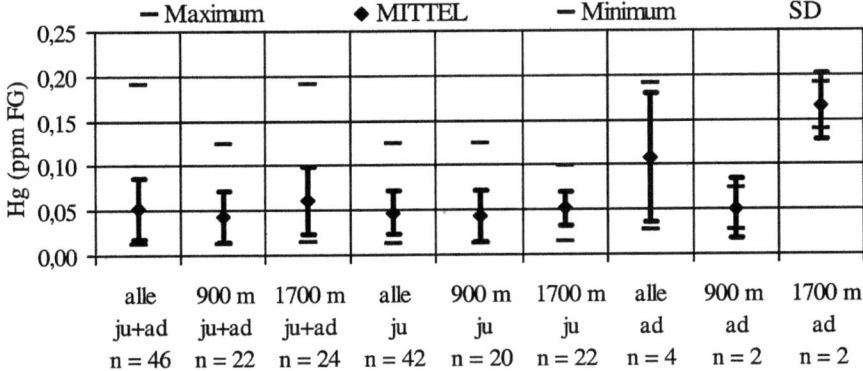

Abb. 74: *S. araneus:* Quecksilberwerte der Leber in ppm (= mg/kg Frischgewicht)

Fig. 74: *S. araneus:* Mercury concentrations in the liver (mg/kg wet weight)

7.3.6 S. alpinus

Die einzige Alpenspitzmaus, ein sehr altes Männchen aus 1700 m, entsprach mit dem Pb-Wert 0,206 ppm und dem Hg-Wert 0,059 ppm etwa *S. araneus.* Der Cadmiumgehalt der Leber war jedoch mit 3,4 ppm der höchste in dieser Untersuchung festgestellte.

In Tabelle 69 sind die Ergebnisse des Whitney-Mann-U-Tests für die Vergleiche von Altersklassen und Höhenstufen der beiden Dauerprobeflächen zusammengefaßt.

Art	Schwermetall	Gruppe 1	Gruppe 2	Signifikanz (zweiseitig)
C. glareolus	Blei Pb	900 m	1700 m	p < 0,01
		ju 900 m	ju 1700 m	p < 0,05
		sa 900 m	sa 1700 m	p < 0,05
		ju 900 m	sa 900 m	ns
		ju 1700 m	sa 1700 m	p < 0,05
		ju 1700 m	ad 1700 m	ns
		sa 1700 m	ad 1700 m	ns
		ju	sa	ns
		ju	ad	ns
		sa	ad	ns
	Cadmium Cd	900 m	1700 m	ns
		ju 900 m	ju 1700 m	ns
		sa 900 m	sa 1700 m	ns
		ju 900 m	sa 900 m	ns
		ju 1700 m	sa 1700 m	ns
		ju 1700 m	ad 1700 m	ns
		sa 1700 m	ad 1700 m	ns
		ju	sa	ns
		ju	ad	ns
		sa	ad	ns
	Quecksilber Hg	900 m	1700 m	ns
		ju 900 m	ju 1700 m	ns
		sa 900 m	sa 1700 m	ns
		ju 900 m	sa 900 m	ns
		ju 1700 m	sa 1700 m	ns
		ju 1700 m	ad 1700 m	ns
		sa 1700 m	ad 1700 m	ns
		ju	sa	ns
		ju	ad	ns
		sa	ad	ns

Art	Schwermetall	Gruppe 1	Gruppe 2	Signifikanz (zweiseitig)
S. minutus	Blei Pb	ad 900 m	ad 1700 m	ns
		ju 900 m	ju 1700 m	ns
		ad	ju	ns
		ad 900 m	ju 900 m	ns
		ad 1700 m	ju 1700 m	ns
	Cadmium Cd	ad 900 m	ad 1700 m	ns
		ju 900 m	ju 1700 m	ns
		ad	ju	$p < 0{,}01$
		ad 900 m	ju 900 m	$p < 0{,}01$
		ad 1700 m	ju 1700 m	$p < 0{,}01$
	Quecksilber Hg	ad 900 m	ad 1700 m	ns
		ju 900	ju 1700	ns
		ad	ju	ns
		ad 900 m	ju 900 m	ns
		ad 1700 m	ju 1700 m	ns
S. araneus	Blei Pb	ju 900 m	ju 1700 m	ns
		ad	ju	ns
		ad 900 m	ju 900	ns
		ad 1700 m	ju 1700 m	$p < 0{,}05$
	Cadmium Cd	ju 900 m	ju 1700 m	ns
		ad	ju	$p < 0{,}01$
		ad 900 m	ju 900 m	$p < 0{,}05$
		ad 1700 m	ju 1700 m	$p < 0{,}05$
	Quecksilber Hg	ju 900 m	ju 1700 m	$p < 0{,}05$
		ad	ju	ns
		ad 900 m	ju 900 m	ns
		ad 1700 m	ju 1700 m	$p < 0{,}01$

Tab. 69 : Statistische Vergleiche (Whitney-Mann-U-Test) der Blei-, Cadmium- und Quecksilberwerte zwischen Altersklassen und Höhenstufen für *S. araneus*, *S. minutus* und *C. glareolus* (SM = Schwermetall, ju = juvenil, ad = adult, ns = nicht signifikant für $p < 0{,}05$ und $p < 0{,}01$)

Tab. 69 : Statistical comparison (Whitney-Mann-U-Test) of lead-, cadmium- and mercury-concentrations between the age groups and altitude lines for *S. araneus*, *S. minutus* und *C. glareolus* (SM = heavy metal, ju = juvenile, ad = adult, ns = not significant for $p < 0{,}05$ and $p < 0{,}01$)

7.3.7 Artenvergleich

Bei allen der untersuchten Schwermetalle wiesen Spitzmäuse die höchsten Belastungswerte auf, *S. minutus* bei Blei und Quecksilber, *S. araneus* bei Cadmium (siehe Abb. 75 - 80). Zahlreiche andere Studien kamen zu ähnlichen Ergebnissen (ANDREWS et al. 1984, GOLDSMITH & SCANLON 1977, HUNTER & JOHNSON 1982, alle zit. in PANKAKOSKI 1994). Die höheren Konzentrationen von Pb, Cd und Hg bei Soriciden sind auf deren hohe Stoffwechselrate und die verhältnismäßig großen Mengen an zugeführter Nahrung zurückzuführen (HANSKI 1984). Zudem nehmen die räuberisch lebenden Insectivora mit ihren Beutetieren mehr Schwermetalle auf als die herbi- und granivoren Wühlmäuse und Mäuse. Speziell Regenwürmer akkumulieren hohe Schwermetallkonzentrationen, und können besonders bei *S. araneus* als Hauptquelle erhöhter Belastung angesehen werden (MA 1989, MA et al. 1991, beide zit. in PANKAKOSKI 1994). Regenwürmer zählen allerdings nicht zur bevorzugten Beute von *S. minutus*, einer der Gründe für deren höhere Belastung dürfte wiederum der größere Grundumsatz an Nahrung sein.

Präzisere Aussagen über die Schwermetallquelle hätten möglicherweise Inhaltsanalysen der Mägen erbringen können, die jedoch durch den bereits erwähnten Kühlraumdefekt vernichtet wurden.

Bezüglich der Werte für Cd und Hg rangiert die Rötelmaus hinter beiden Spitzmausarten, nur bei der Pb-Konzentration zeigt sie in 1700 m die höchsten Werte. Die erhöhte Bleikonzentration bei den Rötelmäusen in 1700 m könnte möglicherweise auf den Konsum von Flechten zurückzuführen sein, die bekanntlich Schwermetalle vermehrt akkumulieren und die in dieser Probefläche sehr häufig waren (siehe Pflanzenliste Kap. 3: Probeflächen).

Als am wenigsten mit Schwermetallen belastet erwiesen sich die Vertreter der Gattung *Apodemus*. Auch bei den Nagerarten ist die Hauptursache der unterschiedlichen Belastungswerte in deren Nahrungsspektrum zu suchen.

Verglichen mit den Arbeiten anderer Autoren aus verschiedenen Regionen Europas wie JEFFRIES & FRENCH (1972, Großbritannien), PANKAKOSKI et al. (1992 und 1994, Finnland), READ (1993, Großbritannien), TATAR (1995, BRD), ZAKRZEWSKA et al. (1993, Polen) ist die mittlere Schwermetallbelastung der Kleinsäuger in Gastein als eher gering anzusehen, von einigen einzelnen Spitzenwerten abgesehen. Diese Maximalwerte waren für alle drei Schwermetalle ausschließlich bei Vertretern der Gattung *Sorex* zu finden. Für Blei war der Höchstwert 1,341 ppm FG, für Cadmium 3,4 ppm FG und für Quecksilber 0,285 ppm FG.

In den Abbildungen 75 – 80 sind die Schwermetallbelastungswerte der Arten gegenübergestellt, getrennt nach den Höhenstufen der Dauerprobeflächen.

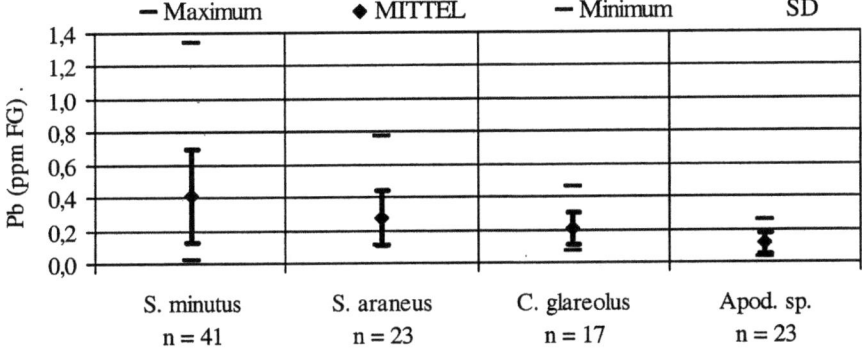

Abb. 75: Artenvergleich: Bleiwerte der Leber in ppm (mg/kg Frischgewicht) für PF „A" = 900 m
Fig. 75: Comparison of species: Lead concentration in the liver (mg/kg wet weight) for PF "A" = 900 m

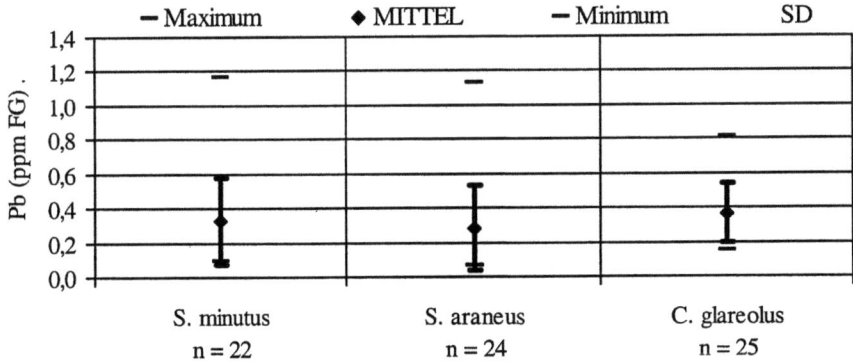

Abb. 76: Artenvergleich: Bleiwerte der Leber in ppm (mg/kg Frischgewicht) für PF „B" = 1700 m
Fig. 76: Comparison of species: Lead concentration in the liver (mg/kg wet weight) for PF "B" = 1700 m

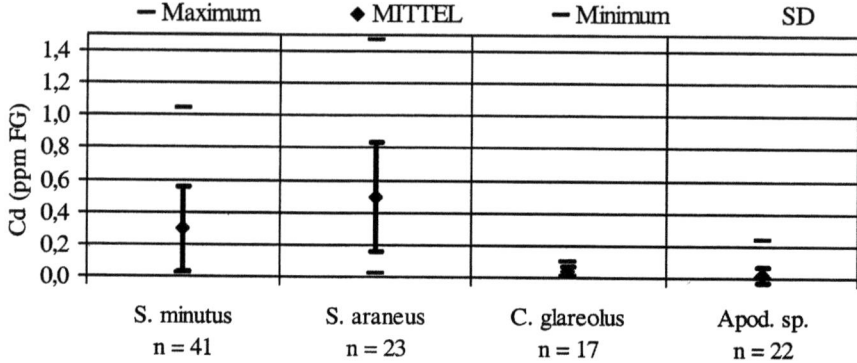

Abb. 77: Artenvergleich: Cadmiumwerte der Leber in ppm (=mg/kg Frischgewicht) für PF „A" = 900 m

Fig. 77: Comparison of species: Cadmium concentration in the liver (mg/kg wet weight) for PF "A" = 900 m

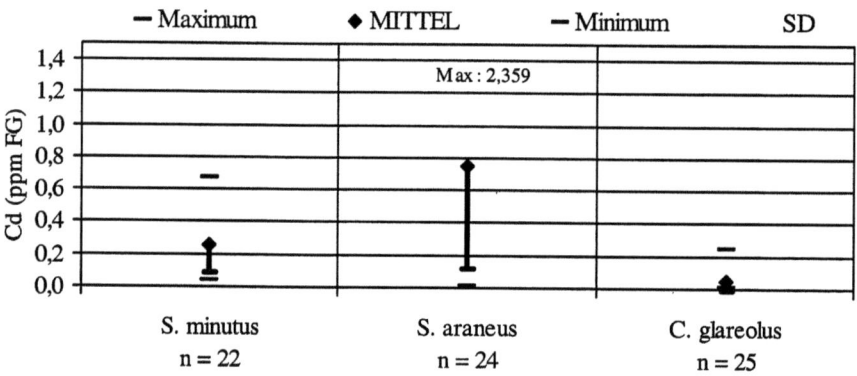

Abb. 78: Artenvergleich: Cadmiumwerte der Leber in ppm (=mg/kg FG) für PF „B" = 1700 m

Fig. 78: Comparison of species: Cadmium concentration in the liver (mg/kg wet weight) for PF "B" = 1700 m

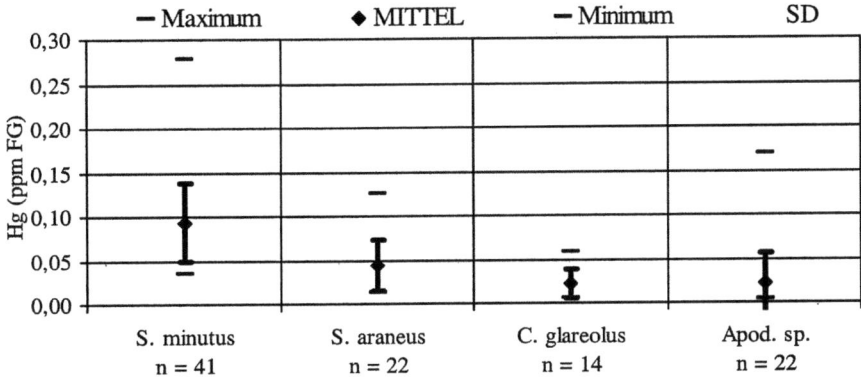

Abb. 79: Artenvergleich: Quecksilberwerte der Leber in ppm (=mg/kg FG) für PF „A" = 900 m

Fig. 79: Comparison of species: Mercury concentration in the liver (mg/kg wet weight) for PF "A" = 900 m

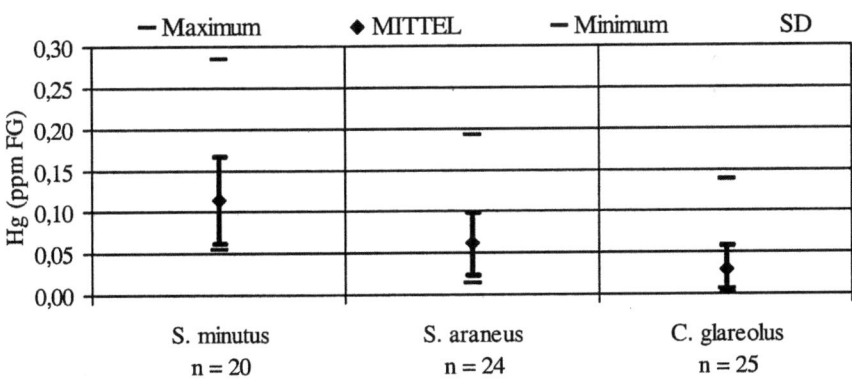

Abb. 80: Artenvergleich: Quecksilberwerte der Leber in ppm (=mg/kg FG) für PF „B" = 1700 m

Fig. 80: Comparison of species: Mercury concentration in the liver (mg/kg wet weight) for PF "B" = 1700 m

8 ZUSAMMENFASSUNG

Von 1981 bis 1987 waren die Kleinsäugergemeinschaften des Gasteiner Tales (Salzburg, Österreichische Zentralapen) Gegenstand vorliegender Untersuchung. 56 Probeflächen wurden in 13 unterschiedlichen Habitattypen zwischen Talboden (860 m) und der Gipfelregion der umliegenden Berge (2390 m) situiert. Insgesamt kamen 13500 Falleneinheiten der Barberfallen und 49815 Falleneinheiten der Klappfallen zum Einsatz.

Die untersuchten Areale beinhalteten wichtige Biotoptypen der Region: Nadelwald, Laubwald sowie Nadel-Laubmischwald. Über der Waldgrenze waren Grünerlen- und Latschengebüsch, alpine Rasen, Almweide mit Zwergstrauchheide, Blockfelder ebenso wie Skipisten das Ziel der Fangaktionen mit Klappfallen. Die Habitattypen unterschieden sich stark bezüglich Artenzahl und –dichte.

Ein montaner Fichtenwald mit geringem Laubwaldanteil in Talnähe (900 m) und ein subalpiner Fichtenwald an der oberen Waldgrenze (1700 – 1800 m) wurden als Dauerprobeflächen gewählt, um Artenzusammensetzung, Populationsstruktur, Reproduktion, Morphologie und weiters die Belastung mit Schwermetallen zu studieren.

Es wurden in diesen Dauerprobeflächen 2 unterschiedliche Fallentypen verwendet, wobei sich die Barberfallen als effizienter gegenüber den Klappfallen erwiesen, besonders für Spitzmäuse, Haselmäuse, Erd- und Kurzohrmäuse.

Insgesamt wurden 1437 Individuen gefangen, welche zu 16, möglicherweise 17 Arten angehörten, da sich die Bestimmung der *Apodemus*-Arten *A. flavicollis*, *A. sylvaticus* und *A. alpicola* wegen deren großen intraspezifischen Vatiationsbreite bezüglich morphologischer Merkmale als äußerst schwierig erwies.

Häufigste Art war *C. glareolus* mit 518 Individuen, die speziell in den Fichtenwaldprobeflächen und in den Latschen dominierte. Das vorkommen von *M. agrestis* (n = 45) beschränkte sich hauptsächlich auf den Habitattyp Naturpiste. Über der Waldgrenze dominierten andere Mitglieder der Microtinen, besonders *M. nivalis* (n = 98), *M. subterraneus* (n = 67) und *M. arvalis* (n = 23). Von *A. terrestris* wurde nur ein Tier gefangen.

Die Gattung *Apodemus sp.* (n = 213) war am häufigsten im Nadel- Laub-Mischwald der Dauerprobefläche in 900 m sowie im Laubwald.

5 Arten von Spitzmäusen wurden gefangen, am öftesten *S. araneus* (n = 233) und *S. minutus* (n = 165), gefolgt von *S. alpinus* (n = 52), vorzugsweise in den beiden Dauerprobeflächen. Von *N. anomalus* und *N. fodiens* wurden nur wenige Tiere gefangen (n = 4 bzw. 3).

Die Familie der Gliridae war durch 11 Individuen der Haselmaus *M. avellanarius* im Fichtenwald verteten.

Aus der Familie der Zapodidae konnte ein Exemplar der Birkenmaus *S. betulina* in einem Erlengebüsch gefangen werden.

An den Lebern von 179 Kleinsäugern der Dauerprobeflächen wurde eine Schwermetallanalyse duchgeführt. Verglichen mit Studien aus anderen Gegenden war die Belastung mit Blei, Cadmium und Quecksilber in Gastein niedrig. Die höchsten Werte wurden bei den Soricidae gefunden, bedingt durch deren hohe Konsummations- und Stoffwechselrate.

SUMMARY

From 1981 to 1987 the small mammal community of Gastein Valley (Salzburg, Austrian Central Alps), was the subject of scientific research.

56 study plots were situated in 13 different habitat types between the bottom of the valley (860 m) and the tops of the surrounding mountains (2390 m).

Two different trap types were used, 13500 trap units (= 1 trap per 24 h) of pitfall traps and 49815 trap units of snap traps.

The investigated areas comprised essential biotops of the region, like coniferous forest, deciduous forest and mixed forest. Above woodland border alder shrub, pine shrub, alpine meadows, alpine pastures with dwarf shrub, boulder fields, as well as ski trails were the aim of trapping activities. Habitats differed in species numbers and abundance. Forests, especially spruce forest mixed with deciduous forest showed highest species numbers.

A montanous spruce forest mixed in parts with deciduous forest in 900 m and a subalpine spruce forest in 1700 m were chosen to be permanent study plots to investigate species diversity, population structure, reproduction, morphology and the contamination with heavy metals.

In the permanent study plots, where two different types of traps were used, pitfall traps turned out to be more effective than snap traps, especially for shrews, common dormouse, common pine vole and field vole.

Alltogether 1437 individuals from 16 (maybe 17) species were caught. The number of species was not clearly determinable. The separation of the species *A. flavicollis, A. sylvaticus* and *A. alpicola* turned out to be very problematic, because of their great morphometrical variations.

The most common species was *C. glareolus* with 518 individuals, which dominated especially in spruce and pine shrub habitats. The occurance of *M. agrestis* was restricted to natural ski trails (n = 45). Above woodland border other species of the microtine family dominated, especially *M. nivalis*, (n = 98), *M. subterraneus* (n = 67) and *M. arvalis* (n = 23). *A. terrestris* was caught only one time.

The genus *Apodemus sp.* was most common in the permannt sudy plot at 900 m.

5 species of shrews could be found, mainly in the permanent study plots. The most frequent one was *S. araneus* (n = 233), followed by *S. minutus* (n = 165) and *S. alpinus* (n = 52).

Only a few animals of *N. anomalus* and *N. fodiens* were trapped (n = 4 / 3).

The family of Gliridae was represented by 11 individuals of *M. avellanarius*, an from the family of Zapodidae only one animal of the rare northern birch mouse *S. betulina* was found in an alder shrub in 1960 m.

The heavy metal accumulation in the livers of 179 small mammals was examined. The highest values were found in shrews due to their high consumption and metabolic rates. Compared with other regions the mean values of lead, cadmium and mercury turned out to be low.

9 LITERATUR

ADAMCZEWSKA, K. A. (1959): Untersuchungen über die Variabilität der Gelbhalsmaus (*Apodemus flavicollis*, Melchior 1834). – Acta Theriologica 3: 141 - 190

AMBACH J. (1991): Der Einfluß des Skibetriebes auf die Insektengemeinschaft einer subalpinen Almweide am Beispiel der Schloßalm (Bad Hofgastein, Salzburg)

ANDERA, M. (1981): Reproduction of *Microtus agrestis* in Czechoslovakia. Ein Beitrag zur Pistenökologie. - Diplomarbeit Salzburg.. – Acta Sci. Nat. Acad. Sci. Bohemoslovacae 15 : 1 – 38

ANDREWS, S. M. & JOHNSON, M. S. & COOKE, J. A. (1984): Cadmium in small mammals from grassland established on metalliferous mine waste. – Environmental Pollution (Series A), 33: 153 - 162

BARNETT A. (1992): Expedition field techniques: small mammals excluding bats. - Expedition Advisory Center, London. 75 pp

BAUER, K. (1951): Zur Verbreitung und Ökologie von Millers Wasserspitzmaus (*Neomys milleri* Mottaz). – Zool. Inf. 5 : 3 – 4

BAUER, K. & KRAPP, F. & SPITZENBERGER, F. (1967): Säugetiere aus Vorarlberg. – Ann. Naturhist. Mus. Wien 70 : 55 – 71

BÄUMLER, W. (1986): Populationsdynamik von Mäusen in verschiedenen Waldgebieten Bayerns. – Anz. f. Schädlingskunde, Pflanzenschutz, Umweltschutz 59: 112 - 117

BÄUMLER, W. & HOHENADL, W. (1980): Über den Einfluß alpiner Kleinsäuger auf die Verjüngung in einem Bergmischwald der Chiemgauer Alpen. - Forstwirtschaftliches Centralblatt 99: 207 - 221

BEGON, M. & HARPER, J.L. & TOWNSEND, C.R. (1991): Ökologie – Individuen, Populationen, Lebensgemeinschaften. Birkhäuser Verlag, Basel. 1024 pp

BENGER, J. (1977): Luftreinhalteplan Bad Gastein – Lufthygienisches Gutachten, Prot. Nr. 34499/77/3 des Instituts für Hygiene der Universität Innsbruck

BERGER, H. (1985): Taxonomie und Ökologie der Ciliaten und Testaceen (Protozoa) von Almweiden und Schipisten im Gasteiner Tal (Salzburg). - Dissertation Salzburg.

BLASCHKE, H. & BÄUMLER, W. (1986): Über die Rolle der Biozönose im Wurzelbereich von Waldbäumen. – Forstwirtschaftliches Centralblatt 105: 122 - 130

BOLSAKOV, V. N. & CVETKOVA, A . A. & IVANTER, E. V. & SYCKOVA, N. G. (1977): Relative organ weights in birch mice (Mammalia, Zapodidae) of USSR fauna. – Ekologija 8 : 47 – 54 (russisch)

BOYE, P. (1996): Die Rolle von Säugetieren in mitteleuropäischen Ökosystemen. – Schriftenreihe für Landschaftspflege und Naturschutz 46 : 11 - 18

BRAMBELL, F.W.R. & HALL, K. (1936): Reproduction of the lesser shrew (*Sorex minutus* Linnaeus). – Proceedings of the Zoological Society in London 103: 957 - 969

BUJALSKA, G. (1983): Reproduction. In: PETRUSEWICZ, K. (Hrsg.) (1983): Ecology of the bank vole. – Acta Theriologica, Supplement 1, 28: 1 – 242

CERNUSCA, A. (Schrift.) (1978): Ökologische Analysen von Almflächen im Gasteiner Tal. - Veröffentlichungen des Österreichischen MaB-Hochgebirgsprogramms Hohe Tauern, Bd. 2. Univ.-Verl. Wagner, Innsbruck.

CHMIEL, K.M. & HARRISON, R. M. (1981): Lead content of small mammals at a roadside site in relation to the pathways of exposure. – The Science of the Total Environment 17: 145 - 154

CHURCHFIELD, S. (1990): The natural history of shrews. – Christopher Helm, London. 178 pp

CLARKE, J.R. (1977): Long and short term changes in gonadal activity of field voles and bank voles. – Oikos 29: 457 - 467

CLAUDE, C. (1967): Morphologie und Altersstruktur von 2 schweizerischen Rötelmauspopulationen, *Clethrionomys glareolus* (Schreber, 1780). – Z. Säugetierkunde 32: 159 – 166

CLAUDE, C. (1968): Das Auftreten langschwänziger alpiner Formen bei der Rötelmaus *Clethrionomys glareolus* (Schreber, 1780), der Waldspitzmaus *Sorex araneus* (Linne, 1758) und der Zwergspitzmaus *Sorex minutus* (Linne, 1766). - Vierteljahresschrift der Naturforschenden Gesellschaft Zürich 11 : 29 - 40

CLAUDE, C. (1970): Biometrie und Fortpflanzungsbiologie der Rötelmaus *Clethrionomys glareolus* (Schreber 1780) auf verschiedenen Höhenstufen der Schweiz. – Revue suisse de Zoologie 77 : 435 – 480

CLAUDE, C. (1995): *Chionomys nivalis* (Martins 1842) – Schneemaus. In: HAUSSER, J. (Hrsg.) (1995): Säugetiere der Schweiz. Verbreitung, Biologie, Ökologie. Birkhäuser Verlag, 501 pp

CLAUDE, C. (1995): *Clethrionomys glareolus* (Schreber, 1780) – Rötelmaus. In: HAUSSER, J. (Hrsg.) (1995): Säugetiere der Schweiz. Verbreitung, Biologie, Ökologie. Birkhäuser Verlag: 36 – 39

CORBET, G.B. & SOUTHERN, H.N. (1977): The Handbook of British Mammals. - Oxford-London-Edinburgh-Melbourne

CROIN-MICHIELSEN, N. (1966): Intraspecific and interspecific competition in the shrews *Sorex araneus* L. and *S. minutus* L. - Archives Neerlandaises de Zoologie 17: 73 - 174

DEHNEL, A. (1949): Studies on the Genus *Sorex* L. – Ann. Univ. Marie-Curie-Sklod., Sectio C, 4: 17 - 102

DICKMAN, C.R. (1988): Body size, prey size and community structure in insectivorous mammals. – Ecology, 69: 569 - 580

DUB, M. (1973): Die Variabilität des Körpergewichtes der Feldmaus *Microtus arvalis* (Pall.). – Zool. Listy 22: 31 - 40

ELLENBERG, H. (1978): Vegetation Mitteleuropas mit den Alpen in ökologischer Sicht. - 2. Auflage. Ulmer Verlag Stuttgart

ENGELMANN, H.-D. (1978): Zur Dominanzklassifizierung von Bodenarthropoden. – Pedobiologia 18: 378 – 380

ENGLISCH, H. (1992): Morphometrische Untersuchungen an ostalpinen Rötelmäusen. – Endbericht zum WWF-Projekt FP 7904. – Bio, 116 pp. (mit Tab. und Abb.)

EXNER, C. (1956): Geologische Karte der Umgebung von Gastein 1:50000

EXNER, C. (1957): Erläuterungen zur geologischen Karte der Umgebung von Gastein 1:50000. – Geolog. B.A. Wien

FIELDING, D.C. (1966): The identification of skulls of the two British species of *Apodemus*. - Journal of Zoology, London, 150: 498 - 500

FILIPUCCI, M. G. (1992): Allozyme variation and divergence among European, Middle Eastern, and North African species of the Genus *Apodemus* (Rodentia, Muridae). – Israel Journal of Zoology 38: 193 – 218

FRANK, F. (1956): Das Fortpflanzungspotential der Feldmaus *Microtus arvalis* (Pallas) – eine Spitzenleistung unter den Säugetieren. – Z. Säugetierkunde 21 : 176 – 181

FRANK, F. & ZIMMERMANN, K. (1957): Über die Beziehungen zwischen Lebensalter und morphologischen Merkmalen bei der Feldmaus *Microtus arvalis* (Pallas). – Zool. Jb. Systematik 85 : 283 - 300

FRANZ, H. (Schriftl.) (1985): Beiträge zu den Wechselbeziehungen zwischen den Hochgebirgsökosystemen und dem Menschen. - Veröffentlichungen des Österreichischen MaB-Programmes 9, Univ.-Verl. Wagner, Innsbruck.

GEBCZYNSKI, M. (1983): Individual development. In: PETRUSEWICZ, K. (Hrsg.) (1983): Ecology of the bank vole. – Acta Theriologica, Supplement 1, 28: 1 – 242

GESSAMAN J.A. & MACMAHON J.A. (1984): Mammals in ecosystems: their effects on the composition and production of vegetation. - Acta Zoologica Fennica 172: 11 - 18

GLIWICZ, J. (1988): Seasonal dispersal in noncyclic populations of *Clethrionomys glareolus* and *Apodemus flavicollis*. – Acta Theriologica 33: 263 - 272

GOLDSMITH, C. D. JR. & SCANLON, P. F. (1977): Lead levels in small mammals and selected invertebrates associated with highways of different traffic densities. – bulletin of Environmental contamination and Toxicology 17: 311 – 316

GREENWOOD, M. R. & VON BURG, R. (1984): Quecksilber. In: MERIAN, E. (Hrsg.) (1984): Metalle in der Umwelt, Analytik und biologische Relevanz. Verlag Chemie, Basel: 511 - 540

GRÜMME, T. (1999): Die Bedeutung von Hecken, Feldgehölzen und landwirtschaftlichen Nutzflächen für Kleinsäugerpopulationen unter besonderer Berücksichtigung des interspezifischen Raumkonkurrenzverhaltens. – Acta Biologica Benrodis, Supplementband 7, Verlag Natur und Wissenschaft: 1 – 103

GURNELL, J. (1985): Woodland rodent communities. – Symp. Zool. Soc. London 55: 377 - 412

HAITLINGER, R. & RUPRECHT, A. L. (1967): The taxonomic value of teeth measurement in the subgenus *Sylvaemus* Ognev & Vorobiev, 1923. - Acta Theriologica 12: 180 - 187

HANSKI, I. (1984): Food consumption, assimilation and metabolic rate in six species of shrews from Finland (*Sorex and Neomys*). - Ann. Zool. Fenn. 21: 157 - 165

HAUSSER, J. (Hrsg.) (1995): Säugetiere der Schweiz. Verbreitung, Biologie, Ökologie. Birkhäuser Verlag, 501 pp

HAUSWIRTH, E. K. & SCHEIDEGGER, A. E. (1981): Tektonische Vorzeichnung von Hangbewegungen im Raume von Badgastein. - Interpraevent Villach

HOFFMAN, R. S. (1974): Terrestrial vertebrates. In: IVES, J. D. & BARRY, R. G. (Hrsg.): Arctic and alpine environments. – Methuen & Co., London

HOLISOVA, V. (1965): The food of *Pitymys subterraneus* and *P. tatricus* (Rodentia, Microtidae) in the mountain zone of the *Sorbeto-Piceetum*. - Zool. Listy 14: 15 - 28

HOMOLKA, M. (1980): Biometrischer Vergleich zweier Populationen *Sorex araneus*. - Acta Sc. Nat. Brno 14 : 1 - 34

HUGO, A. (1986): Bewertung von Realnutzungstypen (RN-Typen) durch Kleinsäuger und Habitatstrukturen der Kleinsäuger. – Unveröff. Schlußbericht, Nationalpark Berchtesgaden, 56 pp

HUNTER, B. A. & JOHNSON, M. S. (1982): Food chain relationships of copper and cadmium in contaminated grassland ecosystems. – Oikos 38: 108 – 117

HURKA, L. (1986): Verbreitung, Fortpflanzung und biometrische Analyse der Population *Sorex araneus* (Insectivora; Soricidae) aus dem Gebiet des westlichen Teiles der Tschechoslowakei. - Folia Musei Rerum Naturalium Bohemiae Occidentalis 23: 3 - 41

HUTTERER, R. (1989): *Sorex minutus* Linnaeus, 1766 – Zwergspitzmaus. In: NIETHAMMER, J. & KRAPP, F. (1990): Handbuch der Säugetiere Europas, Bd. 3/1 – Insektenfresser, Primaten. - Wiesbaden

ILLICH, I. (1985): Über den Einfluß von Skipisten auf die Orthopterenfauna im subalpinen Bereich des Gasteinertals, Hohe Tauern, Salzburg. - Dissertation Salzburg.

ISDA, M. (1982): Die Vegetation der Schloßalm bei Bad Hofgastein (Salzburg). In: FRANZ, H. (1985): Beiträge zu den Wechselbeziehungen zwischen den Hochgebirgsökosystemen und dem Menschen. Veröffentlichungen des Österreichischen MaB-Pro-grammes 9, Univ.-Verl. Wagner, Innsbruck.

ISDA, M. (1982): Die Vegetation der Schloßalm bei Bad Hofgastein. - Diplomarbeit BOKU Wien.

IVANTER, E. V. (1975): Population ecology of small mammals in the North-Western taiga of the USSR. - Leningrad

IVES, J. D. & BARRY, R. G. (Hrsg.) (1974): Arctic and alpine environments. - Methuen & Co., London

JACOBS, C. (1989): Untersuchungen zur Ökologie von Kleinsäugern im hochalpinen Bereich (Nationalpark Berchtesgaden). - Diplomarbeit Marburg / Lahn

JANEAU, G. (1980): Répartition écologique des micromammifères dans l'étage alpin de la région de Briancon. - Mammalia 44: 1 – 25.

JEFFRIES, D. J. & FRENCH, M. C. (1972): Lead concentrations in small mammals trapped in roadside verges and field sites. - Environmental Pollution 3: 147 – 156

JERABEK, M. (1998): Aut- und Synökologie von Kleinsäugern in der montanen und subalpinen Bergwaldregion der Hohen Tauern (Salzburg). - Diplomarbeit Salzburg

JERABEK, M & REITER, G. & REUTTER, B. A. (2002): Die Kleinsäuger im Naturwaldreservat Gadental, Großes Walsertal: Teil 2 – Waldmäuse (Muridae, Rodentia). – Vorarlberger Naturschau 11: 123 - 142

JERABEK, M. & WINDING, N. (1997): Aut- und Synökologie von Kleinsäugern in der montanen und subalpinen Bergwaldregion (Hohe Tauern). - Nationalpark-Institut Hohe Tauern / Haus der Natur Salzburg

JERABEK, M. & WINDING, N. (1999): Verbreitung und Habitatwahl von Kleinsäugern (Insectivora, Rodentia) in der Bergwaldregion der Hohen Tauern (Salzburg). - Wissenschaftliche Mitteilungen aus dem Nationalpark Hohe Tauern 5: 127 – 159

JURITSCH, G. & WIENER, L. (1992): Salzburger Bodenzustandsbericht. – Amt der Salzburger Landesregierung, Abt. 4: 1 – 236

KAHMANN, H. (1952): Beiträge zur Kenntnis der Säugetierfauna in Bayern. – Ber. Naturf. Ges. Augsburg 5: 147 – 170

KAHMANN, H. & HALBGEWACHS, J. (1962): Beobachtungen an der Schneemaus *Microtus nivalis* Martins, 1842, in den Bayerischen Alpen. – Säugetierkundl. Mitt. 10: 64 – 82

KAIKUSALO, A. & HANSKI, I. (1985): Population dynamics of *Sorex araneus* and *Sorex caecutiens* in Finnish Lapland. – Acta Zoologica Fennica 173: 283 – 285

KALELA, O. (1957): Regulation of reproduction rate in subarctic populations of the vole *Clethrionomys rufocanus* (Sund.). – Ann. Acad. Sci. Fennicae , Ser. A, 4: 7 - 60

KAPISCHKE, J. H. (1979): Die Kleinsäuger der Grambower Sälle (Kreis Pasewalk, Bezirk Neubrandenburg). – Säugetierkundl. Inform. H3: 17 – 36

KAZERANI, H. (1984): Kleinsäuger als Bioindikatoren für Umweltbelasungen in verschiedenen Biotopen der Steiermark. – Dissertation Salzburg

KIKKAWA, J. (1964): Movement, activity and distribution of the small rodents *Clethrionomys glareolus* and *Apodemus sylvaticus* in woodland. – Journal of Animal Ecology 33: 259 – 299

KLÖTZLI, F. & SCHIECHTL, H. M. (1979): Schipisten – tote Schneisen durch die Alpen. – Kosmos 12

KOZAKIEWICZ, A. (1985): Lakeside communities of small mammals. – Acta Theriologica 30: 171 – 191

KRAL, F. (1981): Zur postglazialen Waldentwicklung in den nördlichen Hohen Tauern, mit besonderer Berücksichtigung des menschlichen Einflußes – pollenanalytische Untersuchungen. – Sitzungsber. Österr. Akad. Wiss.-, Mathem.-naturwiss. Kl., Abh. 1, 190/6 ; Wien – New York

KRATOCHVIL, J. (1969): Der Geschlechtszyklus der Weibchen von *Pitymys subterraneus* und *P. tatricus* (Rodentia) in der Hohen Tatra. – Zool. Listy 18: 99 – 120

KRATOCHVIL, J. (1970 a): Der Geschlechtszyklus der Männchen von *Pitymys subterraneus* und *Pitymys tatricus* (Rodentia) in der Hohen Tatra. – Zool. Listy 19: 1 – 22

KRATOCHVIL, J. (1970 b): *Pitymys*-Arten aus der Hohen Tatra (Mamm., Rodentia). – Acta Sci. Nat. Acad. Sci. Bohemoslovacae Brno (N.S.) 4: 1 – 63

KRATOCHVIL, J. (1981): *Chionomys nivalis* (Arvicolidae, Rodentia). - Acta Sci. Nat. Brno 15: 1 – 62

KRATOCHVIL, J. (Ed.) (1959): Hrabos polni, *Microtus arvalis*. – NCSAV Praha (tschechisch, dt. Zusammenfassung)

KUBIK, J. (1951): Analysis of the Pulawy population of *Sorex araneus araneus* L. and *Sorex minutus minutus* L. - Ann. Univ. Mariae Curie-Sklodowska, Lublin-Polonia, Sectio C (Biologia) 5 : 335 - 372

KUBIK, J. (1952): Biologische und morphologische Untersuchungen über die Birkenmaus im Naturschutzpark von Bialowieza. – Ann. Univ. Mariae-Curie-Sklodowska C (Biologia) 7: 1 - 63

KUBIK, J. (1965): Biomorphological variability of the population of *Clethrionomys glareolus* (Schreber 1780). – Acta Theriologica 10: 117 - 179

KULICKE, H (1963): Kleinsäuger als Vertilger forstschädlicher Insekten. - Zeitschrift f. Säugetierkunde 28: 175 - 183

KULICKE, J. (1956): Untersuchungen über Verbreitung, Auftreten, Biologie, und Populationsentwicklung der Erdmaus *(Microtus agrestis* L.) in den Jahren 1952 – 1955. - Arch. Forstwesen (Berlin) 5: 820 - 835

KUVIKOVA, A. (1986): Nahrung und Nahrungsansprüche der Alpenspitzmaus (*Sorex alpinus*, Mammalia, Soricidae) unter den Bedingungen der Tschechoslowakischen Karpaten. - Folia Zoologica 35: 117 - 125

LADURNER, E. (1998): Biologie und Habitatnutzung der Rötelmaus (*Clethrionomys glareolus* – Schreber, 1780) in charakteristischen Waldgesellschaften des mittleren Vinsch-gaus. - Diplomarbeit Salzburg

LAINER, F. (1984): Schipistenökologische Untersuchungen der Waldpisten am Graukogel / Gasteinertal. - Diplomarbeit BOKU Wien.

LANGENSTEIN-ISSEL, B. (1950): Biologische und Ökologische Untersuchungen über die Kurzohrmaus (*Pitymys subterraneus* de Selys Longchamps). – Pflanzenbau und Pflanzenschutz, Sonderdruck, 1: 146 - 183

LE LOUARN, H. & JANEAU, G. (1975): Répartition et biologie du campagnol des neiges *Microtus nivalis* Martins dans la région de Briancon. - Mammalia 39: 589 – 604

LE LOUARN, H. & SAINT GIRONS, M. C. (1977): Les rongeurs de France. – Paris

LEUTERT, A. (1983): Einfluß der Feldmaus, *Microtus arvalis* (Pall.) auf die floristische Zusammensetzung von Wiesen-Ökosystemen. - Veröff. Geobot. Inst. ETH, Stiftung Rübel, Zürich

LINDNER, R. (1994): Herbivorie unter der Schneedecke: Kleinsäuger als bestimmende Standortfaktoren für die alpine Vegetation. - Diplomarbeit Salzburg

LORENZ, R J. (1984): Grundbegriffe der Biometrie. - Stuttgart, New York

MA, W. (1989): Effect of soil pollution with metallic lead pellets on lead bioaccumulation and organ / body weight alterations in small mammals. – Archives of Environmental Contamination and Toxicology 18: 617 – 622

MA, W. & DENNEMAN, W. & FABER, J. (1991): Hazardous exposure of ground-living small mammals to cadmium and lead in contaminated terrestrial ecosystems. - Archives of Environmental Contamination and Toxicology 20: 266 - 270

MALZAHN, E. & FEDYK, S. (1982): Micromammalia of the cultivated Wizna Fen. – Acta Theriologica 27: 25 - 43

MARKOV, G. & CHRISTOV, L. & GLIWICZ, J. (1972): A population of *Clethrionomys glareolus pirinus* on the Witosha Mountain, Bulgaria. Part 1: Variations in number and age structure. – Acta Theriologica 17: 327 - 335

MÄRZ, R. (1987): Gewöll- und Rupfungskunde. - 3. Auflage Berlin

MAYER, H. (1974): Wälder des Ostalpenraumes. - Stuttgart

MAYER, H. (1990): Schipistenökologische Umweltverträglichkeitsprüfung der Wald-Abfahrten im Gasteiner Schi-Zirkus. - Veröffentlichungen des Österreichischen MaB-Pro-grammes 16. Univ. Verlag Wagner. Innsbruck.

MAZAK, V. (1962): Wachstum und Entwicklung des Schädels von *Clethrionomys glareolus* Schreber, 1780 (Mammalia, Microtinae) im Laufe des postnatalen Lebens. – Acta Soc. Zool. Bohem., Prag, 26: 257 – 270

MAZAK, V. (1963): Notes on the dentition in *Clethrionomys glareolus* Schreber, 1780 in the course of postnatal life. – Säugetierkundl. Mitt. 11: 1 – 11

MERIAN, E. (Hrsg.) (1984): Metalle in der Umwelt, Analytik und biologische Relevanz. - Verlag Chemie, Basel

MERRITT, J. F. & KIRKLAND, G. L. JR. & ROSE, R. K. (1994): Advances in the Biology of Shrews. - Carnegie Museum of Natural History (Pittsburgh), Special Publication 18

MILHAHN, W. (1955): Zur Lebensweise und Bedeutung der Spitzmäuse, insbesondere der Waldspitzmaus (*Sorex araneus* L.). - Forst Jagd 5: 348 - 350

MILTON, R. C.(1964): An Extended Table of Critical Values for the Mann-Whitney (Wilcoxon) Two Sample Statistic. - J. Amer. Stat. Assoc. 62: 925 - 934

MÜHLENBERG, M. (1993): Freilandökologie. – 3. Auflage, Quelle & Meyer, Heidelberg / Wiesbaden

MUTSCHLECHNER, G. (1987): Das Gasteiner Tal: Flora, Fauna, Mineralogie, Geologie. - Gasteiner Bücherei 5. Verlag Krauth KG, Badgastein.

MYLLYMÄKI, A. (1977): Demographic mechanisms in the fluctuating populations of the field vole *Microtus agrestis*. – Oikos (Copenhagen) 29: 468 - 493

MYRCHA, A. (1967): Comparative studies on the morphology of the stomach in the insectivora. – Acta Theriologica 12: 223 -244

NIETHAMMER, J. (1956): Das Gewicht der Waldspitzmaus *Sorex araneus* Linne 1758 im Jahreslauf. - Säugetierkundliche Mitteilungen 4: 160 - 165

NIETHAMMER, J.(1960): Über die Säugetiere der Niederen Tauern. – Mitt. Zool. Mus. Berlin, 36 : 408 - 443

NIETHAMMER, J. (1969): Zur Frage der Introgression bei den Waldmäusen *Apodemus sylvaticus* und *A. flavicollis* (Mammalia, Rodentia). - Zeitschrift f. zoologische Systematik und Evolutionsforschung 7: 77 – 127

NIETHAMMER, J. (1978): Weitere Beobachtungen über syntope Wasserspitzmäuse der Arten *N. fodiens und N. anomalus*. – Z. Säugetierkunde 43: 313 – 321

NIETHAMMER, J. & KRAPP, F. (Hrsg.) (1978): Handbuch der Säugetiere Europas. Band 1: Rodentia 1 (Sciuridae, Castoridae, Gliridae, Muridae). - Akademische Verlagsgesellschaft Wiesbaden

NIETHAMMER, J. & KRAPP, F. (Hrsg.) (1982): Handbuch der Säugetiere Europas. Band 2 / 1: Rodentia 2 (Cricetidae, Arvicolidae, Zapodidae, Spalacidae, Hystricidae, Capromyidae). - Akademische Verlagsgesellschaft Wiesbaden

NIETHAMMER, J. & KRAPP, F. (1990): Handbuch der Säugetiere Europas, Bd. 3 / 1: Insektenfresser, Primaten. – Wiesbaden

OBERDORFER, E. (1979): Pflanzensoziologische Exkursionsflora. - Ulmer Verlag Stuttgart

OBRTEL, R. (1974): Comparison of animal food eaten by *Apodemus flavicollis* and *Clethrionomys glareolus* in a lowland forest. – Zoologicke Listy 23: 35 - 46.

PANKAKOSKI, E. (1979): The cone trap: a useful tool for index trapping of small mammals. - Annales Zoologici Fennici 16: 144 – 150

PANKAKOSKI, E. (1989): Variation in the tooth wear of the shrews *Sorex araneus* and *Sorex minutus*. – Annales Zoologici Fennici 26: 445-457

PANKAKOSKI, E. & KOIVISTO, I. & HYVÄRINEN, H. (1992): Reduced developmental stability as an indicator of heavy metal pollution in the common shrew *Sorex araneus*. – Acta Zool. Fenn. 191: 137 - 144

PANKAKOSKI, E. & KOIVISTO, I. & HYVÄRINEN, H. & TERHIVUO, J. (1994): Shrews as indicators of heavy metal pollution. In: MERRITT, J. F. & KIRKLAND, G. L. JR. & ROSE, R. K. (1994): Carnegie Museum Nat. Hist. (Pittsburgh), Special Publication (Advances in the biology of shrews) 18: 137 – 149

PELIKAN, J. (1959): Bionomie und Vermehrung der Feldmaus. In: KRATOCHVIL, J. et al.: Hrabos polni, *Microtus arvalis*. – NCSAV Praha (tschechisch, dt. Zusammenfassung)

PELIKAN, J. & ZEJDA, J. & HOLISOVA, V. (1977): Efficiency of different traps in catching small mammals. – Folia Zoologica 26: 1 – 13

PETRUSEWICZ, K. (Hrsg.) (1983): Ecology of the bank vole. – Acta Theriologica, Supplement 1, 28: 1 – 242

PRYCHODKO, V. (1951): Zur Variabilität der Rötelmaus (*Clethrionomys glareolus*) in Bayern. – Zool. Jb., Systematik, 80: 482 - 506

PUCEK, Z. (1955): Untersuchungen über die Veränderlichkeit des Schädels im Lebenszyklus von *Sorex araneus araneus* L.. - Ann. Univ. Mariae Curie-Sklodowska, Lublin-Polonia, Sectio C (Biologia) 9: 164 - 211

PUCEK, Z. (1959): Angaben zur Biologie der Soricidae. – Ann. Univ. Marie-Curie Sklod., Sectio C (Biologia) 12: 305-448

PUCEK, Z. (1960): Sexual maturation and variability of the reproductive system in young shrews (*Sorex* L.) in the first calendar year of life. – Acta Theriologica 3: 269 - 296

PUCEK, Z. (1965): Seasonal and age changes in the weight of internal organs of shrews. - Acta Theriologica 10: 369 - 438

PUCEK, Z. (1969): Trap response and estimation of shrews in removal catches. – Acta Theriologica 14: 403 - 423

PUCEK, Z. (1970): Seasonal and age changes in shrews as an adaptive process. - Symposia of the Zoological Society of London 26: 189 - 207

RAMSKOGLER, K. (1986): Waldbauliche Beurteilung der Gasteiner Schipisten Dorfgastein, Schloßalm und Stubnerkogel mit Schlußfolgerungen für Planung, Bau und Betrieb von Schiabfahrten im Bergwald am Beispiel des Wintersporterschließungsprojektes Angertal-Kartheisenwald-Gadaunerhochalm. - Dissertation BOKU Wien.

READ, H. J. & MARTIN, M. H. (1993): The effect of heavy metals on populations of small mammals from woodlands in Avon (England): with particular emphasis on metal concentrations in *Sorex araneus* L. and *Sorex minutus* L. – Chemosphere 27: 2197 - 2211

REICHSTEIN, H. (1960): Das Fortpflanzungspotential der Feldmaus *Microtus arvalis* (Pallas, 1778) und seine Beeinflussung durch Außenfaktoren. – Wiss. Tagung 1959 Kleinmachnow, Tagungsbericht 29 : 31 - 39

REITER, G. & WINDING, N. (1997): Verbreitung und Ökologie alpiner Kleinsäuger (Insectivora, Rodentia) an der Südseite der Hohen Tauern, Österreich. - Wissenschaftliche Mitteilungen aus dem Nationalpark Hohe Tauern 3 : 97 - 135

REITER, G. (1997): Ökologie alpiner Kleinsäuger (Insectivora, Rodentia): Habitatpräferenzen, Struktur und Organisation der Gemeinschaft. - Diplomarbeit Salzburg

RELYS, V. (1996): Eine vergleichende Untersuchung der Struktur und der Lebensraumbindung epigäischer Spinnengemeinschaften (Arachnida, Araneae) des Gasteinertales (Hohe Tauern, Salzburg, Österreich). - Dissertation Salzburg.

REMPE, U. & BÜHLER, P. (1969): Zum Einfluß der geographischen und altersbedingten Variabilität bei der Bestimmung von *Neomys* – Mandibeln mit Hilfe der Diskriminanzanalyse. – Z. Säugetierkunde 34: 148 - 164

RÖBEN, P. (1969): Die Spitzmäuse (*Soricidae*) der Heidelberger Umgebung. - Säugetierkundliche Mitteilungen 17: 42 - 62

RYSER, P. & GIGON, A. (1985): Influence of seed bank and small mammals on the floristic composition of limestone grassland (*Mesobrometum*) in Northern Swizerland. – Veröff. Geobot. Inst. ETH, Stiftung Rübel, Zürich

SAINT GIRONS, M. C. (1973): Les mammifères de France et du Benelux (Faune marine excepte). – Doin, éditeurs, Paris VI

SCHAUP-WEINBERG, W. (1968): Badgastein. Die Geographie eines Weltkurortes. – Dissertation Universität Salzburg: 620 pp

SCHIECHTL, H. M. (1972): Skipisten-Begrünung. – Allg. Forstzeitung 1973: 78 – 80

SCHIELLY, B. (1996): Totholz als bedeutendes Habitatelement für Kleinsäuger in Buchenbeständen. – Diplomarbeit Universität ETH Zürich

SCHIFFKORN, S. (1990): Nektaraufnahmeverhalten von *Rhingia campestris* (Mg.) (Diptera, Syrphidae) entlang eines Höhengradienten im Gasteinertal (Österreich, Zentralalpen). - Diplomarbeit Salzburg.

SCHIMMELPFENNIG, R. (1991): Unterscheidung von Waldmaus (*Apodemus sylvaticus*) und Gelbhalsmaus (*Apodemus flavicollis*) anhand von Schädelmerkmalen. In: STUBBE, M. & HEIDECKE, D. & STUBBE, A. (Hrsg.): Populationsökologie von Kleinsäugerarten. - Wissenschaftliche Beiträge der Universität Halle 1990/ 34 (P 42): 95 -108

SCHINNER, M. (1978): Anreicherung der Schwermetalle Blei und Cadmium im Raum Badgastein. In: CERNUSCA, A. (Schriftl.) (1978): Ökologische Analysen von Almflächen im Gasteiner Tal. - Veröffentlichungen des Österreichischen MaB-Hochgebirgspro-gramms Hohe Tauern, Bd. 2: 341 - 348. Univ.-Verl. Wagner, Innsbruck.

SCHMID, P. (1984): Beitrag zur Verteilung von einigen Kleinsäugern auf die Höhenstufen und die Lebensräume im Berner Oberland. - Mitteilungen der Naturforschenden Gesellschaft in Bern N.F. 41: 119 - 151

SCHMIDT, E. (1972): Einiges über die Variabilität der Koronoidhöhe von ungarischen Waldspitzmäusen (*Sorex araneus* L.). - Zeitschrift f. Säugetierkunde 37: 52 - 55

SCHNAITL, M.C. (1997): Baumstämme als Vertikalstrukturen im Lebensraum waldbewohnender Kleinsäuger (Arborealität, Baumartenwahl und Populationsdynamik am Beispiel eines reifen Bergmischwaldes im Nationalpark Bayerischer Wald). - Diplomarbeit Salzburg

SCHÖN, I. (1995): Die Besiedlung der Marburger Lahnberge durch *Microtus arvalis* (Feldmaus) – Philippia 7/2: 109 – 127.

SCHROLL, H.-P. (1985): Waldbauliche Beurteilung der Gasteiner Schipisten Angertal und Graukogel mit Schlußfolgerungen für Planung, Bau und Betrieb von Schiabfahrten. - Dissertation BOKU Wien.

SCHRÖPFER, R. (1990): The structure of european small mammal communities. – Zool. Jb., Systematik 117: 355 - 367

SCHUBARTH, H. (1958): Zur Variabilität von *Sorex araneus* L.. - Acta Theriologica 2 : 179 – 202

SEEFELDNER, E. (1961): Salzburg und seine Landschaften

SHILLITO, J. F. (1963): Field observations on the growth, reproduction and activity of a woodland population of the common shrew *Sorex araneus* L.. - Proceedings of the Zoological Society in London 140: 99 - 114

SIDOROWICZ, J. (1959): Über Morphologie und Biologie der Haselmaus (*Muscardinus avellanarius* L.) in Polen. – Acta Theriologica 3: 75 – 91

SIIVONEN, L. (1954): Über die Größenvariation der Säugetiere und die *Sorex macropygmaeus* Mill. –Frage in Fennoskandien. – Ann. Ac. Sci. Fenn. A IV, Biologica 21

SLOTTA-BACHMAYR, L. & GRESSL, J. (199): Verbreitung der Birkenmaus (*Sicista betulina*) im Bundesland Salzburg. – Mustela 1: 1 - 5

SLOTTA-BACHMAYR, L. & LINDNER, R. & LOIDL, B. KÖSSNER, G. (1995): Populationsbiologie der Schneemaus (*Microtus nivalis*) in einem alpinen Blockfeld. – Z. Säugetierkunde 59 (Suppl.): 41 – 42

SLOTTA-BACHMAYR, L. & RINGL, C. & WINDING, N. (1998): Faunistischer Überblick und Gemeinschaftsstruktur von Kleinsäugern in der Subalpin- und Alpinstufe im Sonderschutzgebiet Piffkar, Nationalpark Hohe Tauern. – Wiss. Mitt. Nationalpark Hohe Tauern 4: 185 - 206

SOMSOOK, S. & STEINER, H. M. (1991): Fangmethoden und Geschlechterverhältnis in Stichproben von Feldmauspopulationen, *Microtus arvalis* (Pallas, 1779). – Z. Säugetierkunde 56: 339 – 346

SPITZENBERGER, F. & ENGLISCH, H. (1996): Die Alpenwaldmaus (*Apodemus alpicola* Heinrich, 1951) in Österreich (Mammalia Austriaca 21). - Bonner zoologische Beiträge 46: 249-260

SPITZENBERGER, F. (1964): Zur Ökologie und Biometrie der Spitzmäuse (Soricidae, Mammalia) der Donauauen oberhalb und unterhalb Wien. – Dissertation Universität Wien

SPITZENBERGER, F. (1966): Die Alpenspitzmaus (*Sorex alpinus* Schinz, 1837) in Österreich. - Ann. Naturhist. Mus. Wien 69: 313-321

SPITZENBERGER, F. (1978): Die Alpenspitzmaus (*Sorex alpinus* Schinz) – Mammalia Austriaca 1 (Mammalia, Insectivora, Soricidae) – Mitt. d. Abt. f. Zoologie am Landesmuseum Joanneum 7: 145-162

SPITZENBERGER, F. (1980): Sumpf- und Wasserspitzmaus (*Neomys anomalus* Cabrera, 1907 und *Neomys fodiens* Pennant, 1771) Mammalia Austriaca 3. – Mitt. Abt. Zool. Landesmus. Joanneum 9: 1 – 39

SPITZENBERGER, F. (1989): *Sorex alpinus* Schinz, 1837 – Alpenspitzmaus. In: NIETHAMMER, J. & KRAPP, F. (1990): Handbuch der Säugetiere Europas, Bd. 3/1: Insektenfresser, Primaten. – Wiesbaden

SPITZENBERGER, F. (2001): Die Säugetierfauna Österreichs. - Grüne Reihe d. Bundesministeriums f. Land- und Forstwirtschaft, Umwelt und Wasserwirtschaft 13: 895 ff

SPITZENBERGER, F. & ENGLISCH, H. (1996): Die Alpenwaldmaus (*Apodemus alpicola* Heinrich, 1951) in Österreich (Mammalia Austriaca 21). - Bonner zoologische Beiträge 46: 249-260

STADLER, S. (1992): Habitatnutzung montaner Vogelgemeinschaften: Aut- und Synökologische Untersuchungen unter der Berücksichtigung verschiedener Verhaltensweisen. - Dissertation Salzburg.

STAMM, J. (1998): Blaikenerosion auf einem ehemaligen Bergmähder im Gasteiner Tal. - Diplomarbeit Erlangen-Nürnberg.

STEIN, G. H. (1954): Materialien zum Haarwechsel deutscher Insectivoren. – Mitt. Zool. Mus. Berlin 30: 12 – 34

STEINER, H. M. (1968): Untersuchungen über die Variabilität und Bionomie der Gattung *Apodemus* (Muridae, Mammalia) der Donau-Auen von Stockerau (Niederösterreich). – Z. f. Wiss. Zoologie 177: 1 - 96

STEINHAUSER, F. (1961): Das Klima von Bad Gastein und Bad Hofgastein. - In: Mitteilungen aus dem Forschungsinstitut Gastein, Nr. 228 der Österr. Akad. d. Wissensch.: 36 – 39

STOEPPLER, M. (1984): Cadmium. In: MERIAN, E. (Hrsg.) (1984): Metalle in der Umwelt, Analytik und biologische Relevanz. Verlag Chemie, Basel

STÖHR, B. (1983): Erfassung von direkten Landschaftsveränderungen durch den Skisport – am Beispiel eines Teilbereiches der Schloßalm, Bad Hofgastein. – Diplomarbeit BOKU Wien

STORCH, G. & LÜTT, O. (1989): Artstatus der Alpenwaldmaus, *Apodemus alpicola* Heinrich, 1952. - Zeitschrift für Säugetierkunde 54: 337 - 346

STRESEMANN, E. (Hrsg.) (1985): Exkursionsfauna für die Gebiete der DDR und der BRD, Bd. 3 Wirbeltiere. - Verlag Volk und Wissen, 9. Auflage, Berlin

STUBBE, M. & HEIDECKE, D. & STUBBE, A. (Hrsg.): Populationsökologie von Kleinsäugerarten. - Wissenschaftliche Beiträge der Universität Halle 1990/34 (P 42)

STÜBER, E. & WINDING, N. (1992): Die Tierwelt der Hohen Tauern: Wirbeltiere. - Universitätsverlag Carinthia, Klagenfurt: 183 pp

SULA, K. (1973): Pohlovni cyklus somcu rejska obecneho (*Sorex araneus* Linnaeus, 1758). -.Unpubl. Diplomarbeit PFUK Praha: 101 pp

TAPPEINER, U. (1985): Bestandesstruktur, Mikroklima und Energiehaushalt einer naturnahen Almweide und einer begrünten Schipistenplanierung im Gasteiner Tal (Hohe Tauern). - Dissertation Innsbruck.

TATAR, A. (1995): Schwermetallbelastung kleiner terrestrischer Säugetiere – Diplomarbeit Wien

TATARUCH, F. & ONDERSCHEKA, K. & JARC, H. (1978): Schwermetall- und Biozidrückstände bei Gemsen. – Tagungsbericht 3. Internat. Gamswild-Symposium: 140 - 151

TEMPEL-THEDERAN, K. (1989): Zur Ökologie waldbewohnender Kleinsäuger im Nationalpark Berchtesgaden. - Diplomarbeit Braunschweig

THIELE, O. (1980): Das Tauernfenster. In: Der geologische Aufbau Österreichs. - Hrsg.. Geol. Bundesanstalt, wissenschaftl. Redaktion. Springer Verlag . 300 – 314

TRAMBERGER, E. (1995): Die Belastung von freilebenden Säugetieren mit Blei, Cadmium und Quecksilber (Literaturarbeit). – Diplomarbeit Wien

ULHERR, M. (1997): Untersuchung der Skipisten des Skigebietes „Graukogel" im Gasteiner Tal hinsichtlich vorzufindender Erosions- und Nutzungsschäden, unter besonderer Berücksichtigung der Pistenpflege. - Diplomarbeit Erlangen-Nürnberg.

VIRO, P. & NIETHAMMER, J. (1982): *Clethrionomys glareolus* (Schreber, 1780) – Rötelmaus.. In: NIETHAMMER, J. & KRAPP, F. (Hrsg.) (1982): Handbuch der Säugetiere Europas. Band 2 / 1: Rodentia 2 (Cricetidae, Arvicolidae, Zapodidae, Spalacidae, Hystricidae, Capromyidae). - Akademische Verlagsgesellschaft Wiesbaden

VOGEL, O. (1995): *Apodemus alpicola* Heinrich, 1952. In: HAUSSER, J. (Edit.): Säugetiere der Schweiz – Verbreitung, Biologie, Ökologie. - Birkhäuser Verlag. 279 - 282

VOGEL, P. & MADDALENA, T. & MABILLE, A. & PAQUET, G. (1991): Confirmation biochimique du statut specifique du mulot alpestre *Apodemus alpicola* Heinrich,1952 (Mammalia, Rodentia). – Bull. Vaud. Sc. Nat. 4: 471 - 481

WACHTENDORF, W. (1951): Beiträge zur Ökologie und Biologie der Haselmaus (*Muscardinus avellanarius*) im Alpenvorland. – Zool. Jb. Systematik 80 : 189 - 204

WACHTENDORF-GRASSL, D. (1953): Populationsanalytische Untersuchungen an der Rötelmaus (*Clethrionomys glareolus* Schreber) und Beiträge zur Kenntnis der Fortpflanzung der Rötelmaus und der Erdmaus. – Dissertation München

WASILEWSKI, W. (1952): Morphologische Untersuchungen über *Clethrionomys glareolus glareolus* Schreb. – Ann. Univ. Marie-Curie-Sklodowska, Sectio C (Biologia) 7: 119 – 211

WASILEWSKI, W. (1960): Angaben zur Biologie und Morphologie der Kurzohrmaus *Pitymys subterraneus* (de Selys Longchamps). – Acta Theriologica 4: 185 - 247

WEISS, E. (1978): Makroklimatische Hinweise für den Almbereich im Gasteiner Tal und Beschreibung des Witterungsablaufes während der Ökosystemstudie 1977. In: CERNUSCA A. (Schriftl.) (1978): Ökologische Analysen von Almflächen im Gasteiner Tal. Veröffentlichungen des Österreichischen MaB-Hochgebirgsprogramms Hohe Tauern, Bd. 2: 29-45. Univ.-Verl. Wagner, Innsbruck.

WERNER, S. (1999): Biologie und Ökologie einer Steinschmätzerpopulation im Gasteinertal (Salzburg). - Diplomarbeit Salzburg.

WETTSTEIN-(WESTERSHEIM), O. (1926): Beiträge zur Säugetierkunde Europas 1. - Arch. Natury 91, Abt. A: 139 – 163

WETTSTEIN-(WESTERSHEIM), O. (1927): Beiträge zur Säugetierkunde Europas 2. – Arch. Natury 92, Abt. A: 64 - 146

WIEDEMEIER, P. (1981): Mikrohabitatsunterschiede zwischen koexistierenden Wühlmausarten (Microtinae) in den Alpen. – Diplomarbeit Universität Zürich, 70 pp

WIGER, R. (1979): Demography of a cyclic population of the bank vole *Clethrionomys glareolus*. – Oikos 33: 373 - 385

WINDING, N. & ILLICH, I. & RINGL, C. & WERNER, S. (1990): Zoologische Bestandsaufnahmen im Sonderschutzgebiet Piffkar 1990. - Haus der Natur / Nationalparkinstitut Hohe Tauern

YOCCOZ, N. G. (1992): Presence de mulot (*Apodemus alpicola* ou *flavicollis*) en milieu alpin. – Mammalia 56: 488 - 491

ZAKRZEWSKA, M & SAWICKA-KAPUSTA, K. & PERDENIA, A. & WOSIK, A. (1993): Heavy metals in bank voles from Polish national parks. – The Science of the Total Environment, Supplement 1: 167 - 172

ZALESKY, K. (1948): Die Waldspitzmaus (*Sorex araneus* L.) in ihrer Beziehung zur Form *tetragonurus* Herm. in Nord- und Mitteleuropa. – Österr. Akad. d. Wiss. - Sitzungsberichte, Math.-naturwiss. Kl., Abt. 1, 157

ZEJDA, J. (1965): Das Gewicht, das Alter und die Geschlechtsaktivität bei der Rötelmaus (*Clethrionomys glareolus* Schreber, 1780). – Z. Säugetierkunde 30: 1 – 9

ZEJDA, J. (1971): Differential growth of three cohorts of the bank vole, *Clethrionomys glareolus* Schreb. 1780. – Zoologicke Listy 20: 229 - 245

DANK

Besonderer Dank gilt Herrn Univ. Prof. Dr. Hans ADAM, für die Unterstützung bei der Durchführung vorliegender Arbeit, weiters danke ich herzlich Frau Dr. Susanne STADLER (Mitarbeit), Frau Dr. Friederike SPITZENBERGER (Präparationstechniken), Herrn. Prof. Ambros AICHHORN vom Borromäum, Frau Univ. Prof. Dr. Frieda TATARUCH (Schwermetallanalysen), Frau Mag. Maria JERABEK sowie Herrn Dr. Wolfgang LEOPOLDINGER (Pflanzenbestimmung). Dank gebührt auch dem Forschungsinstitut Gastein-Tauernregion und dessen Geschäftsführer Joseph FLATSCHER, sowie Frau Univ. Prof. Dr. Alexandra SÄNGER, der Gasteiner Bergbahnen AG, und Herrn Anton WALLNER (Unterhaizingbauer).

Reports of the Research Institute
Berichte des Forschungsinstituts Gastein-Tauernregion

Herausgegeben von Hans Adam

Band 1 Berichte über Forschungsarbeiten 1982-1990. Reports of the Research Institute (Eigenverlag 1996, 2. Auflage 1999).

Band 2 Anton Graf / Bernd Minnich: Nachweis der Schmerzlinderung durch die Gasteiner Heilstollenkur. Ergebnisse einer psychologischen und neuroendokrinologischen Evaluierung. 1999.

Band 3 Robert A. Patzner (Hrsg.): Die Bäche des Gasteinertals. Naßfelder Ache, Anlaufbach und Kötschachbach. Mit Beiträgen von Sabine Fischer, Regina Petz-Glechner, Claudia Szedlarik und Daniela Zick. 2000.

Band 4 Bernd Minnich / Gerald J. Obermair / Stephen Deacon: Chronobiology and Chronic Rheumatism. Effects of Radon-Balneotherapy and Melatonin Treatment within Chronic Arthrosis. 2001.

Band 5 Christine Ringl / Norbert Winding: Die Kleinsäuger der Gasteiner Tauernregion. 2004.

www.peterlang.de

Rüdiger Schultze-Lutter

Der Luchs im Harz

Landschaftsgestaltung und Bürgerbefragung zu seiner Wiederansiedlung

Frankfurt am Main, Berlin, Bern, Bruxelles, New York, Oxford, Wien, 2002.
V, 210 S., zahlr. Abb.
Europäische Hochschulschriften: Reihe 11, Pädagogik. Bd. 849
ISBN 3-631-39022-X · br. € 39.00*

Das Ziel der Arbeit bestand darin, zum einen Erkenntnisse zu sammeln im Hinblick auf die Akzeptanz des Luchses in der Bevölkerung und zum anderen Vernetzungsmöglichkeiten von Wildtiervorkommen aufzuzeigen. Methodische Grundlagen waren Meinungsumfragen sowie Kartenstudium. Die Untersuchung macht deutlich, dass Luchse als ökologische und touristische Bereicherung einen angemessenen Stellwert zugeordnet bekommen, der eine Rückkehr in geeignete Kulturräume in näherer Zeit erwarten lässt. Der vorliegende Überblick über Meinungen, Stimmungen und Einstellungen der Menschen zu Aspekten der Wiederansiedlung eines Großraubtiers zeigt Notwendigkeiten und Ansatzpunkte auf, frühere Fehler zu korrigieren, bestehende und zukünftige Konflikte zwischen Mensch und Tier zu entschärfen und verantwortbares Leben in Grenzen pragmatisch und neu zu organisieren.

Aus dem Inhalt: Bildungs- und Öffentlichkeitsarbeit im Landschafts- und Artenschutz · Zur Populationsökologie von Wildtieren · Historie und Erfahrungen mit Wiederansiedlungen · Landschaftsgestaltung

Frankfurt am Main · Berlin · Bern · Bruxelles · New York · Oxford · Wien
Auslieferung: Verlag Peter Lang AG
Moosstr. 1, CH-2542 Pieterlen
Telefax 00 41 (0) 32 / 376 17 27

*inklusive der in Deutschland gültigen Mehrwertsteuer
Preisänderungen vorbehalten

Homepage http://www.peterlang.de